大数据应用与技术丛书

Pandas 数据分析实战

[美] 鲍里斯·帕斯哈弗(Boris Paskhaver) 著

殷海英 译

U0335739

清华大学出版社

北 京

北京市版权局著作权合同登记号 图字：01-2022-1217

Boris Paskhaver
Pandas in Action
EISBN: 978-1-61729-743-4

Original English language edition published by Manning Publications, USA © 2021 by Manning Publications. Simplified Chinese-language edition copyright © 2022 by Tsinghua University Press Limited. All rights reserved.

图书在版编目(CIP)数据

Pandas数据分析实战 / (美) 鲍里斯·帕斯哈弗(Boris Paskhaver) 著；殷海英译. —北京：清华大学出版社，2022.8
(大数据应用与技术丛书)
书名原文：Pandas in Action
ISBN 978-7-302-61271-1

Ⅰ. ①P… Ⅱ. ①鲍… ②殷… Ⅲ. ①数据处理 Ⅳ. ①TP274

中国版本图书馆 CIP 数据核字(2022)第 120016 号

责任编辑：王　军
装帧设计：孔祥峰
责任校对：成凤进
责任印制：丛怀宇

出版发行：清华大学出版社
　　　　　网　　　址：http://www.tup.com.cn，http://www.wqbook.com
　　　　　地　　　址：北京清华大学学研大厦 A 座　　　　邮　　编：100084
　　　　　社 总 机：010-83470000　　　　　　　　　　邮　　购：010-62786544
　　　　　投稿与读者服务：010-62776969，c-service@tup.tsinghua.edu.cn
　　　　　质 量 反 馈：010-62772015，zhiliang@tup.tsinghua.edu.cn
印 装 者：大厂回族自治县彩虹印刷有限公司
经　　销：全国新华书店
开　　本：170mm×240mm　　印　　张：24　　　字　　数：613 千字
版　　次：2022 年 8 月第 1 版　　印　　次：2022 年 8 月第 1 次印刷
定　　价：128.00 元

产品编号：095364-01

译 者 序

目前,"数据科学"是一个非常热门的词,而"数据科学家"逐渐成为学生的理想职业。在数据爆炸的今天,人们的生活、工作中充斥着大量数据,但这些数据中,只有少部分具有价值。想在海量数据中找出有价值的数据,不但需要计算机编程的能力,还需要很多其他学科的专业知识,这就是近些年选择"数据科学101"这门课的学生中出现了好多经济类、管理类,甚至医学类专业学生的原因。在一些看似与计算机关系不大的领域,数据科学也发挥着重要的作用。

从事数据科学工作的时候,大部分时间都在处理各种各样的数据,因为现实世界中的数据不像我们想象的那么完美,往往存在各种缺失、重复,甚至错误的情况。比如,通过数据分析可能会发现一个客户的同一个订单被配送多次,从海洋浮标上采集的海水温度是 2500℃,等等。如何有效地处理采集到的大量数据? Pandas 是再好不过的选择了。

在数据科学的教学过程中,关于数据处理的讲解一般只安排了 20%~30%的时间,每次讲完都会觉得还有好多信息要和学生分享,但无奈时间有限。很高兴清华大学出版社的王军老师向我推荐了一本书——*Pandas in Action*,在 Manning 的网站上看过该书之后,我就将这本书推荐给选修"数据科学101"这门课的同学,告诉他们有一个"熊猫大侠"可以帮助大家解决各种让人头痛的数据处理问题。

很高兴清华大学出版社可以引进这本书到中国,让我有幸翻译这本书。在这里要感谢清华大学出版社的王军老师,感谢他帮助我出版了十多本关于数据科学和高性能计算的书籍;也要感谢我的学生对我的支持,尤其是经济类、管理类和医学类专业的学生,是他们让我在不惑之年仍然对之前不了解的领域保持好奇心,并和他们一起,利用高性能计算及数据科学技术探索计算机视觉在医疗领域的应用;最后要感谢我的弟弟殷实先生、弟媳及侄子、侄女在生活中为我带来的欢乐,让我在轻松的状态下完成本书。

殷海英

埃尔赛贡多,加利福尼亚州

2022 年 3 月

Boris Paskhaver 目前居住在纽约市，是一位资深的全栈软件工程师、顾问和在线教育者。他在电子学习平台 Udemy 上开设了 6 门课程，拥有超过 140 小时的视频、30 万名学生、2 万条评论，视频每月有 100 万分钟的浏览量。在成为软件工程师之前，Boris 是一名数据分析师和系统管理员。他于 2013 年毕业于纽约大学，获得商业经济学和市场营销双学位。

致 谢

为了完成《Pandas 数据分析实战》，我付出了很多努力，我想对那些在两年的写作过程中支持我的人表达最诚挚的谢意。

首先，衷心感谢我出色的女友 Meredith。从一开始，她就坚定地支持我。她是一个活泼、有趣、善良的人，每当我遇到困难时，她总是给我打气。本书的成功离不开她的支持。谢谢你，Merbear。

谢谢我的父母 Irina 和 Dmitriy，给了我一个温暖的家，让我可以在这里找到喘息的机会。

谢谢我的姐妹 Mary 和 Alexandra。她们聪明、充满好奇心、勤奋，我为她们感到自豪。祝你们在大学好运！

感谢 Watson，我们的金毛猎犬。它算不上 Python 专家，但它以有趣和友好的方式弥补了这一缺陷。

非常感谢我的编辑 Sarah Miller，与她一起工作非常愉快。我很感激她在本书出版过程中的耐心和洞察。她是这艘船真正的船长，她让一切得以顺利进行。

如果没有在 Indeed 获得的工作机会，我就不会成为一名软件工程师。我想对我的前经理 Srdjan Bodruzic 表示衷心的感谢，感谢他的慷慨和指导(以及雇用我)。感谢我的 CX 队友——Tommy Winschel、Danny Moncada、JP Schultz 和 Travis Wright——感谢他们的智慧和幽默。感谢在我任职期间提供帮助的其他 Indeed 同事：Matthew Morin、Chris Hatton、Chip Borsi、Nicole Saglimbene、Danielle Scoli、Blairr Swayne 和 George Improglou。感谢与我在 Sophie's Cuban Cuisine 共进晚餐的所有人！

我在 Stride Consulting 担任软件工程师时开始写这本书，我要感谢许多同事的支持与帮助：David "The Dominator" DiPanfilo、Min Kwak、Ben Blair、Kirsten Nordine、Michael "Bobby" Nunez、Jay Lee、James Yoo、Ray Veliz、Nathan Riemer、Julia Berchem、 Dan Plain、Nick Char、Grant Ziolkowski、Melissa Wahnish、Dave Anderson、Chris Aporta、Michael Carlson、John Galioto、Sean Marzug-McCarthy、Travis Vander Hoop、Steve Solomon 和 Jan Mlčoch。

感谢那些当我作为软件工程师和顾问时，与我共事的好朋友们：Francis Hwang、Inhak Kim、Liana Lim、Matt Bambach、Brenton Morris、Ian McNally、Josh Philips、Artem Kochnev、Andrew Kang、Andrew Fader、Karl Smith、Bradley Whitwell、Brad Popiolek、Eddie Wharton、Jen Kwok，以及我最喜欢的咖啡师 Adam McAmis 和 Andy Fritz。

感谢以下朋友为我的生活增添了光彩：Nick Bianco、Cam Stier、Keith David、Michael Cheung、Thomas Philippeau、Nicole DiAndrea 和 James Rokeach。

感谢我最喜欢的乐队 New Found Glory，为许多写作活动提供了配乐。流行朋克还没死！

感谢指导项目并协助营销工作的 Manning 工作人员：Jennifer Houle、Aleksandar Dragosavljević、

Radmila Ercegovac、Candace Gillhoolley、Stjepan Jureković 和 Lucas Weber。还要感谢曼宁负责监督内容的工作人员：Sarah Miller，我的开发编辑；Deirdre Hiam，我的产品经理；Keir Simpso，我的文字编辑；Jason Everett，我的校对。

感谢帮助我解决问题的技术审阅者：Al Pezewski、Alberto Ciarlanti、Ben McNamara、Björn Neuhaus、Christopher Kottmyer、Dan Sheikh、Dragos Manailoiu、Erico Lendzian、Jeff Smith、Jérôme Bâton、Joaquin Beltran、Jonathan Sharley、Jose Apablaza、Ken W. Alger、Martin Czygan、Mathijs Affourtit、Matthias Busch、Mike Cuddy、Monica E. Guimaraes、Ninoslav Cerkez、Rick Prins、Syed Hasany、Viton Vitanis 和 Vybhavreddy Kammireddy Changalreddy。感谢大家的努力，帮助我成为更优秀的作家和教育者。

最后，感谢 Hoboken，这是我过去 6 年生活过的小镇。我在它的公共图书馆、咖啡馆和茶馆里写下了本书的许多章节。在这个小镇，我取得了许多进步，它将永远铭刻在我的记忆中。谢谢你，Hoboken！

关于本书封面

    本书封面上的人物插图标题为 *Dame de Calais*，即《来自加来的女士》。这幅插图摘自 Jacques Grasset de Saint-Sauveur(1757—1810)于 1788 年在法国出版的《法国服饰》(*Costume Civil Actuels de Tous Les Peuples Connus*)。《法国服饰》中的每幅插图都是经手工精细绘制和着色的。Grasset de Saint Sauveur 的藏品种类繁多，生动地提醒我们，在 200 年前，世界各地的城镇和地区在文化上的差异如此巨大。人们彼此隔绝，说着不同的方言和语言。无论是在街上还是在乡村，只要看一看他们的衣着，就很容易知道他们住在哪里，从事什么行业，在社会中处于什么地位。

    从那时起，人们的穿着方式开始发生改变。不同地域的服饰多样性，在当时是如此丰富，但现在已经逐渐消失了。现在已很难区分不同地域的居民，更不用说区分不同的城镇、地区或国家了。也许我们用文化的多样性换取了更多样化的个人生活——当然也换来了更多样化和快节奏的科技生活。

    在这个计算机书籍同质化严重的时代，曼宁出版社用表现两个世纪前人们服饰丰富多样性的图片作为书籍封面，来反映计算机行业的创造性和主动性，利用 Jacques Grasset de Saint-Sauveur 的图片提醒我们生活中存在的多样性。

序

说实话，我发现 Pandas 全靠运气。

2015 年，我在全球最大的招聘网站 Indeed.com 面试了数据运营分析师的职位。面试时，我的最后一项技术挑战是使用 Microsoft Excel 电子表格软件从内部数据集中获得信息。为了给人留下深刻印象，我使用了尽可能多的技巧：列排序、文本操作、数据透视表，当然还有标志性的 VLOOKUP 函数。(好吧，也许"标志性"这个词有点夸张。)

听起来很奇怪，当时我并没有意识到除了 Excel 外还有其他数据分析工具。Excel 无处不在：我的父母使用它，我的老师使用它，我的同事使用它。感觉它就像一个既定的标准。因此，当我收到工作邀请时，我立即购买了约 100 美元的 Excel 书籍并开始学习。是时候成为电子表格专家了！

第一天上班时，我将 50 个最常用的 Excel 函数打印出来放在手边。我刚打开电脑，经理就把我拉进了一间会议室，并告诉我事情的优先级已经发生了变化：团队的数据集已经膨胀到 Excel 无法再支持，我的同事也在寻找方法来自动执行他们每日和每周报告中的冗余步骤。幸运的是，我的经理已经找到了解决这两个问题的方法。他问我是否听说过 Pandas。

"是那个毛茸茸的家伙吗？"我疑惑地问道。

"不是，"他说，"Pandas 是 Python 数据分析库。"

在我做了所有准备之后，又要从头开始学习一项新技术了，我有点紧张。我以前从未写过任何代码。我是一个 Excel 工作者，我有能力做到这一点吗？我开始深入研究 Pandas 的官方文档、YouTube 视频、书籍、研讨会、Stack Overflow 上的问题，以及我可以找到的任何数据集。我发现开始使用 Pandas 是多么容易和快乐，代码非常直观而且直接。该软件库运行很快，并且功能非常丰富。使用 Pandas，可以用很少的代码完成大量的数据操作。

像我这样的故事在 Python 社区中很常见。在过去 10 年中，Python 的使用者数量呈天文数字式增长，其原因在于开发人员可以轻松掌握它。我相信，如果你和我的处境相似，你也可以学习 Pandas。如果你希望将数据分析技能扩展到 Excel 电子表格之外，本书将是你的绝佳选择。

当我对 Pandas 感到满意后，我继续探索 Python，然后是其他编程语言。从许多方面来讲，Pandas 引领我转向全职软件工程师。我对这个强大的软件库感激不尽，很高兴能把知识的火炬传递给大家。希望你能发现代码的魔力。

前　言

本书读者对象

《Pandas 数据分析实战》全面介绍了用于数据分析的 Pandas 库。Pandas 可以帮助你轻松地执行多种数据操作：排序、连接、旋转、清理、删除重复数据、聚合等。本书循序渐进地介绍了 Pandas 的各种功能，每种功能从较小的构建块开始，再到较大的数据结构。

《Pandas 数据分析实战》适合具有电子表格软件(如 Microsoft Excel、Google Sheets 和 Apple Numbers)以及类似的数据分析工具(如 R 和 SAS)使用经验的中级数据分析师。对于想了解更多数据分析知识的 Python 开发人员来说，也是一本非常合适的参考书。

本书的内容结构

《Pandas 数据分析实战》由 14 章组成，分为两部分。

第 I 部分，Pandas 核心基础，循序渐进地介绍了 Pandas 库的基本原理。

第 1 章使用 Pandas 分析了一个示例数据集，以全面概述 Pandas 的功能。

第 2 章介绍了 Series 对象，这是一种 Pandas 的核心数据结构，用于存储有序数据的集合。

第 3 章深入地探讨 Series 对象，探索了各种 Series 操作，包括值排序、删除重复项、提取最小值和最大值等。

第 4 章介绍了二维数据表 DataFrame。本章将前几章的概念应用到新的数据结构中，并引入了额外的操作。

第 5 章展示了如何使用各种逻辑条件从 DataFrame 中过滤行的子集：相等、不等、比较、包含、排除等。

第 II 部分，应用 Pandas，重点介绍更高级的 Pandas 功能，以及如何利用这些功能解决现实世界数据集的问题。

第 6 章介绍了如何在 Pandas 中处理不完美的文本数据，讨论如何解决删除空格、查找和替换字符、字母大小写，以及从单个列中提取多个值等问题。

第 7 章讨论 MultiIndex，它允许将多个列值组合成一行数据的单个标识符。

第 8 章描述了如何在数据透视表中聚合数据，将标题从行轴移到列轴，并将数据由宽格式转换为窄格式。

第 9 章探讨如何将行分组到桶中，并通过 GroupBy 对象对结果集合进行聚合。

第 10 章介绍使用各种连接将多个数据集合并为一个。

第 11 章演示了如何在 Pandas 中处理日期和时间。本章涵盖了排序日期、计算持续时间，以及确定日期是在一个月还是一个季度的开始等主题。

第 12 章展示了如何将其他文件类型导入 Pandas，包括 Excel 和 JSON，还讲解了如何从 Pandas 导出数据。

第 13 章侧重于配置库的设置。本章深入研究了如何修改显示的行数、更改浮点数的精度、将值舍入低于阈值等。

第 14 章探讨了如何使用 Matplotlib 库进行数据可视化，以及如何使用 Pandas 数据创建折线图、条形图、饼图等。

每章都建立在前一章的基础上。对于 Pandas 新手，我建议按照线性顺序阅读每个章节。同时，为了确保本书能够成为一本参考指南，我将每章都写成一个独立的教程，并带有自己的数据集。在每章的开头，都会从头开始编写代码，因此你也可以从自己喜欢的任何章节开始阅读本书。

大多数章节都以代码挑战结束，让你可以将概念应用于实践。我强烈建议你尝试一下这些代码挑战。

Pandas 建立在 Python 编程语言的基础上，建议你在学习本书之前了解 Python 语言的基本知识。对于在 Python 方面经验有限的人，附录 B 提供了对该语言的详尽介绍。

关于代码

本书包含了很多源代码的例子。它们都是用等宽字体来格式化的，以区别于普通的文本。

本书示例的源代码可在 GitHub 存储库 https://github.com/paskhaver/pandas-in-action 中找到。不熟悉 Git 和 GitHub 的人，请在存储库页面上查找 Download Zip 按钮。有 Git 和 GitHub 经验的人可以从命令行来复制。另外，扫描本书封底的二维码也可下载本书示例的源代码。

存储库还包括文本形式的完整数据集。我学习 Pandas 时，最大的挫折之一就是使用的教程喜欢依赖随机生成的数据，没有一致性，没有背景，没有故事，没有乐趣。在本书中，我们将使用许多现实中的真实数据集，涵盖从篮球运动员的薪水到神奇宝贝的类型，再到餐厅健康检查的内容。数据无处不在，Pandas 是当今分析数据的最佳工具之一。我希望你喜欢数据集并时刻保持关注。

liveBook 论坛

购买《Pandas 数据分析实战》可以免费访问由 Manning Publications 运营的私人网络论坛，可以在该论坛上对本书发表评论、提出技术问题，以及从作者和其他用户那里获得帮助。论坛地址为 https://livebook.manning.com/#!/book/pandas-in-action/discussion。你还可以在 https://livebook.manning.com/#!/discussion 上了解有关 Manning 论坛和行为规则的更多信息。

Manning 对读者的承诺是提供一个场所，让读者之间，以及读者与作者之间能够进行有意义的对话。这不是作者对任何具体参与形式的次数的承诺，作者对论坛的贡献仍然是自愿的(和无偿的)。建议读者提出一些有挑战性的问题，以激发作者的兴趣！只要这本书还在印刷，就可以从出版社的网站上访问论坛和以前讨论的归档信息。

其他在线资源

- 官方 Pandas 文档可在 https://pandas.pydata.org/docs 获得。
- 在业余时间，我在 Udemy 上发布了技术视频课程。读者可以在 https://www.udemy.com/user/borispaskhaver 上找到这些课程，其中包括 20 小时的 Pandas 课程和 60 小时的 Python 课程。
- 可随时通过 Twitter(https://twitter.com/borispaskhaver)或 LinkedIn(https://www.linkedin.com/in/boris-paskhaver)与我联系。

目　　录

第 I 部分

Pandas 核心基础

　　欢迎阅读本书！在这部分，我们将熟悉 Pandas 的核心机制及两个主要数据结构：一维 Series 和二维 DataFrame。第 1 章首先使用 Pandas 分析了数据集，读者可以立即了解 Pandas 的功能。第 2 章和第 3 章将深入介绍 Series，包括如何从头开始创建 Series，如何从外部数据集导入它，并对其应用大量数学、统计和逻辑运算。第 4 章介绍表格 DataFrame，以及从其数据中提取行、列和值的各种方法。第 5 章侧重于通过应用逻辑标准提取 DataFrame 行的子集。在此过程中，我们将研究 8 个数据集，涵盖从票房收入到 NBA 球员，再到神奇宝贝的所有内容。

　　本部分涵盖了 Pandas 的基本内容，以及有效使用 Pandas 需要了解的基础知识。我已尽一切努力从头开始，从尽可能小的构建块开始，然后扩展到更大和更复杂的元素。本部分的 5 章内容将为你掌握 Pandas 奠定基础。祝你好运！

第1章

Pandas 概述

本章主要内容
- 21 世纪数据科学的发展
- 用于数据分析的 Pandas 库的发展历史
- Pandas 及其竞争对手的利弊
- Excel 中的数据分析与使用编程语言的数据分析
- 通过一个例子了解 Pandas 的功能

欢迎来到《Pandas 数据分析实战》! Pandas 是一个建立在 Python 编程语言基础上的数据分析库。库(也称为包)是解决特定领域问题的代码集合。Pandas 是一个用于数据操作的工具箱,它支持对数据进行排序、过滤、清理、重复数据删除、聚合、旋转等操作。作为 Python 庞大的数据科学生态系统的中心,Pandas 与其他用于统计、自然语言处理、机器学习、数据可视化等的软件库很好地结合在了一起。

本章将探讨现代数据分析工具的历史和发展,介绍 Pandas 如何从一个金融分析师的小型项目发展到 Stripe、谷歌和摩根大通等公司使用的行业标准,并将 Pandas 与它的竞争对手(包括 Excel 和 R)进行比较,讨论使用编程语言和使用图形电子表格应用程序之间的区别。最后,本章将使用 Pandas 来分析一个真实世界的数据集。本章可以作为全书所使用技术的概览。现在就让我们一探究竟吧!

1.1 21 世纪的数据

在阿瑟·柯南·道尔的经典短篇小说《波西米亚丑闻》中,福尔摩斯给他的助手约翰·华生的建议是:"在没有数据之前就得出结论是一个重大错误。""不知不觉中,人们开始扭曲事实以适应理论,而不是让理论来适应事实。"

道尔的作品出版一个多世纪后,这位睿智侦探的话听起来仍然很有道理。如今,数据的使用在人们生活的方方面面都变得越来越普遍。2017 年《经济学人》的一篇评论文章中宣称,"世界上最有价值的资源不再是石油,而是数据"。数据就是证据,而证据对于企业、政府、机构和个人来说,在这个相互关联的世界中变得越来越重要。从 Facebook 到亚马逊(Amazon)，再到 Netflix，世界上最成功的公司都将数据列为其投资组合中最宝贵的资产。联合国秘书长安东尼奥•古特雷斯称，准确的数据是"良好政策和决策的命脉"。从电影推荐到医疗，从供应链物流到减贫计划，数据为这一切提供了支持。在 21 世纪，社区、公司甚至国家的成功将取决于自身获取、汇总和分析数据的能力。

1.2　Pandas 介绍

数据处理工具的技术生态系统在过去十年中发展迅猛。今天，开源的 Pandas 库是数据分析和数据操作最流行的解决方案之一。开源，意味着库的源代码可以被公开下载、使用、修改和分发。Pandas 的许可证授予用户比专有软件(如 Excel)更多的权限。Pandas 库是免费使用的，一个由软件开发志愿者组成的全球团队维护着这个库，可以在 GitHub(https://github.com/pandas-dev/pandas) 上找到它的完整源代码。

Pandas 可以与微软的 Excel 电子表格软件和谷歌的基于浏览器的 Google Sheets 相媲美。在这三种技术中，用户都与由数据的行和列组成的表进行交互。一行表示一条记录，或者一列表示一个集合。应用转换将数据调整到所需的状态。

图 1-1 显示了一个表格数据集的转换示例。分析员对左边的四行数据集应用一个操作，从而得到右边的两行数据集。例如，可以选择符合条件的行，或者从原始数据集中删除重复的行。

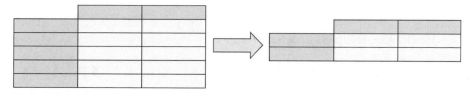

图 1-1　表格数据集的转换示例

Pandas 的独特之处在于它在处理能力和用户生产力之间的平衡。Pandas 通过低级语言(如 C)进行大量计算，进而在毫秒内高效地转换百万行数据集。同时，它维护一组简单而直观的命令。在 Pandas 中，用几行代码就可以很容易地完成很多事情。

图 1-2 显示了一个在 Pandas 中导入和排序数据集的代码示例。现在还不用担心代码，需要说明的是，整个操作只需要两行代码。

```
In [2]:  populations = pd.read_csv("populations.csv")
         populations.sort_values(by = "Population", ascending = False)

Out[2]:
                        Country    Population
         144              China    1433783686
         21               India    1366417754
         156      United States     329064917
         76           Indonesia     270625568
         147           Pakistan     216565318
         79              Brazil     211049527
         6              Nigeria     200963599
         123         Bangladesh     163046161
```

图 1-2　一个在 Pandas 中导入和排序数据集的代码示例

Pandas 可以无缝地处理数字、文本、日期、时间、缺失数据等。本书将通过 30 多个数据集来探索它令人难以置信的众多功能。

2008 年，软件开发者韦斯•麦金尼开发出了第一个 Pandas 版本，他当时在纽约的 AQR 资本管理投资公司(AQR Capital Management)工作。麦金尼对 Excel 和统计编程语言 R 都不满意，于是他希望有一种工具，可以很容易地解决金融行业常见的数据问题，特别是清理和汇总数据。由于找不到理想的产品，他决定自己开发一个。当时，Python 还远没有今天这样强大，但是这种语言的魅力激发了麦金尼在它的基础上建立库。他在 Quartz(http://mng.bz/w0Na)上表示："我喜欢 Python，因为它的表达式更简洁。""你可以用很少的代码通过 Python 表达复杂的思想，而且非常容易阅读。"

自 2009 年 12 月向公众发布以来，Pandas 的用户数量有了持续、广泛的增长，估计用户数量为 500 万到 1000 万[1]。截至 2021 年 6 月，PyPi(集中式 Python 包在线存储库，https://pepy.tech/project/pandas)网站上，Pandas 已被下载超过 7.5 亿次。它的 GitHub 代码库获得了超过 3 万颗星(一颗星相当于社交平台上的一个"赞")。与 Pandas 相关的问题在 Stack Overflow 上所占的比例越来越大，这表明用户兴趣不断增加。

我认为，甚至可以将 Python 用户数量的天文数字式增长归功于 Pandas。Python 语言因其在数据科学领域的流行而大受欢迎，Pandas 对这个领域的发展做出了巨大贡献。大学讲授的第一门语言中，Python 是最常见的。TIOBE 指数(搜索引擎得出的编程语言流行度排名)宣布 Python 是 2018 年用户数量增长最快的语言[2]，"如果 Python 的用户数量能保持这个增长速度，它可能在 3～4 年的时间内取代 C 和 Java，成为世界上最流行的编程语言"，TIOBE 在一份新闻稿中写道。在学习 Pandas 的同时，你也将学习 Python，这是 Pandas 的另一个好处。

1.2.1 Pandas 与图形电子表格应用程序

Pandas 与 Excel 等图形电子表格应用程序的思维方式不同。编程本质上更多的是通过语言表达而不是通过视觉形象表达，通过命令而不是点击与计算机进行交互。因为它对你想要完成的事情做的假设更少，所以编程语言往往更苛刻，需要明确地告诉它该做什么。我们需要以正确的顺序使用正确的输入发出正确的指令，否则程序将无法运行。

由于要求更加严格，Pandas 的学习曲线比 Excel 或 Sheets 更陡峭。但是，如果你在 Python 或一般编程方面的经验有限，也无须担心。当你在 Excel 中调用 SUMIF 和 VLOOKUP 等函数时，你已经在像程序员一样思考了。这些过程是相同的：确定要使用的函数，然后以正确的顺序提供正确的输入。Pandas 也需要使用相同的技能，不同之处在于以更复杂的语言与计算机进行通信。

当你熟悉它的复杂性后，Pandas 会赋予你更大的数据操作能力和灵活性。除了扩展可用程序的范围之外，Pandas 还允许你将它们自动化，可以编写一段代码并在多个文件中重复使用它——这非常适合处理那些烦人的每日和每周报告。请务必注意，Excel 与 VBA(Visual Basic for Applications)捆绑在一起，VBA 是一种编程语言，可帮助你自动执行电子表格程序。然而，我认为 Python 比 VBA 更容易上手，并且具有数据分析以外的用途，可以成为你更好的选择。

---

1 参见"What's the future of the pandas library？"Data School，https://www.dataschool.io/future-of-pandas。

2 参见 Oliver Peckham，"TIOBE Index: Python Reaches Another All-Time High"，HPC Wire，http://mng.bz/w0XP。

从 Excel 转向使用 Python 还有其他好处。Jupyter Notebook 是一种经常与 Pandas 搭配使用的编码环境，可提供更具动态性、交互性和综合性的报告。Jupyter Notebook 由多个单元格组成，每个单元格包含一段可执行代码。分析师可以将这些单元格与标题、图表、描述、注释、图像、视频、图表等集成在一起。其他人可以按照分析师的分步逻辑来了解他们是如何得出结论的，而不仅仅是最终结果。

Pandas 的另一个优势是 Python 的大数据科学生态系统，可轻松与统计、自然语言处理、机器学习、网页抓取、数据可视化等软件库集成。Python 每年都会增加大量新的软件库，这些强大的工具有时是 Pandas 的企业级竞争对手所不具备的，因为它们缺乏大型全球贡献者社区的支持。

随着数据集的增长，图形电子表格应用程序也开始陷入困境。在这方面，Pandas 明显比 Excel 强大。软件库能够处理的数据量仅受计算机内存和处理能力的限制。在大多数当代计算机上，Pandas 可以很好地处理具有数百万行的超大数据集，尤其是当开发人员知道如何对性能进行优化时。Pandas 的创建者麦金尼在描述 Pandas 局限性的博客文章中写道："现在，根据我使用 Pandas 的经验而总结的规则是，你的内存应该是数据集大小的 5～10 倍。"(http://mng.bz/qeK6)

当你为工作选择最佳工具时，你的组织和项目如何定义数据分析和大数据等术语是必须考虑的因素。Excel 被全球约 7.5 亿在职专业人士使用，但是电子表格的最大行数限制为 1 048 576 行[1]。对于某些分析师而言，100 万行数据可能是一个天文数字，但对另外一些分析师而言，100 万行数据可能只是冰山一角。

建议你不要将 Pandas 视为最好的数据分析解决方案，而是将其视为与其他现代技术一起使用的强大技术。Excel 仍然是快速、简单的数据操作的绝佳选择。电子表格应用程序通常会对你的意图做出假设，这就是为什么只需要单击几下即可导入 CSV 文件或对包含 100 个值的列进行排序的原因，将 Pandas 用于此类简单任务并没有真正的优势(尽管它能够胜任这些任务)。但是，当你需要清理两个各有 1000 万行的数据集内的文本值、删除重复记录、连接它们，并对 100 批文件重复该逻辑时，你会使用哪种解决方案？对于这些场景，使用 Python 和 Pandas 更容易、更省时。

1.2.2　Pandas 与它的竞争对手

数据科学爱好者经常将 Pandas 与开源编程语言 R，以及专有软件套件 SAS 进行比较，每个解决方案都有自己的拥护者社区。

R 是一种具有统计学基础的专业语言，而 Python 是一种用于多个技术领域的通用语言。可以预见，这两种语言往往会吸引具有特定领域专业知识的用户。哈德利·威克姆是 R 社区的一位杰出开发人员，他构建了一个名为 tidyverse 的数据科学包集合，并建议用户将这两种语言视为合作者而不是竞争对手。"这些编程语言独立存在，而且以不同的方式为大家提供各种叹为观止的功能，"他在 Quartz(http://mng.bz/Jv9V)中说道，"我看到的一个模式是，一家公司的数据科学团队使用 R，而数据工程团队使用 Python。Python 的用户往往具有软件工程背景，并且对自己的编程技术非常有信心……R 用户非常喜欢 R，但无法与数据工程团队争论，因为他们在编程方面没有共同语言。"

---

1 参见 Andy Patrizio，"Excel: Your entry into the world of data analytics"，Computer World，http://mng.bz/qe6r。

一种语言可能具有另一种语言没有的高级功能，但在数据分析的常见任务中，这两种语言几乎达到了同等水平。开发人员和数据科学家往往只会被他们最了解的东西所吸引。

SAS 是一套支持统计、数据挖掘、计量经济学等功能的软件工具，由位于北卡罗来纳州的 SAS 研究所开发，一般按年收取软件使用许可费用。带有技术支持的商业化产品的优势包括跨工具的技术、视觉一致性、强大的文档，以及面向企业客户需求的产品路线图。但像 Pandas 这样的开源技术，享有更自由的开发方法，开发人员为自己的需求和其他开发人员的需求而工作，这有时会与商业软件市场趋势不符。

某些技术与 Pandas 具有相同的功能，但被用于不同的应用场景，SQL 就是一个例子。SQL(结构化查询语言)是一种用于与关系数据库通信的语言。关系数据库由通过公共键链接的数据表组成。我们可以使用 SQL 进行基本的数据操作，例如从表中提取列和按条件过滤行，但它的功能范围更广，根本上是围绕数据管理。建立数据库是为了存储数据，数据分析是次要的应用场景。SQL 可以创建新表、使用新值更新现有记录、删除现有记录等，相比之下，Pandas 完全是为数据分析而构建的，其功能包括统计计算、数据整理、数据合并等。在典型的工作环境中，这两种工具通常是互补的。分析师可能会使用 SQL 来提取初始数据集，然后使用 Pandas 对其进行操作。

总而言之，Pandas 不是唯一的工具，但它是解决大多数数据分析问题的强大、流行且有价值的解决方案，并且 Python 在其对简洁性和生产力的关注方面确实大放异彩。正如其创建者吉多·范罗苏姆所说："Python 编码的乐趣应该在于简洁、可读性好的数据结构，这些数据结构用少量清晰的代码表达了很多操作"(http://mng.bz/7jo7)。Pandas 符合这一标准，对于渴望通过强大的现代数据分析工具包提高编程技能的电子表格分析师来说，这是一个极好的转型方向。

1.3 Pandas 之旅

掌握 Pandas 的最好方法是亲自了解它如何运作。下面以分析有史以来票房最高的 700 部电影的数据集为例介绍 Pandas 如何工作。希望读者对 Pandas 的语法的直观程度感到惊喜，即使你是编程新手。

阅读本节内容时，尽量不要过度分析代码示例，甚至不需要复制它们。本节主要对 Pandas 的特征和功能进行总体介绍，也会详细地讨论 Pandas 的具体功能与特性。

全书使用 Jupyter Notebook 开发环境来编写代码。如果你想在计算机上设置 Pandas 和 Jupyter Notebook，请参阅附录 A，可以登录 https://www.github.com/paskhaver/pandas-in-action 下载所有数据集和完整的 Jupyter Notebook。

1.3.1 导入数据集

首先在 movies.csv 文件所在的目录中创建一个新的 Jupyter Notebook，然后导入 Pandas 库以访问其功能：

```
In [1] import pandas as pd
```

代码左侧的框(在上面的示例中显示数字1)标记单元格相对于 Jupyter Notebook 启动或重新启动的执行顺序，可以按任意顺序执行单元格，并且可以多次执行同一个单元格。

通读本书时，可以通过在 Jupyter 单元格中执行不同的代码片段来进行实验。因此，如果执行编号与文本中的编号不匹配也没关系。

数据存储在一个单一的 movies.csv 文件中。CSV(逗号分隔值)文件是一个纯文本文件，它用换行符分隔每一行数据，用逗号分隔每一列值。文件的第一行包含数据的列标题。下面是 movies.csv 前三行的预览：

```
Rank,Title,Studio,Gross,Year
1,Avengers: Endgame,Buena Vista,"$2,796.30",2019
2,Avatar,Fox,"$2,789.70",2009
```

第一行列出了数据集中的 5 个列标题：Rank、Title、Studio、Gross 和 Year。第二行为记录集中的第一条记录，或者理解为第一部电影的数据。排名第 1 的电影名字为 "Avengers：Endgame"，电影公司为 "Buena Vista"，总收入为 "$2796.30"，并在 2019 年发行。下一行包含下一部电影的数据，数据集里面这样的数据有 750 多行。

Pandas 可以导入各种类型的文件，每种文件类型在库的顶层都有一个关联的导入函数。Pandas 中的函数相当于 Excel 中的函数，是向软件库或其中的实体发出的命令。在这种情况下，我们将使用 read_csv 函数导入 movies.csv 文件：

```
In  [2] pd.read_csv("movies.csv")

Out [2]
```

	Rank	Title	Studio	Gross	Year
0	1	Avengers: Endgame	Buena Vista	$2,796.30	2019
1	2	Avatar	Fox	$2,789.70	2009
2	3	Titanic	Paramount	$2,187.50	1997
3	4	Star Wars: The Force Awakens	Buena Vista	$2,068.20	2015
4	5	Avengers: Infinity War	Buena Vista	$2,048.40	2018
...	...	...	...	...	...
777	778	Yogi Bear	Warner Brothers	$201.60	2010
778	779	Garfield: The Movie	Fox	$200.80	2004
779	780	Cats & Dogs	Warner Brothers	$200.70	2001
780	781	The Hunt for Red October	Paramount	$200.50	1990
781	782	Valkyrie	MGM	$200.30	2008

```
782 rows × 5 columns
```

Pandas 将 CSV 文件的内容导入一个名为 DataFrame 的对象中，你可以将这个对象视为存储数据的容器。不同的对象针对不同类型的数据进行了优化，我们以不同的方式与它们进行交互。Pandas 使用 DataFrame 对象存储多列数据集，使用 Series 对象存储单列数据集。DataFrame 相当于 Excel 中的多列表格。

为避免显示结果过多导致页面过长，Pandas 仅显示 DataFrame 的前五行和后五行。省略了的数据使用省略号(…)代替。

DataFrame 由 5 列(Rank、Title、Studio、Gross、Year)和一个索引组成。索引是 DataFrame 左侧的升序数字，用作数据行的标识符，我们可以将任何列设置为 DataFrame 的索引。如果没有明确说明 Pandas 使用哪一列数据，Pandas 会生成一个从 0 开始的数字索引。

哪一列是索引的最佳选择？该列的值可以作为每一行的主要标识符或参考点。在文件的 5 列中，Rank 和 Title 是两个最佳选择。下面将自动生成的数字索引与 Title 列中的值交换，可以在 CSV 导入期间直接执行此操作。

```
In  [3] pd.read_csv("movies.csv", index_col = "Title")

Out [3]
```

Title	Rank	Studio	Gross	Year
Avengers: Endgame	1	Buena Vista	$2,796.30	2019
Avatar	2	Fox	$2,789.70	2009
Titanic	3	Paramount	$2,187.50	1997
Star Wars: The Force Awakens	4	Buena Vista	$2,068.20	2015
Avengers: Infinity War	5	Buena Vista	$2,048.40	2018
...	...	...	...	...
Yogi Bear	778	Warner Brothers	$201.60	2010
Garfield: The Movie	779	Fox	$200.80	2004
Cats & Dogs	780	Warner Brothers	$200.70	2001
The Hunt for Red October	781	Paramount	$200.50	1990
Valkyrie	782	MGM	$200.30	2008

782 rows × 4 columns

接下来，将 DataFrame 分配给一个 movies 变量，以便在程序的其他地方引用它。变量是用户为程序中的对象分配的名称：

```
In [4] movies = pd.read_csv("movies.csv", index_col = "Title")
```

有关变量的更多信息，请查看附录 B。

1.3.2　操作 DataFrame

我们可以从多个角度来查看 DataFrame，比如可以从开头提取几行：

```
In  [5] movies.head(4)

Out [5]
```

Title	Rank	Studio	Gross	Year
Avengers: Endgame	1	Buena Vista	$2,796.30	2019
Avatar	2	Fox	$2,789.70	2009
Titanic	3	Paramount	$2,187.50	1997
Star Wars: The Force Awakens	4	Buena Vista	$2,068.20	2015

可以查看数据集的尾部记录：

```
In  [6] movies.tail(6)

Out [6]
```

Title	Rank	Studio	Gross	Year
21 Jump Street	777	Sony	$201.60	2012
Yogi Bear	778	Warner Brothers	$201.60	2010

```
Garfield: The Movie          779             Fox      $200.80     2004
Cats & Dogs                  780   Warner Brothers    $200.70     2001
The Hunt for Red October     781       Paramount      $200.50     1990
Valkyrie                     782             MGM       $200.30     2008
```

可以通过如下命令找出 DataFrame 有多少行:

```
In  [7] len(movies)

Out [7] 782
```

可以向 Pandas 查询 DataFrame 中的行数和列数。这个数据集有 782 行和 4 列:

```
In  [8] movies.shape

Out [8] (782, 4)
```

可以查询单元格总数:

```
In  [9] movies.size

Out [9] 3128
```

可以查询 4 列的数据类型。在以下输出中,int64 表示整数列,object 表示文本列:

```
In  [10] movies.dtypes

Out [10]

Rank           int64
Studio        object
Gross         object
Year           int64
dtype: object
```

可以按行中的数字顺序从数据集中提取一行,称为其索引位置。在大多数编程语言中,索引从 0 开始计数。因此,如果想提取数据集中的第 500 部电影的信息,应将索引位置定位为 499:

```
In  [11] movies.iloc[499]

Out [11] Rank          500
         Studio        Fox
         Gross      $288.30
         Year         2018
         Name: Maze Runner: The Death Cure, dtype: object
```

Pandas 在这里返回一个叫作 Series 的新对象,这是一个一维标记的值数组,可以将其视为单列数据表,每行都有一个标识符。请注意,Series 的索引标签(Rank、Studio、Gross 和 Year)来自 movies DataFrame 的 4 列。Pandas 改变了原始行值的显示方式。

还可以使用索引标签来访问 DataFrame 行。提醒一下,DataFrame 索引保存了电影的标题。下面以《阿甘正传》为例介绍如何提取数据值。该例通过其索引标签而不是其数字位置提取一行数据:

```
In  [12] movies.loc["Forrest Gump"]

Out [12] Rank              119
```

```
Studio      Paramount
Gross        $677.90
Year            1994
Name: Forrest Gump, dtype: object
```

索引标签可以包含重复项。例如，DataFrame 中的两部电影的标题是 "101 Dalmatians"（1961年的原版和 1996 年的翻拍版本）：

```
In  [13] movies.loc["101 Dalmatians"]

Out [13]
```

	Rank	Studio	Gross	Year
Title				
101 Dalmatians	425	Buena Vista	$320.70	1996
101 Dalmatians	708	Buena Vista	$215.90	1961

尽管 Pandas 允许重复，但建议尽可能保持索引标签的唯一性。唯一的标签集合可以加快 Pandas 定位和提取特定行的速度。

CSV 中的电影按 Rank 列中的值进行排序。如果想看最新上映的 5 部电影，可以根据另一列中的值对 DataFrame 进行排序，例如 Year：

```
In  [14] movies.sort_values(by = "Year", ascending = False).head()

Out [14]
```

	Rank	Studio	Gross	Year
Title				
Avengers: Endgame	1	Buena Vista	2796.3	2019
John Wick: Chapter 3 - Parab...	458	Lionsgate	304.7	2019
The Wandering Earth	114	China Film Corporation	699.8	2019
Toy Story 4	198	Buena Vista	519.8	2019
How to Train Your Dragon: Th...	199	Universal	519.8	2019

还可以根据多列的值对 DataFrame 进行排序。先按 Studio 列的值排序，如果出现重复值，再按 Year 列的值对电影进行排序，就可以看到按电影公司和上映日期顺序排列的电影信息：

```
In  [15] movies.sort_values(by = ["Studio", "Year"]).head()

Out [15]
```

	Rank	Studio	Gross	Year
Title				
The Blair Witch Project	588	Artisan	$248.60	1999
101 Dalmatians	708	Buena Vista	$215.90	1961
The Jungle Book	755	Buena Vista	$205.80	1967
Who Framed Roger Rabbit	410	Buena Vista	$329.80	1988
Dead Poets Society	636	Buena Vista	$235.90	1989

如果想按字母顺序查看电影信息，还可以对索引进行排序：

```
In  [16] movies.sort_index().head()

Out [16]
```

Title	Rank	Studio	Gross	Year
10,000 B.C.	536	Warner Brothers	$269.80	2008
101 Dalmatians	708	Buena Vista	$215.90	1961
101 Dalmatians	425	Buena Vista	$320.70	1996
2 Fast 2 Furious	632	Universal	$236.40	2003
2012	93	Sony	$769.70	2009

到目前为止，所执行的操作返回新的 DataFrame 对象。Pandas 没有对原始的 movies DataFrame 对象进行修改。这类操作的非破坏性是有益的，因为可以利用这个特性反复测试，直到取得正确的结果。

1.3.3　计算 Series 中的值

下面尝试一个更复杂的分析。如何找出哪家电影公司拥有最卖座的电影呢？为了解决这个问题，需要计算每个电影公司出现在 Studio 列中的次数。

从 DataFrame 中提取一列数据作为 Series。请注意，Pandas 在 Series 中保存了 DataFrame 的索引，即电影标题：

```
In  [17]  movies["Studio"]

Out [17] Title
         Avengers: Endgame                      Buena Vista
         Avatar                                         Fox
         Titanic                                  Paramount
         Star Wars: The Force Awakens           Buena Vista
         Avengers: Infinity War                 Buena Vista
                                                        ...
         Yogi Bear                          Warner Brothers
         Garfield: The Movie                            Fox
         Cats & Dogs                        Warner Brothers
         The Hunt for Red October                 Paramount
         Valkyrie                                       MGM
         Name: Studio, Length: 782, dtype: object
```

如果 Series 有很多行数据，Pandas 会截断数据集，只显示前五行和后五行。

分离了 Studio 列后就可以计算每个唯一值出现的次数，将结果限制在排名前 10 的电影公司：

```
In  [18] movies["Studio"].value_counts().head(10)

Out [18] Warner Brothers    132
         Buena Vista        125
         Fox                117
         Universal          109
         Sony                86
         Paramount           76
         Dreamworks          27
         Lionsgate           21
         New Line            16
         MGM                 11
         Name: Studio, dtype: int64
```

返回值是另一个 Series 对象。此时，Pandas 使用 Studio 列中的公司名称作为索引标签，它们的计数作为 Series 值。

1.3.4 根据一个或多个条件筛选列

人们有时需要根据一个或多个条件提取行的子集，Excel 为此提供了 Filter 工具。

如果只想找到 Universal Studios 发行的电影，就可以用 Pandas 中的一行代码来完成这个任务：

```
In  [19] movies[movies["Studio"] == "Universal"]

Out [19]
```

Title	Rank	Studio	Gross	Year
Jurassic World	6	Universal	$1,671.70	2015
Furious 7	8	Universal	$1,516.00	2015
Jurassic World: Fallen Kingdom	13	Universal	$1,309.50	2018
The Fate of the Furious	17	Universal	$1,236.00	2017
Minions	19	Universal	$1,159.40	2015
...	...	...	...	...
The Break-Up	763	Universal	$205.00	2006
Everest	766	Universal	$203.40	2015
Patch Adams	772	Universal	$202.30	1998
Kindergarten Cop	775	Universal	$202.00	1990
Straight Outta Compton	776	Universal	$201.60	2015

109 rows × 4 columns

可以将过滤条件赋给一个变量以便在后续代码中使用：

```
In  [20] released_by_universal = (movies["Studio"] == "Universal")
         movies[released_by_universal].head()

Out [20]
```

Title	Rank	Studio	Gross	Year
Jurassic World	6	Universal	$1,671.70	2015
Furious 7	8	Universal	$1,516.00	2015
Jurassic World: Fallen Kingdom	13	Universal	$1,309.50	2018
The Fate of the Furious	17	Universal	$1,236.00	2017
Minions	19	Universal	$1,159.40	2015

还可以根据多个条件过滤 DataFrame 行。以下代码可以获取 2015 年由 Universal Studios 发行的所有电影：

```
In  [21] released_by_universal = movies["Studio"] == "Universal"
         released_in_2015 = movies["Year"] == 2015
         movies[released_by_universal & released_in_2015]

Out [21]
```

	Rank	Studio	Gross	Year
Title				
Jurassic World	6	Universal	$1,671.70	2015
Furious 7	8	Universal	$1,516.00	2015
Minions	19	Universal	$1,159.40	2015
Fifty Shades of Grey	165	Universal	$571.00	2015
Pitch Perfect 2	504	Universal	$287.50	2015
Ted 2	702	Universal	$216.70	2015
Everest	766	Universal	$203.40	2015
Straight Outta Compton	776	Universal	$201.60	2015

前面的示例包含同时满足这两个条件的行。若要筛选符合以下两个条件中任意一个的电影：Universal Studios 发行的电影或 2015 年发行的电影，则结果的 DataFrame 更大。

```
In   [22] released_by_universal = movies["Studio"] == "Universal"
          released_in_2015 = movies["Year"] == 2015
          movies[released_by_universal | released_in_2015]
```

```
Out  [22]
```

	Rank	Studio	Gross	Year
Title				
Star Wars: The Force Awakens	4	Buena Vista	$2,068.20	2015
Jurassic World	6	Universal	$1,671.70	2015
Furious 7	8	Universal	$1,516.00	2015
Avengers: Age of Ultron	9	Buena Vista	$1,405.40	2015
Jurassic World: Fallen Kingdom	13	Universal	$1,309.50	2018
...	...	...	...	...
The Break-Up	763	Universal	$205.00	2006
Everest	766	Universal	$203.40	2015
Patch Adams	772	Universal	$202.30	1998
Kindergarten Cop	775	Universal	$202.00	1990
Straight Outta Compton	776	Universal	$201.60	2015

```
140 rows × 4 columns
```

Pandas 提供了额外的方法来过滤 DataFrame。例如，可以将小于或大于特定值的列值作为筛选条件。下面以 1975 年之前发行的电影为筛选条件：

```
In   [23] before_1975 = movies["Year"] < 1975
          movies[before_1975]
```

```
Out  [23]
```

	Rank	Studio	Gross	Year
Title				
The Exorcist	252	Warner Brothers	$441.30	1973
Gone with the Wind	288	MGM	$402.40	1939
Bambi	540	RKO	$267.40	1942
The Godfather	604	Paramount	$245.10	1972
101 Dalmatians	708	Buena Vista	$215.90	1961
The Jungle Book	755	Buena Vista	$205.80	1967

指定一个范围，所有值必须在该范围之内。例如，筛选 1983—1986 年发行的电影：

```
In  [24] mid_80s = movies["Year"].between(1983, 1986)
         movies[mid_80s]

Out [24]
```

	Rank	Studio	Gross	Year
Title				
Return of the Jedi	222	Fox	$475.10	1983
Back to the Future	311	Universal	$381.10	1985
Top Gun	357	Paramount	$356.80	1986
Indiana Jones and the Temple of Doom	403	Paramount	$333.10	1984
Crocodile Dundee	413	Paramount	$328.20	1986
Beverly Hills Cop	432	Paramount	$316.40	1984
Rocky IV	467	MGM	$300.50	1985
Rambo: First Blood Part II	469	TriStar	$300.40	1985
Ghostbusters	485	Columbia	$295.20	1984
Out of Africa	662	Universal	$227.50	1985

也使用 DataFrame 索引来过滤行。例如，先将索引的电影标题中的大写字母转换为小写字母，并查找标题中带有"dark"一词的所有电影：

```
In  [25] has_dark_in_title = movies.index.str.lower().str.contains("dark")
         movies[has_dark_in_title]

Out [25]
```

	Rank	Studio	Gross	Year
Title				
Transformers: Dark of the Moon	23	Paramount	$1,123.80	2011
The Dark Knight Rises	27	Warner Brothers	$1,084.90	2012
The Dark Knight	39	Warner Brothers	$1,004.90	2008
Thor: The Dark World	132	Buena Vista	$644.60	2013
Star Trek Into Darkness	232	Paramount	$467.40	2013
Fifty Shades Darker	309	Universal	$381.50	2017
Dark Shadows	600	Warner Brothers	$245.50	2012
Dark Phoenix	603	Fox	$245.10	2019

注意，无论"dark"出现在标题的哪个位置，Pandas 都会查找到。

1.3.5　对数据分组

有时人们需要筛选出总票房最高的电影公司，首先按电影公司名称汇总 Gross 列的值。

注意，Gross 列的值存储为文本而不是数字。Pandas 将列的值作为文本导入，以保留原始 CSV 中的美元符号和逗号符号。可以将列的值转换为十进制数，但前提是删除美元符号和逗号符号。例如，将出现的所有"$"和","替换为空文本，此操作类似于 Excel 中的查找和替换：

```
In  [26] movies["Gross"].str.replace(
             "$", "", regex = False
         ).str.replace(",", "", regex = False)

Out [26] Title
         Avengers: Endgame                2796.30
```

```
Avatar                          2789.70
Titanic                         2187.50
Star Wars: The Force Awakens    2068.20
Avengers: Infinity War          2048.40
                                  ...
Yogi Bear                        201.60
Garfield: The Movie              200.80
Cats & Dogs                      200.70
The Hunt for Red October         200.50
Valkyrie                         200.30
Name: Gross, Length: 782, dtype: object
```

将美元符号和逗号符号替换为空文本后，可以将 Gross 列的值由文本转换为浮点数：

```
In  [27] (
            movies["Gross"]
            .str.replace("$", "", regex = False)
            .str.replace(",", "", regex = False)
            .astype(float)
         )

Out [27] Title
            Avengers: Endgame            2796.3
            Avatar                       2789.7
            Titanic                      2187.5
            Star Wars: The Force Awakens 2068.2
            Avengers: Infinity War       2048.4
                                           ...
            Yogi Bear                     201.6
            Garfield: The Movie           200.8
            Cats & Dogs                   200.7
            The Hunt for Red October      200.5
            Valkyrie                      200.3
            Name: Gross, Length: 782, dtype: float64
```

同样，这些操作是临时的，不会修改原始 Gross 这个 Series 对象。在前面的所有示例中，Pandas 创建了原始数据结构的副本，对副本执行操作，并返回一个新对象。例如，使用新的带有小数点的数字列明确覆盖 movies 中的 Gross 列，这种转换是永久性的：

```
In  [28] movies["Gross"] = (
            movies["Gross"]
            .str.replace("$", "", regex = False)
            .str.replace(",", "", regex = False)
            .astype(float)
         )
```

数据类型转换为更多的计算和操作提供了方便，例如计算电影的平均票房收入：

```
In  [29] movies["Gross"].mean()

Out [29] 439.0308184143222
```

回到最初的问题：计算每个电影公司的总票房收入。首先确定电影公司并将每个公司的电影(或记录行)分类，这个过程称为分组。例如，根据 Studio 列的值对 DataFrame 的行进行分组：

```
In [30] studios = movies.groupby("Studio")
```

计算每个电影公司的电影数量：

```
In  [31] studios["Gross"].count().head()
```

```
Out [31] Studio
         Artisan                    1
         Buena Vista              125
         CL                         1
         China Film Corporation     1
         Columbia                   5
         Name: Gross, dtype: int64
```

将之前的结果按电影公司名称字母的顺序排序，也可以按电影出品数量由多到少的顺序对 Series 进行排序：

```
In  [32] studios["Gross"].count().sort_values(ascending = False).head()
```

```
Out [32] Studio
         Warner Brothers          132
         Buena Vista              125
         Fox                      117
         Universal                109
         Sony                      86
         Name: Gross, dtype: int64
```

接下来，添加每个电影公司的 Gross 列的值。Pandas 将识别每个电影公司的电影子集，并计算它们的总票房：

```
In  [33] studios["Gross"].sum().head()
```

```
Out [33] Studio
         Artisan                  248.6
         Buena Vista            73585.0
         CL                       228.1
         China Film Corporation   699.8
         Columbia                1276.6
         Name: Gross, dtype: float64
```

同样，也可以按电影公司名称对结果进行排序。若要找出总票房最高的电影公司，应按降序对 Series 值进行排序。以下是票房最高的 5 个电影公司：

```
In  [34] studios["Gross"].sum().sort_values(ascending = False).head()
```

```
Out [34] Studio
         Buena Vista            73585.0
         Warner Brothers        58643.8
         Fox                    50420.8
         Universal              44302.3
         Sony                   32822.5
         Name: Gross, dtype: float64
```

　　只需要几行代码，我们就可以从这个复杂的数据集中得出一些有趣的见解。例如，Warner Brothers 电影公司在列表中的电影比 Buena Vista 多，但 Buena Vista 的所有电影的总票房更高。这一事实表明，Buena Vista 出品的电影平均票房高于 Warner Brothers。

　　本章只对 Pandas 做了初步介绍，实际上，Pandas 可以对数据做各种处理。本书的后续章节将更详细地讨论本章使用的所有代码，下一章将深入研究 Pandas 的核心构建块：Series 对象。

1.4　本章小结

- Pandas 是一个基于 Python 编程语言的数据分析库。
- Pandas 擅长用简洁的语法对大型数据集执行复杂的操作。
- Pandas 的竞争对手包括电子表格应用程序 Excel、统计编程语言 R 和 SAS 软件套件。
- 编程需要的技能与使用 Excel 或表格需要的技能不同。
- Pandas 可以导入多种文件格式，包括 CSV。CSV 是一种流行的文件格式，它用换行符分隔行，用逗号分隔列值。
- DataFrame 是 Pandas 的主要数据结构，它实际上是一个包含多列的数据表。
- Series 是一个一维标记数组，可以把它想象成只有一列的数据表。
- 可以通过行号或索引标签访问 Series 或 DataFrame 中的数据行。
- 可以通过一列或多列的值对 DataFrame 进行排序。
- 可以使用逻辑条件从 DataFrame 中提取数据子集。
- 可以根据列的值对 DataFrame 行进行分组，还可以对分组结果执行聚合操作，例如求和。

第 *2* 章

Series 对象

作为 Pandas 的核心数据结构之一,Series 是一个用于同构数据的一维标记数组。数组是类似于列表的有序值集合。术语同构(homogeneous)意味着值具有相同的数据类型(例如,所有数值都是整数或者都是布尔值)。

Pandas 为每个 Series 值分配一个标签——一个可以用来定位值的标识符。该库还为每个 Series 值分配一个顺序——一个线性位置,顺序从 0 开始计数,第一个 Series 值的位置为 0,第二个值的位置为 1,以此类推。Series 是一维数据结构,因此需要一个参考点来访问 Series 的值,可以使用标签或位置。

Series 结合并扩展了 Python 原生数据结构的最佳特性,像列表(list)一样,按顺序保存其值;也像字典(dictionary)一样,为每个值分配一个键/标签。Series 集合了列表和字典的优点,并可以使用180 多个方法来操作数据。

本章将介绍 Series 对象的机制,学习如何计算 Series 值的总和及平均值,如何将数学运算应用于每个 Series 值,等等。作为 Pandas 的构建块,Series 是探索 Pandas 的完美起点。

2.1 Series 概述

现在开始创建 Series 对象,首先使用 import 关键字导入 Pandas 和 NumPy 库,NumPy 库将在2.1.4 节介绍。Pandas 和 NumPy 在流行社区的别名是 pd 和 np,可以使用 as 关键字为导入的软件库分配别名:

```
In [1] import pandas as pd
        import numpy as np
```

pd 命名空间代表 Pandas 包的顶级内容，这是一个包含 100 多个类、函数、异常、常量等内容的包。有关这些概念的更多信息，请参见附录 B。

可以把 pd 想象成图书馆的大厅——一个入口房间，可以在这里访问 Pandas 的所有功能。可以通过点语法来访问软件库中的属性，如下所示：

```
pd.attribute
```

Jupyter Notebook 提供了非常方便的介绍自动补全功能，可用于搜索属性。输入库的名称，添加一个点，然后按 Tab 键就可以显示该软件包中可用的资源。键入其他字符时，Notebook 会将结果筛选为与搜索词匹配的内容。

如图 2-1 所示，输入大写字母 S 后(注意，此时区分大小写)，按 Tab 键可以显示所有以该字符开头的 pd 内容。如果代码自动补全功能不起作用，请将以下代码添加到 Notebook 的单元格中，执行它，然后再次尝试搜索：

```
%config Completer.use_jedi = False
```

可以使用键盘的向上和向下箭头键来选择搜索的结果，找到想要的结果，按 Enter 键将代码自动补全。

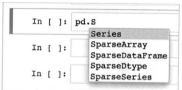

图 2-1　使用 Jupyter Notebook 的代码自动补全功能显示以 S 开头的 Pandas 内容

2.1.1　类和实例

类是 Python 对象的蓝图。pd.Series 类是一个模板，可以使用一对括号从类中实例化一个对象。例如，从 Series 类中创建一个 Series 对象：

```
In  [2] pd.Series()

Out [2] Series([], dtype: float64)
```

输出框的旁边可能出现红色的告警信息：

```
DeprecationWarning: The default dtype for empty Series will be 'object'
        instead of 'float64' in a future version. Specify a dtype explicitly to
        silence this warning.
```

因为没有为 Series 对象提供任何初始值，Pandas 无法推断 Series 对应的数据类型，所以会出现这个警告。

此时已经成功创建了第一个 Series 对象，但它没有存储数据，下面介绍如何用值填充 Series 对象。

2.1.2　用值填充 Series 对象

构造函数是一种使用类构建对象的方法。2.1.1 节编写 pd.Series()时，使用 Series 构造函数创建了一个新的 Series 对象。

　　创建一个对象时，通常会定义它的初始状态，可以将对象的初始状态视为它的初始配置，通过将实参传递给用来创建对象的构造函数来设置状态。实参(argument)是传递给方法的输入值。

　　平时应练习使用手动输入的数据创建 Series 对象，这样做的目的是熟悉它的数据结构，将来可以使用导入的数据集来填充该对象。

　　Series 构造函数的第一个实参是一个可迭代对象，它的值将用来填充 Series，可以将 Python 的各种数据对象作为输入，包括列表、字典、元组和 NumPy 的 ndarray。

　　下面利用 Python 列表中的数据创建一个 Series 对象。例如，声明一个包含 4 个字符串的列表，将该列表赋给一个 ice_cream_flavors 变量，然后传递给 Series 构造函数：

```
In  [3] ice_cream_flavors = [
            "Chocolate",
            "Vanilla",
            "Strawberry",
            "Rum Raisin",
        ]
        pd.Series(ice_cream_flavors)

Out [3] 0          Chocolate
        1            Vanilla
        2         Strawberry
        3         Rum Raisin
        dtype: object
```

　　该例中，使用 ice_cream_flavors 列表中的 4 个值新建了一个 Series 对象。注意，Pandas 保留了输入列表中字符串的顺序，稍后将介绍 Series 左侧的数字。

　　形参(parameter)是函数或方法用于输入数据的名称。在后台，Python 将传递给构造函数的每个实参与函数或者方法内的形参进行匹配，可以直接在 Jupyter Notebook 中查看构造函数的形参。在新单元格中输入 pd.Series()，将光标放在括号内，然后按 Shift+Tab 键，就可以看到如图 2-2 所示的参数列表。

图 2-2　Series 构造函数的形参和默认实参

　　反复按 Shift+Tab 键可显示更多信息。最终，Jupyter 会将文档面板固定到显示界面底部。

　　Series 构造函数定义了 6 个形参：data、index、dtype、name、copy 和 fastpath，可以使用这些形参来设置对象的初始状态，将形参视为 Series 的配置选项。

　　图 2-2 中，形参与其默认实参一起显示，如果不为形参提供实参，则该形参的值为默认值。例如，如果不为 name 实参传递值，Python 将使用 None 作为 name 的值。带有默认值的形参本质上是

可选的。方法或者函数中的形参总是被赋值的，要么通过显式的方式赋值，要么通过隐式的方式使用默认值赋值。图 2-2 中，在没有提供实参的情况下实例化了一个 Series，因为它的构造函数的所有 6 个形参都是可选的，换句话说，这些形参都带有默认值。

一般情况下，使用 Series 构造函数的第一个形参 data 的值填充 Series 对象。如果将实参传递给没有形参名称的构造函数，Python 将假定按构造函数形参的顺序给出实参。在前面的代码示例中，将 ice_cream_flavors 列表作为第一个实参传递给构造函数。因此，Python 将该列表与 data 匹配，因为 data 是构造函数的第一个形参。构造函数剩余形参的值为默认值，比如 index、dtype、name 的值为 None，copy 和 fastpath 的值为 False。

在 Python 中，可以用关键字实参显式地连接形参和实参(见附录 B)。输入形参，后跟一个等号和它的实参。例如，第一行使用位置实参，第二行使用关键字实参，但结果是一样的：

```
In  [4] # The two lines below are equivalent
        pd.Series(ice_cream_flavors)
        pd.Series(data = ice_cream_flavors)

Out [4] 0        Chocolate
        1          Vanilla
        2       Strawberry
        3      Rum Raisin
        dtype: object
```

关键字实参的优势在于它们为每个构造函数实参表示的内容都提供上下文。示例代码中的第二行可以更好地说明 ice_cream_flavors 表示 Series 的 data。

2.1.3 自定义 Series 索引

下面仔细看一下 Series：

```
0        Chocolate
1          Vanilla
2       Strawberry
3      Rum Raisin
dtype: object
```

前文提到过 Pandas 给每个 Series 值分配一个线性的位置。输出中，左侧的递增整数集合称为索引，每个数字表示值在 Series 中的顺序。索引从 0 开始。字符串"Chocolate"的索引是 0，字符串"Vanilla"的索引为 1，以此类推。在图形电子表格应用程序中，第一行数据从 1 开始计数——这是 Pandas 和 Excel 的一个重要区别。

术语索引(index)既可以用来描述标识符的集合，也可以用来描述单个标识符。以下两种表述都是正确的："Series 的索引由整数组成"和"Series 中'Strawberry'的索引为 2"。

最后一个索引位置总是比值的总个数少 1。目前的 Series 中包含 4 个值，所以索引的最大值为 3。

除了索引位置，还可以为每个 Series 值分配一个索引标签。索引标签可以是任何不可变的数据类型：字符串、元组、日期时间等。这种灵活性使 Series 的功能更加强大，可以按顺序或键/标签来引用值。从某种意义上说，每个值都有两个标识符。

　　Series 构造函数的第二个形参 index 用来设置 Series 的索引标签。如果不设定这个形参，则 Pandas 默认使用从 0 开始的数字作为索引。使用这种类型的索引，标签和位置标识符是相同的。

　　下面构建一个带有自定义索引的 Series，可以将不同数据类型的对象传递给 data 和 index 形参，但它们必须具有相同的长度，以便 Pandas 将它们的值关联起来。例如，将字符串列表传递给 data 形参，并将字符串元组传递给 index 形参，列表和元组的长度都是 4：

```
In  [5] ice_cream_flavors = [
          "Chocolate",
          "Vanilla",
          "Strawberry",
          "Rum Raisin",
        ]

        days_of_week = ("Monday", "Wednesday", "Friday", "Saturday")

        # The two lines below are equivalent
        pd.Series(ice_cream_flavors, days_of_week)
        pd.Series(data = ice_cream_flavors, index = days_of_week)

Out [5] Monday      Chocolate
        Wednesday   Vanilla
        Friday      Strawberry
        Saturday    Rum Raisin
        dtype: object
```

　　Pandas 使用共享索引位置关联来自 ice_cream_flavors 列表和 days_of_week 元组的值。例如，这两个对象的索引位置 3 处分别为 "Rum Raisin" 和 "Saturday"，因此，Pandas 将它们在 Series 中联系在一起。

　　即使索引由字符串标签组成，Pandas 仍然为每个 Series 值分配一个索引位置。换句话说，我们可以通过索引标签 "Wednesday" 或索引位置 1 来访问值 "Vanilla"。第 4 章将介绍如何按行和标签访问 Series 元素。

　　Series 和 Python 字典的细微差别体现在 Series 中的索引可以重复。例如，字符串 "Wednesday" 在 Series 的索引标签中出现了两次：

```
In  [6] ice_cream_flavors = [
          "Chocolate",
          "Vanilla",
          "Strawberry",
          "Rum Raisin",
        ]

        days_of_week = ("Monday", "Wednesday", "Friday", "Wednesday")
        # The two lines below are equivalent
        pd.Series(ice_cream_flavors, days_of_week)
        pd.Series(data = ice_cream_flavors, index = days_of_week)

Out [6] Monday      Chocolate
        Wednesday   Vanilla
        Friday      Strawberry
        Wednesday   Rum Raisin
        dtype: object
```

　　尽管 Pandas 允许索引重复，但最好尽可能避免重复，因为唯一索引可以更快地定位索引标签。

　　使用关键字实参的另一个优点是，它们允许以任何顺序传递形参，而顺序/位置实参要求按照构造函数期望的顺序给出实参。例如，将 index 作为第一个形参，将 data 作为第二个形参，这与 Series 的默认形参顺序不同，但依旧可以创建正确的 Series：

```
In   [7] pd.Series(index = days_of_week, data = ice_cream_flavors)

Out  [7] Monday          Chocolate
         Wednesday       Vanilla
         Friday          Strawberry
         Wednesday       Rum Raisin
         dtype: object
```

　　输出的底部内容 dtype:object 反映了 Series 里值的数据类型。对于大多数数据类型，Pandas 将显示可预测的类型(例如 bool、float 或 int)。对于字符串和更复杂的对象(例如嵌套的数据结构)，Pandas 将显示 dtype:object[1]。

　　例如，分别使用布尔值、整数和浮点值列表创建 Series 对象，观察 Series 的异同：

```
In   [8] bunch_of_bools = [True, False, False]
         pd.Series(bunch_of_bools)

Out  [8] 0       True
         1       False
         2       False
         dtype: bool

In   [9] stock_prices = [985.32, 950.44]
         time_of_day = ["Open", "Close"]
         pd.Series(data = stock_prices, index = time_of_day)

Out  [9] Open          985.32
         Close         950.44
         dtype: float64

In   [10] lucky_numbers = [4, 8, 15, 16, 23, 42]
          pd.Series(lucky_numbers)

Out  [10] 0       4
          1       8
          2       15
          3       16
          4       23
          5       42
          dtype: int64
```

　　float64 和 int64 数据类型表示 Series 中的每个浮点/整数值占用计算机内存的 64 位(8 字节)。位和字节是内存的存储单元。我们现在不需要深入研究这些计算机的相关概念就可以有效地使用 Pandas。

---

1 请参阅 http://mng.bz/7j6v，了解为什么 Pandas 将"object"设定为字符串的 dtype。

　　Pandas 会尽力从 data 形参的值推断出适合 Series 的数据类型，通过构造函数的 dtype 形参强制将数据转换为不同的类型。例如，将一个整数列表传递给构造函数，但要求创建一个浮点型的 Series：

```
In   [11] lucky_numbers = [4, 8, 15, 16, 23, 42]
          pd.Series(lucky_numbers, dtype = "float")

Out [11] 0          4.0
         1          8.0
         2         15.0
         3         16.0
         4         23.0
         5         42.0
         dtype: float64
```

　　该示例同时使用了位置实参和关键字实参，将 lucky_numbers 列表顺序传递给 data 形参，还使用关键字实参显式设定了 dtype 形参。Series 构造函数中，dtype 形参排在第三位，所以不能直接在 lucky_numbers 之后传递它，必须通过关键字实参来设定 dtype 的值。

2.1.4　创建有缺失值的 Series

　　自己制作数据集时，数据一般比较规范，在现实世界中，数据要混乱得多。分析师遇到的最常见的问题可能是缺失值。

　　导入文件期间发现缺失值时，Pandas 会使用 NumPy 的 nan 对象进行填充。nan 是 not a number 的缩写，是未定义值的统称。换句话说，nan 是一个占位符对象，表示空值或不存在。

　　下面我们创建一个有缺失值的 Series 对象。之前导入 NumPy 库时，我们为该库设定了别名 np，在此可以将 nan 属性用作 np 的顶级导出。下一个示例将 np.nan 包含在传递给 Series 构造函数的温度列表中(注意输出中索引位置 2 处的 NaN，整本书中会经常出现 NaN)：

```
In   [12] temperatures = [94, 88, np.nan, 91]
          pd.Series(data = temperatures)

Out [12] 0          94.0
         1          88.0
         2           NaN
         3          91.0
         dtype: float64
```

　　请注意，Series dtype 为 float64。当 Pandas 发现一个 nan 值时，会自动将数值从整数转换为浮点数，Pandas 允许将数值和缺失值存储在同一个同构 Series 中。

2.2　基于其他 Python 对象创建 Series

　　Series 构造函数的 data 形参接收各种输入，包括原生 Python 数据结构和来自其他库的对象。在本节中，我们将探讨 Series 构造函数如何处理字典、元组、集合和 NumPy 数组。Pandas 返回的 Series 对象无论其数据源如何，都以相同的方式运行。

　　字典是键/值对的集合(见附录 B)。当传递一个字典时，构造函数将每个键设置为 Series 中对应的索引标签：

```
In   [13] calorie_info = {
              "Cereal": 125,
              "Chocolate Bar": 406,
              "Ice Cream Sundae": 342,
          }

          diet = pd.Series(calorie_info)
          diet

Out  [13] Cereal                125
          Chocolate Bar         406
          Ice Cream Sundae      342
          dtype: int64
```

元组是一个不可变的列表。创建元组后，不能在其中添加、删除或替换元素(参见附录 B)。当传递一个元组时，构造函数以预期的方式填充 Series：

```
In   [14] pd.Series(data = ("Red", "Green", "Blue"))

Out  [14] 0         Red
          1        Green
          2         Blue
          dtype: object
```

要创建存储元组的 Series，请将元组包装在列表中。元组适用于由多个部分或组件组成的行值，例如地址：

```
In   [15] rgb_colors = [(120, 41, 26), (196, 165, 45)]
          pd.Series(data = rgb_colors)

Out  [15] 0        (120, 41, 26)
          1        (196, 165, 45)
          dtype: object
```

集合是唯一值的无序数据结构，可以用一对花括号来声明它，就像字典一样。Python 通过判断是否存在键/值对来区分两种数据结构(参见附录 B)。

如果将一个集合传递给 Series 构造函数，Pandas 将引发 TypeError 异常。集合既没有顺序的概念(如列表)，也没有关联的概念(如字典)。因此，标准库不能假定存储集合值的顺序[1]：

```
In   [16] my_set = {"Ricky", "Bobby"}
          pd.Series(my_set)


---------------------------------------------------------------------------
TypeError                                 Traceback (most recent call last)
<ipython-input-16-bf85415a7772> in <module>
      1 my_set = { "Ricky", "Bobby" }
----> 2 pd.Series(my_set)

TypeError: 'set' type is unordered
```

---

1 请参阅"Constructing a Series with a set returns a set and not a Series"，https://github.com/pandas-dev/pandas/issues/1913。

如果程序涉及一个集合，请将其转换为有序数据结构，然后再将其传递给 Series 构造函数。例如，使用 Python 的内置 list 函数将 my_set 转换为列表：

```
In   [17] pd.Series(list(my_set))

Out  [17] 0         Ricky
          1         Bobby
          dtype: object
```

因为集合是无序的，所以不能保证列表元素(或 Series 元素)的顺序。

Series 构造函数的 data 形参也接受 NumPy 的 ndarray 对象。许多数据科学库使用 NumPy 数组，这是用于数据移动的常见存储格式。例如，为 Series 构造函数提供一个由 NumPy 的 randint 函数生成的 ndarray(参见附录 C)：

```
In   [18] random_data = np.random.randint(1, 101, 10)
          random_data

Out  [18] array([27, 16, 13, 83, 3, 38, 34, 19, 27, 66])

In   [19] pd.Series(random_data)

Out  [19] 0         27
          1         16
          2         13
          3         83
          4          3
          5         38
          6         34
          7         19
          8         27
          9         66
          dtype: int64
```

与所有其他输入一样，Pandas 保留了 ndarray 值在 Series 中的顺序。

2.3   Series 属性

属性是属于一个对象的一段数据，揭示了对象内部的状态信息。属性的值可以是另一个对象。详细概述见附录 B。

Series 由几个较小的对象组成，可以把这些对象想象成拼图的碎片，它们连接在一起形成一个更大的整体。比如 2.2 节中的 calorie_info Series：

```
Cereal                    125
Chocolate Bar             406
Ice Cream Sundae          342
dtype: int64
```

这个 Series 使用 NumPy 库的 ndarray 对象来存储卡路里计数，使用 Pandas 库的 Index 对象来存储索引中的食物名称。我们可以通过 Series 属性访问这些嵌套对象。例如，values 属性表示存储这些值的 ndarray 对象：

```
In  [20] diet.values

Out [20] array([125, 406, 342])
```

如果不确定对象的类型或它来自哪个库，可以将对象传递给 Python 的内置 type 函数。该函数将返回实例化该对象的类名称：

```
In  [21] type(diet.values)

Out [21] numpy.ndarray
```

Pandas 将存储 Series 值的任务委托给来自不同库的对象，这就解释了为什么 NumPy 是 Pandas 的依赖项。ndarray 对象通过依赖较低级别的 C 编程语言进行许多计算来优化速度和效率。在许多方面，Series 作为一个包装器，是围绕核心 NumPy 库对象的附加功能层。

当然，Pandas 有自己的对象。例如，index 属性返回存储 Series 标签的 Index 对象：

```
In  [22] diet.index

Out [22] Index(['Cereal', 'Chocolate Bar', 'Ice Cream Sundae'],
         dtype='object')
```

Pandas 中内置了 Index 等索引对象：

```
In  [23] type(diet.index)

Out [23] pandas.core.indexes.base.Index
```

一些属性揭示了有关对象的更多详细信息。例如，dtype 返回 Series 值的数据类型：

```
In  [24] diet.dtype

Out [24] dtype('int64')
```

size 属性返回 Series 中值的数量：

```
In  [25] diet.size

Out [25] 3
```

shape 属性返回一个具有 Pandas 数据结构维度的元组。对于一维 Series，元组的唯一值将是 Series 的大小。数字 3 之后的逗号是 Python 中单个元素的元组的标准可视化输出：

```
In  [26] diet.shape

Out [26] (3,)
```

如果所有 Series 值都是唯一的，则 is_unique 属性返回 True：

```
In  [27] diet.is_unique

Out [27] True
```

如果 Series 包含重复项，则 is_unique 属性返回 False：

```
In  [28] pd.Series(data = [3, 3]).is_unique

Out [28] False
```

如果每个 Series 值都大于前一个值，则 is_monotonic 属性返回 True。值之间的增量不必相等：

```
In  [29] pd.Series(data = [1, 3, 6]).is_monotonic

Out [29] True
```

如果任何元素都小于前一个元素，则 is_monotonic 属性返回 False：

```
In  [30] pd.Series(data = [1, 6, 3]).is_monotonic

Out [30] False
```

总之，通过属性可以查询对象中有关其内部状态的信息。属性揭示了嵌套对象，它们可以有自己的功能。在 Python 中，一切都是对象，包括整数、字符串和布尔值。因此，返回数字的属性与返回复杂对象(如 ndarray)的属性在技术上没有区别。

2.4　检索第一行和最后一行

到目前为止，读者应该可以熟练创建 Series 对象。本节将介绍如何使用 Series 对象。

Python 对象同时具有属性和方法。属性是属于对象的一段数据——数据结构可以揭示其自身的特征或细节。2.3 节介绍了 Series 对象的属性，如 size、shape、value 和 index。相比之下，方法是属于对象的函数——要求对象执行的动作或命令。方法通常涉及对对象属性的一些分析、计算或操作。属性定义对象的状态，方法定义对象的行为。

下面创建一个较大的 Series，将使用 Python 的内置 range 函数来生成起点和终点之间的所有数字。range 函数的三个实参是下限、上限和步进序列(每两个数字之间的间隔)。

例如，以 5 为增量生成 0～500 范围内的 100 个值，然后将 range 对象传递给 Series 构造函数：

```
In  [31] values = range(0, 500, 5)
         nums = pd.Series(data = values)
         nums

Out [31] 0          0
         1          5
         2         10
         3         15
         4         20
                  ...
         95       475
         96       480
         97       485
         98       490
         99       495
         Length: 100, dtype: int64
```

现在生成了一个包含 100 个值的 Series。注意，输出结果中的 3 个圆点表示隐藏一些行来压缩输出结果。为了方便观察,Pandas 仅显示 Series 的前 5 行和最后 5 行。输出数据行过多会降低 Jupyter Notebook 的运行速度。

对象后加上一个圆点,然后给出一个带有一对括号的方法名,表示调用该方法。首先调用一些简单的 Series 方法,如 head 方法,它从数据集的开头或顶部返回行。该方法接收一个形参 n,表示要提取的行数:

```
In  [32] nums.head(3)

Out [32] 0        0
         1        5
         2       10
         dtype: int64
```

可以在方法调用中传递关键字实参,就像在构造函数和普通函数中一样。下面的代码产生与前面的代码相同的结果:

```
In  [33] nums.head(n = 3)

Out [33] 0        0
         1        5
         2       10
         dtype: int64
```

像函数一样,方法可以为其形参声明默认实参。head 方法的 n 形参的默认实参为 5,如果不为 n 传递显式的实参,Pandas 将返回 5 行记录(这是由 Pandas 开发团队设计的):

```
In  [34] nums.head()

Out [34] 0        0
         1        5
         2       10
         3       15
         4       20
         dtype: int64
```

tail 方法从 Series 的底部或末尾返回行:

```
In  [35] nums.tail(6)

Out [35] 94          470
         95          475
         96          480
         97          485
         98          490
         99          495
         dtype: int64
```

tail 方法的 n 形参的默认实参也为 5:

```
In  [36] nums.tail()

Out [36] 95          475
         96          480
         97          485
```

```
98      490
99      495
dtype: int64
```

head 和 tail 是最常用的两种方法，可以使用它们快速预览数据集的开始和结束部分。接下来，让我们深入了解一些更高级的 Series 方法。

2.5　数学运算

Series 对象包括大量的统计和数学方法，本节主要介绍其中一些方法的实际应用。

2.5.1　统计操作

首先通过一个升序的数字列表创建一个 Series，并在中间插入一个 np.nan 值。注意，只要数据源中有缺失值，Pandas 就会将整数强制转换为浮点值：

```
In   [37] numbers = pd.Series([1, 2, 3, np.nan, 4, 5])
          numbers

Out  [37] 0      1.0
          1      2.0
          2      3.0
          3      NaN
          4      4.0
          5      5.0
          dtype: float64
```

count 方法统计非空值的个数：

```
In   [38] numbers.count()

Out  [38] 5
```

sum 方法将 Series 的值相加：

```
In   [39] numbers.sum()

Out  [39] 15.0
```

大多数数学方法在默认情况下会忽略缺失值，可以向 skipna 参数传递一个 False 值来强制包含缺失的值。

例如，调用带有参数的 sum 方法，Pandas 返回一个 nan，因为它不能将索引 3 处的未知 nan 值加到累计的总和上：

```
In   [40] numbers.sum(skipna = False)

Out  [40] nan
```

sum 方法的 min_count 参数设置有效值的最小数量，只有当 Series 至少包含这么多有效值的时候，Pandas 才会计算它的和。本例中的 6 个元素的 numbers Series 包含 5 个现值和 1 个 nan 值。

例如，Series 满足 3 个现值的阈值，因此 Pandas 可以返回总和：

```
In  [41] numbers.sum(min_count = 3)

Out [41] 15.0
```

相比之下，下面的 Pandas 代码至少需要调用 6 个现值来计算总和，因为未达到阈值，所以 sum 方法返回 nan：

```
In  [42] numbers.sum(min_count = 6)

Out [42] nan
```

提示：*如果对方法的参数感到好奇，请在方法的括号内按 Shift+Tab 键，以调出 Jupyter Notebook 中的文档。*

product 方法将所有 Series 值相乘：

```
In  [43] numbers.product()

Out [43] 120.0
```

该方法还接受 skipna 和 min_count 参数，此处要求 Pandas 在计算中包含 nan 值：

```
In  [44] numbers.product(skipna = False)

Out [44] nan
```

例如，计算所有 Series 值的乘积(它至少有 3 个现值)：

```
In  [45] numbers.product(min_count = 3)

Out [45] 120.0
```

cumsum(累计和)方法返回一个带有滚动总和的新 Series。每个索引位置都保存截至当前索引位置的值的总和(含当前位置值)。累计和有助于确定哪些值对总和的贡献最大：

```
In  [46] numbers

Out [46] 0    1.0
         1    2.0
         2    3.0
         3    NaN
         4    4.0
         5    5.0
dtype: float64

In  [47] numbers.cumsum()

Out [47] 0    1.0
         1    3.0
         2    6.0
         3    NaN
         4    10.0
         5    15.0
```

```
dtype: float64
```

下面对结果中的一些计算进行分析：

- 索引 0 处的累计和为 1.0，即 numbers Series 中的第一个值。因为还没有累计其他值，只有当前值。
- 索引 1 处的累计和为 3.0，是索引 0 处的 1.0 和索引 1 处的 2.0 之和。
- 索引 2 处的累计总和为 6.0，即 1.0、2.0 和 3.0 的总和。
- numbers Series 在索引 3 处有一个 nan。Pandas 无法将缺失值添加到累计总和中，因此它会将一个 nan 放在返回的 Series 中的对应的索引处。
- 索引 4 处的累计和为 10.0。Pandas 将先前的累计总和与当前索引的值(1.0+2.0+3.0+4.0)相加。

如果向 skipna 传递一个 False 参数，则 Series 将列出累计总和，直至遇到索引的第一个缺失值，剩余值都为 NaN：

```
In  [48] numbers.cumsum(skipna = False)

Out [48] 0    1.0
         1    3.0
         2    6.0
         3    NaN
         4    NaN
         5    NaN
         dtype: float64
```

pct_change(百分比变化)方法返回从一个 Series 值到下一个 Series 值的百分比差异。在每个索引处，Pandas 将当前索引对应值与上一个索引对应值的差值，除以上一个索引对应值。只有当两个索引都具有有效值时，Pandas 才能计算百分比差异。

pct_change 方法默认为缺失值，使用前向填充的策略。使用这种策略，Pandas 用它遇到的最后一个有效值替换一个 nan。调用该方法，然后进行计算：

```
In  [49] numbers

Out [49] 0    1.0
         1    2.0
         2    3.0
         3    NaN
         4    4.0
         5    5.0
         dtype: float64


In  [50] numbers.pct_change()

Out [50] 0       NaN
         1    1.000000
         2    0.500000
         3    0.000000
         4    0.333333
         5    0.250000
         dtype: float64
```

Pandas 的运作方式如下：

- 在索引 0 处，Pandas 无法将 numbers Series 中的值 1.0 与任何先前的值进行比较。因此，返回 NaN 值。
- 在索引 1 处，当前值为 2.0，上一个有效值为 1.0，两个值的差值为 1.0，将这个差值除以索引 0 对应的值 1.0，结果为 1.0。
- 在索引 2 处，当前值为 3.0，上一个有效值为 2.0，两个值的差值为 1.0，将这个差值除以索引 1 对应的值 2.0，结果为 0.5。
- 在索引 3 处，numbers Series 有一个 NaN 缺失值，Pandas 用最后遇到的值(索引 2 中的 3.0)代替它。索引 3 处的替代值 3.0 与索引 2 处的 3.0 的百分比变化为 0。
- 在索引 4 处，Pandas 将索引 4 的值 4.0 与前一行的有效值进行比较。前一行的有效值为索引 2 处对应的 3.0，这两个值的差值是 1，除以上一个有效值 3，结果为 0.333333(增加了 33%)。

图 2-3 显示了使用前向填充进行百分比变化计算的可视化表示。左边的 Series 是起点；中间的 Series 显示了 Pandas 执行的中间计算过程；右边的 Series 是最终结果。

0	1.0
1	2.0
2	3.0
3	NaN
4	4.0
5	5.0

0	NaN
1	(2.0 - 1.0) / 1.0
2	(3.0 - 2.0) / 2.0
3	(3.0 - 3.0) / 3.0
4	(4.0 - 3.0) / 3.0
5	(5.0 - 4.0) / 4.0

0	NaN
1	1.000000
2	0.500000
3	0.000000
4	0.333333
5	0.250000

图 2-3　pct_change 方法使用前向填充进行百分比变化计算

fill_method 参数自定义了 pct_change 替换 NaN 值的方法。此参数可用于许多方法，因此值得花时间来熟悉它。如前所述，采用默认的前向填充策略，Pandas 用最后一个有效观察值替换 NaN 值。例如，可以向 fill_method 参数显式地传递 "pad" 或 "ffill" 来实现相同的效果：

```
In  [51] # The three lines below are equivalent
         numbers.pct_change()
         numbers.pct_change(fill_method = "pad")
         numbers.pct_change(fill_method = "ffill")


Out [51] 0        NaN
         1    1.000000
         2    0.500000
         3    0.000000
         4    0.333333
         5    0.250000
         dtype: float64
```

处理缺失值的另一种策略是采用回填解决方案。采用此策略，Pandas 将 NaN 值替换为下一个有效的观察值。例如，向 fill_method 参数传递一个 "bfill" 值来查看结果，然后逐步浏览它们：

```
In  [52] # The two lines below are equivalent
         numbers.pct_change(fill_method = "bfill")
         numbers.pct_change(fill_method = "backfill")


Out [52] 0        NaN
         1    1.000000
```

```
2    0.500000
3    0.333333
4    0.000000
5    0.250000
dtype: float64
```

请注意，前向填充和回填解决方案的索引位置 3 和 4 处的值不同。Pandas 得出上述计算结果的思路如下：

- 在索引 0 处，Pandas 无法将 numbers Series 中的值 1.0 与任何先前的值进行比较。因此，返回 NaN 值。
- 在索引 3 处，Pandas 遇到了 numbers Series 中的 NaN，Pandas 用下一个有效值(索引 4 处的4.0)代替它。索引 3 处的 4.0 和索引 2 处的 3.0 的百分比变化为 0.333333。
- 在索引 4 处，Pandas 将 4.0 与索引 3 的值进行比较，再次将索引 3 处的 NaN 替换为 4.0，即 numbers Series 中可用的下一个有效值。4 和 4 的百分比变化为 0。

图 2-4 显示了使用回填进行百分比变化计算的可视化表示。左侧的 Series 是起点；中间的 Series 显示了 Pandas 执行的中间计算过程；右边的 Series 是最终结果。

0	1.0
1	2.0
2	3.0
3	NaN
4	4.0
5	5.0

0	NaN
1	(2.0 - 1.0) / 1.0
2	(3.0 - 2.0) / 2.0
3	(4.0 - 3.0) / 3.0
4	(4.0 - 4.0) / 4.0
5	(5.0 - 4.0) / 4.0

0	NaN
1	1.000000
2	0.500000
3	0.333333
4	0.000000
5	0.250000

图 2-4　pct_change 方法使用回填进行百分比变化计算

mean 方法返回 Series 中值的平均值。平均值是将值的总和除以值的个数所得到的结果：

```
In  [53] numbers.mean()

Out [53] 3.0
```

median 方法返回排序后的 Series 值中的中间数。一半的 Series 值将低于中位数，一半的值将高于中位数：

```
In  [54] numbers.median()

Out [54] 3.0
```

std 方法返回标准差，即数据变化的度量：

```
In  [55] numbers.std()

Out [55] 1.5811388300841898
```

max 和 min 方法从 Series 中检索最大值和最小值：

```
In  [56] numbers.max()

Out [56] 5.0
```

```
In  [57] numbers.min()

Out [57] 1.0
```

Pandas 按字母顺序对一个字符串类型的 Series 进行排序。"最小"字符串是最接近字母表开头的字符串，而"最大"字符串是最接近字母表结尾的字符串。一个 Series 的简单示例如下：

```
In  [58] animals = pd.Series(["koala", "aardvark", "zebra"])
         animals
Out [58] 0          koala
         1          aardvark
         2          zebra
         dtype: object

In  [59] animals.max()

Out [59] 'zebra'

In  [60] animals.min()

Out [60] 'aardvark'
```

下面这个强大的 describe 方法有效地对 Series 对象进行了总结，它可以返回 Series 的统计评估，包括计数、平均值和标准差：

```
In  [61] numbers.describe()

Out [61] count      5.000000
         mean       3.000000
         std        1.581139
         min        1.000000
         25%        2.000000
         50%        3.000000
         75%        4.000000
         max        5.000000
         dtype: float64
```

sample 方法从 Series 中随机选择各种值。新 Series 和原始 Series 之间的值的顺序可能不同。如果随机选择的值中缺少 NaN 值，Pandas 将返回一个整数 Series；如果 NaN 包含在返回值中，Pandas 将返回一个浮点数类型的 Series：

```
In  [62] numbers.sample(3)

Out [62] 1          2
         3          4
         2          3
         dtype: int64
```

unique 方法返回一个 NumPy ndarray，其中包含 Series 中的唯一值。例如，字符串"Orwell"在 authors Series 中出现了两次，但在返回的 ndarray 中只出现了一次：

```
In  [63] authors = pd.Series(
             ["Hemingway", "Orwell", "Dostoevsky", "Fitzgerald", "Orwell"]
         )
```

```
       authors.unique()
```

```
Out [63] array(['Hemingway', 'Orwell', 'Dostoevsky', 'Fitzgerald'],
         dtype=object)
```

nunique 方法返回 Series 中唯一值的数量：

```
In  [64] authors.nunique()
```

```
Out [64] 4
```

nunique 方法的返回值将等于 unique 方法返回的数组的长度。

2.5.2　算术运算

2.5.1 节介绍了 Series 对象调用的许多数学方法，本小节将介绍使用 Series 执行算术计算的其他方法。首先创建一个有缺失值的整数型 Series：

```
In  [65] s1 = pd.Series(data = [5, np.nan, 15], index = ["A", "B", "C"])
         s1
```

```
Out [65] A     5.0
         B     NaN
         C    15.0
         dtype: float64
```

可以使用 Python 的标准数学运算符对 Series 进行算术运算：

- 加法：+
- 减法：−
- 乘法：*
- 除法：/

语法很直观，可以将 Series 视为数学运算符一侧的常规操作数，将参与计算的值放在运算符的另一侧。注意，任何带有 nan 的数学运算都会得到结果 NaN。例如，将 3 加到 Series s1 中的每个值上：

```
In  [66] s1 + 3
```

```
Out [66] A     8.0
         B     NaN
         C    18.0
         dtype: float64
```

如何将整数与一种数据结构相加？这些类型似乎不兼容。别担心，因为 Pandas 足够智能，可以解析语法并理解该代码希望将一个整数与 Series 中的每个值相加，而不是与 Series 对象本身相加。

如果你更喜欢基于方法的解决方案，则可以使用 add 方法实现相同的效果：

```
In  [67] s1.add(3)
```

```
Out [67] A     8.0
         B     NaN
```

```
         C       18.0
         dtype: float64
```

接下来的 3 个示例显示了减法(-)、乘法(*)和除法(/)的使用方法。通常，有多种方法可以在
Pandas 中完成相同的操作：

```
In  [68]  # The three lines below are equivalent
          s1 - 5
          s1.sub(5)
          s1.subtract(5)

Out [68]  A       0.0
          B       NaN
          C       10.0
          dtype: float64

In  [69]  # The three lines below are equivalent
          s1 * 2
          s1.mul(2)
          s1.multiply(2)

Out [69]  A       10.0
          B       NaN
          C       30.0
          dtype: float64

In  [70]  # The three lines below are equivalent
          s1 / 2
          s1.div(2)
          s1.divide(2)

Out [70]  A       2.5
          B       NaN
          C       7.5
          dtype: float64
```

floor 除法运算符(//)执行除法，并删除结果中小数点后的所有数字。例如，15 除以 4 得到 3.75。
使用 floor 除法，15 除以 4 得到 3。执行 floor 除法的另一种方法是调用 floordiv 方法：

```
In  [71]  # The two lines below are equivalent
          s1 // 4
          s1.floordiv(4)

Out [71]  A       1.0
          B       NaN
          C       3.0
          dtype: float64
```

模运算符(%)返回除法的余数，如下所示：

```
In  [72]  # The two lines below are equivalent
          s1 % 3
          s1.mod(3)

Out [72]  A       2.0
```

```
B      NaN
C      0.0
dtype: float64
```

在前面的例子中：

- Pandas 将索引标签 A 处的值 5.0 除以 3，余数为 2.0。
- Pandas 不能在索引标签 B 处除以 NaN。
- Pandas 将索引标签 C 处的值 15.0 除以 3，余数为 0.0。

2.5.3　广播

Pandas 把它的 Series 值存储在 NumPy 的 ndarray 中，使用像 s1 + 3 或 s1 - 5 这样的语法时，Pandas 将数学计算委托给 NumPy。

NumPy 文档使用术语"广播"来描述一个数组向另一个数组的派生。在不深入研究技术细节的情况下(不需要了解 NumPy 的复杂性就可以有效地使用 Pandas)，术语"广播"来自一个广播塔，它向所有收听节目的接收者发送相同的信号。类似于 s1 + 3 的语法意味着"对 Series 中的每个值应用相同的操作(加 3)"。每个 Series 值得到相同的信息，就像每个听众在同一时间收听同一电台时，可以听到同一首歌。

广播还描述了多个 Series 对象之间的数学运算。根据经验，Pandas 使用共享索引标签来跨不同的数据结构对值进行对齐。例如，用相同的三个元素索引实例化两个 Series：

```
In [73] s1 = pd.Series([1, 2, 3], index = ["A", "B", "C"])
        s2 = pd.Series([4, 5, 6], index = ["A", "B", "C"])
```

将两个 Series 作为操作数，使用"+"运算符对它们相加时，Pandas 会在相同的索引位置添加两个值：

- 在索引 A 处，Pandas 将值 1 和 4 相加，得到 5。
- 在索引 B 处，Pandas 将值 2 和 5 相加，得到 7。
- 在索引 C 处，Pandas 将值 3 和 6 相加，得到 9。

```
In  [74] s1 + s2

Out [74] A    5
         B    7
         C    9
         dtype: int64
```

执行数学运算时，Pandas 通过共享索引标签对 Series 进行对齐，其过程如图 2-5 所示。

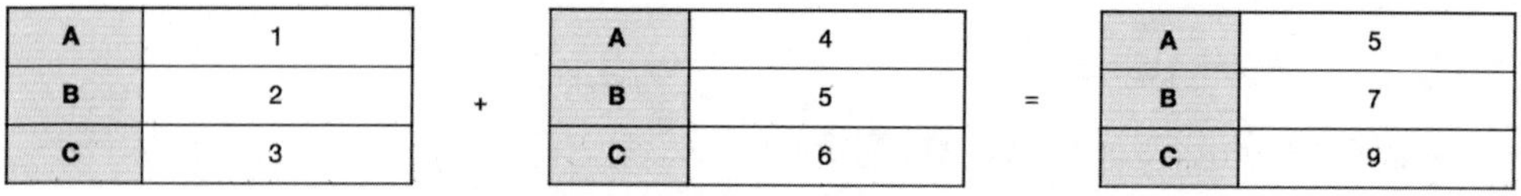

图 2-5　执行数学运算时，Pandas 通过共享索引标签对 Series 进行对齐

下面是另一个 Pandas 使用共享索引标签来对齐数据的例子，用标准数字索引创建另外两个 Series，为每个集合添加一个缺失的值：

```
In [75] s1 = pd.Series(data = [3, 6, np.nan, 12])
        s2 = pd.Series(data = [2, 6, np.nan, 12])
```

Python 的相等运算符(==)比较两个对象的相等性,可以使用这个运算符来比较两个 Series 的值。注意,Pandas 认为一个 "nan" 值与另一个 "nan" 值是不相等的,因为不能假设一个缺失值等于另一个缺失值。相等运算符的等效方法是 eq:

```
In [76] # The two lines below are equivalent
        s1 == s2
        s1.eq(2)

Out [76] 0        False
         1         True
         2        False
         3         True
         dtype: bool
```

不等运算符(!=)确认两个值是否不相等。它的等效方法是 ne:

```
In [77] # The two lines below are equivalent
        s1 != s2
        s1.ne(s2)

Out [77] 0        True
         1       False
         2        True
         3       False
         dtype: bool
```

当索引不同时,Series 之间的比较操作会变得更加棘手。某个索引可能有更多或更少的标签,或者标签本身之间可能存在不匹配。

例如,创建两个仅同时带有两个索引标签 B 和 C 的 Series:

```
In [78] s1 = pd.Series(
            data = [5, 10, 15], index = ["A", "B", "C"]
        )

        s2 = pd.Series(
            data = [4, 8, 12, 14], index = ["B", "C", "D", "E"]
        )
```

如果将 s1 和 s2 相加会发生什么?Pandas 将 B 和 C 标签处的值相加,并为剩余的索引(A、D 和 E)返回 NaN 值。需要注意的是,任何具有 NaN 值的算术运算结果都是 NaN:

```
In [79] s1 + s2

Out [79] A      NaN
         B      14.0
         C      23.0
         D      NaN
         E      NaN
         dtype: float64
```

Pandas 对齐 s1 和 s2 Series,然后生成最终的索引以及对应的值,其过程如图 2-6 所示。

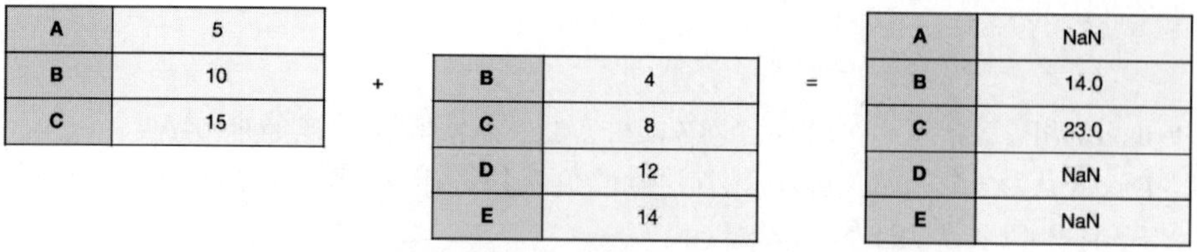

A	5
B	10
C	15

+

B	4
C	8
D	12
E	14

=

A	NaN
B	14.0
C	23.0
D	NaN
E	NaN

图 2-6   只要 Series 不同时具有相同的索引标签，Pandas 就会返回 NaN

总之，Pandas 通过两个 Series 共有的索引标签来对齐数据，并在需要时给出 NaN 值。

2.6   将 Series 传递给 Python 的内置函数

Python 的开发人员社区喜欢围绕特定的设计原则来确保代码库的一致性，例如库对象和 Python 内置函数之间的无缝集成，Pandas 也不例外。我们可以将 Series 传递给 Python 的任何内置函数，并产生一个可预测的结果。下面创建一个美国城市的小型 Series：

```
In [80] cities = pd.Series(
            data = ["San Francisco", "Los Angeles", "Las Vegas", np.nan]
        )
```

len 函数返回 Series 中的行数，计数包括缺失值(NaN)：

```
In  [81] len(cities)

Out [81] 4
```

如前所述，type 函数返回对象所属的类。如果不确定正在使用的数据结构的类型或它来自哪个库，可以使用这个函数：

```
In  [82] type(cities)

Out [82] pandas.core.series.Series
```

dir 函数以字符串形式返回一个对象的属性和方法列表。注意，下一个例子显示了输出结果的缩略版本：

```
In  [83] dir(cities)

Out [83] ['T',
         '_AXIS_ALIASES',
         '_AXIS_IALIASES',
         '_AXIS_LEN',
         '_AXIS_NAMES',
         '_AXIS_NUMBERS',
         '_AXIS_ORDERS',
         '_AXIS_REVERSED',
         '_HANDLED_TYPES',
         '__abs__',
         '__add__',
         '__and__',
         '__annotations__',
```

```
        '__array__',
        '__array_priority__',
        #...
    ]
```

Series 的值可以填充原生 Python 数据结构。下一个例子使用 Python 的 list 函数从 cities Series 中创建一个列表：

```
In  [84] list(cities)

Out [84] ['San Francisco', 'Los Angeles', 'Las Vegas', nan]
```

在 Python 中，可以将 Series 传递给 Python 的内置 dict 函数来创建一个字典。Pandas 将 Series 的索引标签和值映射到字典的键和值上：

```
In  [85] dict(cities)

Out [85] {0: 'San Francisco', 1: 'Los Angeles', 2: 'Las Vegas', 3: nan}
```

在 Python 中，可以使用 in 关键字来检查是否包含关系。在 Pandas 中，可以使用 in 关键字来检查 Series 的索引中是否存在给定的值。cities 中的数据如下：

```
In  [86] cities

Out [86] 0    San Francisco
         1      Los Angeles
         2        Las Vegas
         3              NaN
         dtype: object
```

下面两个例子查询 "Las Vegas" 和 Series 索引中的标签 2：

```
In  [87] "Las Vegas" in cities

Out [87] False

In  [88] 2 in cities

Out [88] True
```

要检查 Series 的值是否被包含，可以同时使用 in 关键字与 Series 的 values 属性。记住，values 显示了保存数据本身的 ndarray 对象：

```
In  [89] "Las Vegas" in cities.values

Out [89] True
```

在 Python 中，可以使用 not in 运算符来检查是否排除(不包含)。如果 Pandas 在 Series 中找不到对应值，则该运算符返回 True：

```
In  [90] 100 not in cities

Out [90] True

In  [91] "Paris" not in cities.values
```

```
Out [91] True
```

Pandas 对象通常会与 Python 的内置函数集成，并提供自己的属性及方法来返回相同的数据，实践中应该选择最合适的语法选项。

2.7　代码挑战

2.7.1　问题描述

假设有两个数据结构：

```
In [92] superheroes = [
            "Batman",
            "Superman",
            "Spider-Man",
            "Iron Man",
            "Captain America",
            "Wonder Woman"
        ]
```

```
In [93] strength_levels = (100, 120, 90, 95, 110, 120)
```

要解决的问题如下：

(1) 使用 superheroes 列表填充一个新的 Series 对象？

(2) 使用 strength_levels 元组填充一个新的 Series 对象？

(3) 创建一个 Series，将 superheroes 作为索引标签，strength_levels 作为值，并将 Series 赋值给 heroes 变量？

(4) 提取 heroes Series 的前两行？

(5) 提取 heroes Series 的后四行？

(6) 确定 heroes Series 中唯一值的数量？

(7) 计算 superheroes 的平均 strength？

(8) 计算 superheroes 的最大和最小 strength？

(9) 如何让每个 superheroes 的 strength 翻倍？

(10) 如何将 heroes Series 转换为 Python 字典？

2.7.2　解决方案

本小节探讨 2.7.1 节中问题的解决方案。

(1) 要创建一个新的 Series 对象，可以在 Pandas 库的顶层使用 Series 构造函数。将数据源作为第一个位置参数传入：

```
In  [94] pd.Series(superheroes)
```

```
Out [94] 0            Batman
```

```
1              Superman
2            Spider-Man
3              Iron Man
4       Captain America
5          Wonder Woman
dtype: object
```

(2) 这个问题的解决方案与问题(1)相同，只需要将元组的 strength 传递给 Series 构造函数。此处显式地给出了 data 关键字参数：

```
In  [95] pd.Series(data = strength_levels)

Out [95] 0     100
         1     120
         2      90
         3      95
         4     110
         5     120
         dtype: int64
```

(3) 要创建具有自定义索引的 Series，可以将 index 参数传递给构造函数。此处将 strength_levels 设置为 Series 的值，superheroes 的名字设置为索引标签：

```
In  [96] heroes = pd.Series(
             data = strength_levels, index = superheroes
         )

         heroes

Out [96] Batman             100
         Superman           120
         Spider-Man          90
         Iron Man            95
         Captain America    110
         Wonder Woman       120
         dtype: int64
```

(4) 作为提醒，"方法"是给对象的一个动作或命令。可以使用 head 方法从 Pandas 数据结构的顶部提取行，该方法的唯一参数 n 设置要提取的行数，返回一个新的 Series：

```
In  [97] heroes.head(2)

Out [97] Batman      100
         Superman    120
         dtype: int64
```

(5) tail 方法从 Pandas 数据结构的末端提取行。为了锁定最后四行，将传入一个参数 4：

```
In  [98] heroes.tail(4)

Out [98] Spider-Man          90
         Iron Man            95
         Captain America    110
         Wonder Woman       120
         dtype: int64
```

(6) 要取得 Series 中唯一值的数量，可以调用 nunique 方法。heroes Series 一共有 6 个值，其中 5 个是唯一值，120 这个值出现了 2 次：

```
In  [99] heroes.nunique()

Out [99] 5
```

(7) 为了计算 Series 的平均值，可以调用 mean 方法：

```
In  [100] heroes.mean()

Out [100] 105.83333333333333
```

(8) max 和 min 方法可以确定 Series 中的最大值和最小值：

```
In  [101] heroes.max()

Out [101] 120

In  [102] heroes.min()

Out [102] 90
```

(9) 如何让每个 superheroes 的 strength 翻倍？可以将 Series 的每个值乘以 2。下面的解决方案使用乘法运算符(使用 mul 和 multiply 方法也可以得到相同的结果)：

```
In  [103] heroes * 2

Out [103] Batman               200
          Superman             240
          Spider-Man           180
          Iron Man             190
          Captain America      220
          Wonder Woman         240
          dtype: int64
```

(10) 如何将 heroes Series 转换为 Python 字典？为了解决这个问题，可以将数据结构传入 Python 的 dict 构造函数。Pandas 将 Series 的索引标签设置为字典键，将 Series 值设置为字典值：

```
In  [104] dict(heroes)

Out [104] {'Batman': 100,
           'Superman': 120,
           'Spider-Man': 90,
           'Iron Man': 95,
           'Captain America': 110,
           'Wonder Woman': 120}
```

2.8　本章小结

- Series 是一维同构标记数组，其中包含值和索引。
- Series 的值可以是任何数据类型。索引标签可以是任何不可变数据类型。

- Pandas 为每个 Series 值分配索引位置和索引标签。
- 可以使用来自列表、字典、元组、NumPy 数组等数据结构的数据填充 Series。
- head 方法检索 Series 的第一行。
- tail 方法检索 Series 的最后一行。
- Series 支持常见的统计操作，例如求和、均值、中位数和标准差。
- Pandas 根据索引标签对齐技术，在多个 Series 中应用算术运算。
- Series 可以很好地与 Python 的内置函数(包括 dict、list 和 len)交互。

第 3 章

Series 方法

本章主要内容
- 使用 read_csv 函数导入 CSV 数据集
- 分别按升序和降序对 Series 值进行排序
- 检索 Series 中的最大值和最小值
- 计算 Series 中唯一值的出现次数
- 使用 Series 中的每个值调用函数

第 2 章介绍了 Series 对象，它是一个同构值的一维标记数组；介绍了如何利用不同来源的数据填充 Series，包括列表、字典和 NumPy ndarrays；讲解了 Pandas 如何给每个 Series 值分配索引标签和索引位置，以及如何对 Series 应用算术运算。

掌握了基础知识，我们就可以探索一些真实世界的数据集了。本章将介绍许多高级的 Series 操作，包括排序、计数和 bucket，还将介绍这些方法如何帮助人们从数据中获得洞察。

3.1 使用 read_csv 函数导入数据集

CSV 是一个纯文本文件，它通过换行符来分隔每一行数据，用逗号分隔每一列值。文件的第一行保存数据的列标题。本章将使用以下 3 个 CSV 文件。

- pokemon.csv：这个列表上有 800 多个神奇宝贝，它们是任天堂特许授权的卡通形象，每个神奇宝贝都有一个或多个相关类型，如火、水和草。
- google_stock.csv：这个列表记录了谷歌公司从 2004 年 8 月上市到 2019 年 10 月期间，以美元计算的每日股价。
- revolutionary_war.csv：这个列表记录了美国独立战争期间的战斗数据，包括每次战斗的开始日期和相关的州。

首先从导入数据集开始学习，进而讨论一些可行的优化技术，从而为数据分析工作铺平道路。

导入数据集之前，要启动一个新的 Jupyter Notebook 并导入 Pandas 库。请确保在与 CSV 文件相同的目录中创建 Jupyter Notebook：

```
In [1] import pandas as pd
```

Pandas 提供十几个导入函数来加载各种文件格式的数据。这些函数在库的顶层可用，并以前缀 read 开头。在本例中，要导入 CSV，所以使用 read_csv 函数。该函数的第一个参数 filepath_or_buffer 需要提供一个带有文件名的字符串，确保字符串包含.csv 扩展名(例如，应是 "pokemon.csv"，而不是 "pokemon")。默认情况下，Pandas 在与 Notebook 相同的目录中查找 CSV 文件：

```
In  [2] # The two lines below are equivalent
        pd.read_csv(filepath_or_buffer = "pokemon.csv")
        pd.read_csv("pokemon.csv")

Out [2]
```

	Pokemon	Type
0	Bulbasaur	Grass / Poison
1	Ivysaur	Grass / Poison
2	Venusaur	Grass / Poison
3	Charmander	Fire
4	Charmeleon	Fire
...	...	...
804	Stakataka	Rock / Steel
805	Blacephalon	Fire / Ghost
806	Zeraora	Electric
807	Meltan	Steel
808	Melmetal	Steel

```
809 rows × 2 columns
```

无论数据集中有多少列，read_csv 函数始终将数据导入 DataFrame 中，这是一种支持多行多列的二维 Pandas 数据结构(将在第 4 章详细地介绍这个对象)。使用 DataFrame 并没有什么问题，此处想多练习一下 Series，所以将 CSV 的数据存储在较小的数据结构中。

数据集有两列(Pokemon 和 Type)，但是一个 Series 只支持一列数据，一个简单的解决方案是将数据集的一列设置为 Series 索引，可以使用 index_col 参数来设置索引列。注意区分大小写：字符串必须与数据集中的标题匹配。例如，将 "Pokemon" 作为参数传递给 index_col：

```
In  [3] pd.read_csv("pokemon.csv", index_col = "Pokemon")

Out [3]
```

Pokemon	Type
Bulbasaur	Grass / Poison
Ivysaur	Grass / Poison
Venusaur	Grass / Poison
Charmander	Fire
Charmeleon	Fire
...	...
Stakataka	Rock / Steel
Blacephalon	Fire / Ghost
Zeraora	Electric
Meltan	Steel
Melmetal	Steel

```
809 rows × 1 columns
```

此处已经成功地将 Pokemon 列设置为 Series 索引，但 Pandas 仍然默认将数据导入 DataFrame。毕竟，一个能够容纳多列数据的容器在技术上当然可以容纳一列数据。为了强制 Pandas 使用 Series，需要添加另一个名为 squeeze 的参数并给出一个 True 值。squeeze 参数将只有一列的 DataFrame 强制转换为 Series：

```
In  [4] pd.read_csv("pokemon.csv", index_col = "Pokemon", squeeze = True)

Out [4] Pokemon
        Bulbasaur           Grass / Poison
        Ivysaur             Grass / Poison
        Venusaur            Grass / Poison
        Charmander                    Fire
        Charmeleon                    Fire
                                       ...
        Stakataka             Rock / Steel
        Blacephalon           Fire / Ghost
        Zeraora                   Electric
        Meltan                       Steel
        Melmetal                     Steel
        Name: Type, Length: 809, dtype: object
```

现在我们已经成功获得一个 Series。索引标签是 Pokemon 的名称，值是 Pokemon 的类型。值下方的输出揭示了一些重要的细节：

- Pandas 已为 Series 分配了名称为 Type 的列，即 CSV 文件中的列名称为 Type。
- 该 Series 有 809 个值。
- dtype: object 表示字符串型的 Series。object 是 Pandas 用于字符串和更复杂数据结构的内部术语。

将 Series 分配给一个变量即可完成数据集的导入，可以将 pokemon 作为变量名：

```
In [5] pokemon = pd.read_csv(
           "pokemon.csv", index_col = "Pokemon", squeeze = True
       )
```

其余两个数据集具有一些额外的复杂性。让我们看一下 google_stock.csv：

```
In  [6] pd.read_csv("google_stocks.csv").head()

Out [6]
```

	Date	Close
0	2004-08-19	49.98
1	2004-08-20	53.95
2	2004-08-23	54.50
3	2004-08-24	52.24
4	2004-08-25	52.80

导入数据集时，Pandas 会为每一列推断最合适的数据类型。有时，出于稳定程序的目的，Pandas 会避免对数据做出假设。例如，google_stocks.csv 包含一个 Date 列，其中包含 YYYY-MM-DD 格式

的日期时间值(例如 2010-08-04)。除非明确告诉 Pandas 将值视为日期时间,否则 Pandas 默认将它
们作为字符串导入。字符串是一种更通用的数据类型。它可以代表任何值。

　　此处明确地告诉 Pandas 将 Date 列中的值转换为 datetime 类型。虽然第 11 章才会介绍 datetimes
类型,但将每一列的数据存储为最准确的类型始终被认为是最佳实践。明确该列为日期时间类型数
据后,就可以对这列数据使用那些字符串无法使用的方法,例如计算工作日的日期等。

　　read_csv 函数的 parse_dates 参数接收一个字符串列表,表示列表中提到的列应该转换为日期
时间类型。例如,传递一个包含 "Date" 的列表:

```
In  [7] pd.read_csv("google_stocks.csv", parse_dates = ["Date"]).head()

Out [7]
```

	Date	Close
0	2004-08-19	49.98
1	2004-08-20	53.95
2	2004-08-23	54.50
3	2004-08-24	52.24
4	2004-08-25	52.80

　　从输出结果来看,没有看出该类型的数据与字符串有很大的差异,但 Pandas 在后台将 Date 列
设置为日期时间数据类型。使用 index_col 参数将 Date 列设置为 Series 索引,Series 适用于日期时
间索引。最后,添加 squeeze 参数来强制使用 Series 对象而不是 DataFrame:

```
In  [8] pd.read_csv(
            "google_stocks.csv",
            parse_dates = ["Date"],
            index_col = "Date",
            squeeze = True
        ).head()

Out [8] Date
        2004-08-19    49.98
        2004-08-20    53.95
        2004-08-23    54.50
        2004-08-24    52.24
        2004-08-25    52.80
        Name: Close, dtype: float64
```

　　输出结果符合预期,Series 将日期和时间作为索引标签,同时该 Series 带有浮点值。将此 Series
保存到 google 变量中:

```
In  [9] google = pd.read_csv(
            "google_stocks.csv",
            parse_dates = ["Date"],
            index_col = "Date",
            squeeze = True
        )
```

　　我们还有一组数据要导入:美国独立战争期间的战斗记录数据。预览导入的最后 5 行,将 tail
方法链接到 read_csv 函数返回的 DataFrame 后面:

```
In  [10] pd.read_csv("revolutionary_war.csv").tail()
```

```
Out [10]
```

	Battle	Start Date	State
227	Siege of Fort Henry	9/11/1782	Virginia
228	Grand Assault on Gibraltar	9/13/1782	NaN
229	Action of 18 October 1782	10/18/1782	NaN
230	Action of 6 December 1782	12/6/1782	NaN
231	Action of 22 January 1783	1/22/1783	Virginia

查看 State 列可以发现这个数据集有一些缺失值。需要注意的是，Pandas 使用 NaN(NaN 即 not a number)来标记缺失值。NaN 是一个 NumPy 对象，用于表示空或没有值。该数据集包含没有明确开始日期的战斗或在美国境外战斗的缺失值。

此处再次使用 index_col 参数设置索引，使用 parse_dates 参数将 Start Date 字符串转换为日期时间值，将 Start Date 列设置为索引。Pandas 可以识别该数据集的日期格式(M/D/YYYY)：

```
In  [11] pd.read_csv(
            "revolutionary_war.csv",
            index_col = "Start Date",
            parse_dates = ["Start Date"],
        ).tail()
```

```
Out [11]
```

	Battle	State
Start Date		
1782-09-11	Siege of Fort Henry	Virginia
1782-09-13	Grand Assault on Gibraltar	NaN
1782-10-18	Action of 18 October 1782	NaN
1782-12-06	Action of 6 December 1782	NaN
1783-01-22	Action of 22 January 1783	Virginia

默认情况下，read_csv 函数从 CSV 中导入所有列。如果想要得到一个 Series，则必须将导入的内容限制为两列：一列用于索引，另一列用于值。在这种情况下，只使用 squeeze 参数是不够的，如果有超过一列数据，Pandas 将忽略该参数。

read_csv 函数的 usecols 参数接受 Pandas 应该导入的字段列表。让我们只导入 Start Date 和 State：

```
In  [12] pd.read_csv(
            "revolutionary_war.csv",
            index_col = "Start Date",
            parse_dates = ["Start Date"],
            usecols = ["State", "Start Date"],
            squeeze = True
        ).tail()
```

```
Out [12] Start Date
         1782-09-11      Virginia
         1782-09-13           NaN
         1782-10-18           NaN
         1782-12-06           NaN
         1783-01-22      Virginia
         Name: State, dtype: object
```

此处得到一个由日期时间作为索引以及字符串作为值的 Series。将结果分配给 battles 变量：

```
In [13] battles = pd.read_csv(
            "revolutionary_war.csv",
            index_col = "Start Date",
            parse_dates = ["Start Date"],
            usecols = ["State", "Start Date"],
            squeeze = True
        )
```

现在已经将数据集导入 Series 对象中，下面介绍可以用它们做什么。

3.2 对 Series 进行排序

本节主要介绍按 Series 值或索引，对 Series 进行升序或降序排序。

3.2.1 使用 sort_values 方法按值排序

假设我们对谷歌股票的最低和最高价格感兴趣。使用 sort_values 方法返回一个新的 Series，其中的值按升序排序，即值是按照从最小到最大的顺序排列的。索引标签与对应的值一起进行排序：

```
In  [14] google.sort_values()

Out [14] Date
         2004-09-03          49.82
         2004-09-01          49.94
         2004-08-19          49.98
         2004-09-02          50.57
         2004-09-07          50.60
                              ...
         2019-04-23        1264.55
         2019-10-25        1265.13
         2018-07-26        1268.33
         2019-04-26        1272.18
         2019-04-29        1287.58
         Name: Close, Length: 3824, dtype: float64
```

Pandas 按字母顺序对 Series 中的字符串进行排序。字符串的升序排序是指按照字母表的顺序排列：

```
In  [15] pokemon.sort_values()

Out [15] Pokemon
         Illumise             Bug
         Silcoon              Bug
         Pinsir               Bug
         Burmy                Bug
         Wurmple              Bug
                              ...
         Tirtouga     Water / Rock
         Relicanth    Water / Rock
```

```
Corsola              Water / Rock
Carracosta           Water / Rock
Empoleon             Water / Steel
Name: Type, Length: 809, dtype: object
```

Pandas 将大写字符排在小写字符之前，因此，大写"Z"排在小写"a"之前。例如，字符串"adam"出现在"Ben"之后：

```
In  [16] pd.Series(data = ["Adam", "adam", "Ben"]).sort_values()

Out [16] 0       Adam
         2        Ben
         1       adam
         dtype: object
```

ascending 参数设置排序顺序，它的默认参数为 True。要按降序(从大到小)对 Series 值进行排序，请将参数设置为 False：

```
In  [17] google.sort_values(ascending = False).head()

Out [17] Date
         2019-04-29      1287.58
         2019-04-26      1272.18
         2018-07-26      1268.33
         2019-10-25      1265.13
         2019-04-23      1264.55
         Name: Close, dtype: float64
```

字符串的降序排序是指按字母表的倒序对 Series 中的字符串进行排序：

```
In  [18] pokemon.sort_values(ascending = False).head()

Out [18] Pokemon
         Empoleon             Water / Steel
         Carracosta           Water / Rock
         Corsola              Water / Rock
         Relicanth            Water / Rock
         Tirtouga             Water / Rock
         Name: Type, dtype: object
```

na_position 参数用来设置遇到 NaN 值时，将该记录放置在排序结果中的位置，该参数默认值为"last"。默认情况下，Pandas 将缺失值放在已排序 Series 的末尾：

```
In  [19] # The two lines below are equivalent
         battles.sort_values()
         battles.sort_values(na_position = "last")

Out [19] Start Date
         1781-09-06      Connecticut
         1779-07-05      Connecticut
         1777-04-27      Connecticut
         1777-09-03         Delaware
         1777-05-17          Florida
                                  ...
```

```
        1782-08-08              NaN
        1782-08-25              NaN
        1782-09-13              NaN
        1782-10-18              NaN
        1782-12-06              NaN
        Name: State, Length: 232, dtype: object
```

如果需要首先显示缺失值，应将"first"值传递给 na_position 参数。生成的新 Series 会先显示所有 NaN 值，然后显示排序值：

```
In  [20] battles.sort_values(na_position = "first")

Out [20] Start Date
        1775-09-17              NaN
        1775-12-31              NaN
        1776-03-03              NaN
        1776-03-25              NaN
        1776-05-18              NaN
                                ...
        1781-07-06              Virginia
        1781-07-01              Virginia
        1781-06-26              Virginia
        1781-04-25              Virginia
        1783-01-22              Virginia
        Name: State, Length: 232, dtype: object
```

如果想删除 NaN 值怎么办？dropna 方法返回一个删除了所有缺失值的 Series。请注意，该方法仅针对 Series 值中的 NaN，而不是索引。例如，对 battles 进行过滤，只保留带有战斗发生地的那些记录：

```
In  [21] battles.dropna().sort_values()

Out [21] Start Date
        1781-09-06              Connecticut
        1779-07-05              Connecticut
        1777-04-27              Connecticut
        1777-09-03              Delaware
        1777-05-17              Florida
                                ...
        1782-08-19              Virginia
        1781-03-16              Virginia
        1781-04-25              Virginia
        1778-09-07              Virginia
        1783-01-22              Virginia
        Name: State, Length: 162, dtype: object
```

新的 Series 比之前的 battles 要短，因为 Pandas 从 battles 中删除了 70 个 NaN 值。

3.2.2　使用 sort_index 方法按索引排序

有时，我们关注的重点可能在于索引而不是值，则可以使用 sort_index 方法按索引对 series 进行排序，此时，这些值将与它们的索引一起移动。与 sort_values 一样，sort_index 接受 ascending 参

数，其默认参数也是 True:

```
In  [22] # The two lines below are equivalent
         pokemon.sort_index()
         pokemon.sort_index(ascending = True)

Out [22] Pokemon
         Abomasnow              Grass / Ice
         Abra                       Psychic
         Absol                         Dark
         Accelgor                       Bug
         Aegislash            Steel / Ghost
                                       ...
         Zoroark                       Dark
         Zorua                         Dark
         Zubat              Poison / Flying
         Zweilous             Dark / Dragon
         Zygarde            Dragon / Ground
         Name: Type, Length: 809, dtype: object
```

当按升序对日期时间集合进行排序时，Pandas 会按从最早的日期到最晚的日期的顺序进行排序。battles Series 提供了一个很好的机会来验证这种情况:

```
In  [23] battles.sort_index()

Out [23] Start Date
         1774-09-01       Massachusetts
         1774-12-14       New Hampshire
         1775-04-19       Massachusetts
         1775-04-19       Massachusetts
         1775-04-20             Virginia
                                   ...
         1783-01-22             Virginia
         NaT                  New Jersey
         NaT                    Virginia
         NaT                         NaN
         NaT                         NaN
         Name: State, Length: 232, dtype: object
```

排序后的 Series 的末尾出现了一种新类型的值。Pandas 使用另一个 NumPy 对象 NaT 代替缺失的日期值(NaT 即 not a time)。NaT 对象符合索引的日期时间类型，因此可以保持数据的完整性。

sort_index 方法还包括用于更改 NaN 值位置的 na_position 参数。例如，首先显示缺失值，然后是排序的日期时间:

```
In  [24] battles.sort_index(na_position = "first").head()

Out [24] Start Date
         NaT              New Jersey
         NaT                Virginia
         NaT                     NaN
         NaT                     NaN
         1774-09-01      Massachusetts
         Name: State, dtype: object
```

若要按降序排序，可以将 ascending 参数设置为 False。日期时间数据的降序排序是指按从离现在最近的日期到离现在最远的日期排序：

```
In  [25] battles.sort_index(ascending = False).head()

Out [25] Start Date
         1783-01-22        Virginia
         1782-12-06             NaN
         1782-10-18             NaN
         1782-09-13             NaN
         1782-09-11        Virginia
         Name: State, dtype: object
```

数据集中离现在最近的战斗发生在 1783 年 1 月 22 日，地点在弗吉尼亚州。

3.2.3　使用 nsmallest 和 nlargest 方法检索最小值和最大值

假设想找出谷歌股票表现最好的 5 个日期，一种选择是对 Series 进行降序排序，然后将结果限制为前 5 行：

```
In  [26] google.sort_values(ascending = False).head()

Out [26] Date
         2019-04-29        1287.58
         2019-04-26        1272.18
         2018-07-26        1268.33
         2019-10-25        1265.13
         2019-04-23        1264.55
         Name: Close, dtype: float64
```

这种操作相当普遍，因此 Pandas 提供了一个帮助方法来简化操作。nlargest 方法返回 Series 中的最大值，它的第一个参数 n 设置要返回的记录数。参数 n 的默认值为 5。Pandas 在返回的 Series 中按降序对值进行排序：

```
In  [27] # The two lines below are equivalent
         google.nlargest(n = 5)
         google.nlargest()

Out [27] Date
         2019-04-29        1287.58
         2019-04-26        1272.18
         2018-07-26        1268.33
         2019-10-25        1265.13
         2019-04-23        1264.55
         Name: Close, dtype: float64
```

nsmallest 方法返回一个 Series 中的最小值，按升序排序，它的参数 n 的默认值为 5：

```
In  [28] # The two lines below are equivalent
         google.nsmallest(n = 5)
         google.nsmallest(5)

Out [28] Date
```

```
2004-09-03        49.82
2004-09-01        49.94
2004-08-19        49.98
2004-09-02        50.57
2004-09-07        50.60
2004-08-30        50.81
Name: Close, dtype: float64
```

注意，这些方法都不适用于 Series 字符串。

3.3　使用 inplace 参数替换原有 Series

本章中调用的所有方法都返回了新的 Series 对象。到目前为止，pokemon、google 和 battles 变量引用的原始 Series 对象整个操作中都没有受到影响。例如，观察方法调用前后的 battles，Series 没有发生变化：

```
In  [29] battles.head(3)

Out [29] Start Date
         1774-09-01        Massachusetts
         1774-12-14        New Hampshire
         1775-04-19        Massachusetts
         Name: State, dtype: object

In  [30] battles.sort_values().head(3)

Out [30] Start Date
         1781-09-06        Connecticut
         1779-07-05        Connecticut
         1777-04-27        Connecticut
         Name: State, dtype: object

In  [31] battles.head(3)

Out [31] Start Date
         1774-09-01        Massachusetts
         1774-12-14        New Hampshire
         1775-04-19        Massachusetts
         Name: State, dtype: object
```

如果想修改 battles Series 怎么办？Pandas 中的许多方法都包含一个 inplace 参数，当传递一个 True 值时，该参数就会对调用该方法的原始对象进行修改。

下面再次调用 sort_values 方法，但是将 True 值传递给 inplace 参数。如果使用 inplace，该方法将返回 None，导致 Jupyter Notebook 中没有输出。输出 battles 变量时，可以看到它发生了变化：

```
In  [32] battles.head(3)

Out [32] Start Date
         1774-09-01        Massachusetts
         1774-12-14        New Hampshire
         1775-04-19        Massachusetts
```

```
           Name: State, dtype: object

In   [33] battles.sort_values(inplace = True)

In   [34] battles.head(3)

Out  [34] Start Date
          1781-09-06        Connecticut
          1779-07-05        Connecticut
          1777-04-27        Connecticut
          Name: State, dtype: object
```

inplace 参数是一个常见的混淆点。它的名字暗示它将修改或改变现有对象，而不是创建一个副本。开发人员很喜欢 inplace，因为它可以减少创建的副本数量，从而减少内存的使用。但即使使用inplace 参数，Pandas 也会在调用方法时创建对象的副本。Pandas 总是创建一个副本，inplace 参数将现有的变量重新分配给新对象。因此，与普遍看法相反，inplace 参数并不能提供任何性能优势。下面两行代码在技术上是等效的：

```
battles.sort_values(inplace = True)
battles = battles.sort_values()
```

为什么 Pandas 开发者选择这种实现方法？开发者可以从创建副本中获得什么好处？一个简短的回答是固定的数据结构往往会带来更少的错误。请记住，不可变对象无法更改，即可以复制一个不可变对象并操作它的副本，但不能更改原始对象，Python 字符串就是一个例子。不可变对象不太可能进入损坏或无效状态，它也更容易测试。

Pandas 开发团队已经讨论在未来的版本中删除 inplace 参数。我的建议是尽可能避免使用它，替代解决方案是将方法的返回值重新分配给同一个变量，或者创建一个单独的、更具描述性的变量。例如，可以将 sort_values 方法的返回值分配给诸如 sorted_battles 之类的变量。

3.4　使用 value_counts 方法计算值的个数

让我们回顾一下 pokemon Series 中存储的数据：

```
In   [35] pokemon.head()

Out  [35] Pokemon
          Bulbasaur        Grass / Poison
          Ivysaur          Grass / Poison
          Venusaur         Grass / Poison
          Charmander               Fire
          Charmeleon               Fire
          Name: Type, dtype: object
```

如何找出最常见的神奇宝贝类型？需要将值分组，并计算每组中的元素数量。通过 value_counts 方法，可以统计每个 Series 值出现的次数：

```
In   [36] pokemon.value_counts()

Out  [36] Normal
```

```
Water                61
Grass                38
Psychic              35
Fire                 30
                     ..
Fire / Dragon         1
Dark / Ghost          1
Steel / Ground        1
Fire / Psychic        1
Dragon / Ice          1
Name: Type, Length: 159, dtype: int64
```

value_counts 方法返回一个新的 Series 对象。新对象的索引标签是 pokemon Series 的值，新对象的值是它们各自的计数。所有神奇宝贝中，65 个被归类为 Normal，61 个被归类为 Water，以此类推。对于那些好奇的人来说，Normal 类型的神奇宝贝是那些擅长物理攻击的神奇宝贝。

value_counts Series 的长度等于 pokemon Series 中唯一值的数量。提醒一下，nunique 方法返回以下信息：

```
In   [37] len(pokemon.value_counts())

Out  [37] 159

In   [38] pokemon.nunique()

Out  [38] 159
```

在此类情况下，数据完整性至关重要。额外空格的存在或字符的大小写不同将导致 Pandas 认为两个值不相等，并分别计算它们。数据清理的相关内容将在第 6 章讨论。

value_counts 方法的 ascending 参数的默认值为 False。Pandas 按降序对值进行排序，即从出现次数最多到出现次数最少。要按升序对值进行排序，则将 ascending 参数设定为 True 值：

```
In   [39] pokemon.value_counts(ascending = True)

Out  [39] Rock / Poison      1
          Ghost / Dark       1
          Ghost / Dragon     1
          Fighting / Steel   1
          Rock / Fighting    1
                             ..
          Fire              30
          Psychic           35
          Grass             38
          Water             61
          Normal            65
```

如果对该类型神奇宝贝的数量占所有神奇宝贝的数量的比例更感兴趣，则将 value_counts 方法的 normalize 参数设置为 True，即可以返回每个唯一值的频率。值的频率表示该值占数据集的比例：

```
In   [40] pokemon.value_counts(normalize = True).head()

Out  [40] Normal    0.080346
          Water     0.075402
          Grass     0.046972
```

```
        Psychic        0.043263
        Fire           0.037083
```

可以将频率 Series 中的值乘以 100，以获得每种类型神奇宝贝的数量占整体的百分比。此时可以使用一个普通的数学运算符，比如对 Series 使用乘法符号，Pandas 会将操作应用于 Series 的每个值：

```
In  [41] pokemon.value_counts(normalize = True).head() * 100

Out [41] Normal        8.034611
         Water         7.540173
         Grass         4.697157
         Psychic       4.326329
         Fire          3.708282
```

Normal 类型的神奇宝贝占数据集的 8.034611%，Water 类型的神奇宝贝占 7.540173%，以此类推。

假设想限制百分比的精度，可以使用 round 方法对 Series 的值进行舍入。该方法的第一个参数 decimals 设置小数点后的位数。例如，将值四舍五入为两位数，它将前面示例中的代码包装在括号中，以避免语法错误，确保 Pandas 首先将每个值乘以 100，然后在结果 Series 中调用 round 方法：

```
In  [42] (pokemon.value_counts(normalize = True) * 100).round(2)

Out [42] Normal              8.03
         Water               7.54
         Grass               4.70
         Psychic             4.33
         Fire                3.71
                             ...
         Rock / Fighting     0.12
         Fighting / Steel    0.12
         Ghost / Dragon      0.12
         Ghost / Dark        0.12
         Rock / Poison       0.12
         Name: Type, Length: 159, dtype: float64
```

value_counts 方法对数字 Series 的操作相同。例如，计算 google Series 中每个唯一股票价格出现的次数(事实证明，没有哪个股票的价格在数据集中出现超过 3 次)：

```
In  [43] google.value_counts().head()

Out [43] 237.04      3
         288.92      3
         287.68      3
         290.41      3
         194.27      3
```

为了了解数字数据集内的趋势，将值分组到预定义的区间，可能比计算不同值出现的次数更有益。首先确定 google Series 中最小值和最大值之间的差异，Series 的 max 和 min 方法在这里可以很好地完成这项工作，也可以将 Series 传递给 Python 的内置 max 和 min 函数：

```
In  [44] google.max()
```

```
Out [44] 1287.58

In  [45] google.min()

Out [45] 49.82
```

最小值和最大值之间的差值约为 1250。将股票价格进行划分，每 200 为一个桶，从 0 开始，一直到 1400。可以将这个间隔定义为 list 中的值，并将 list 传递给 value_counts 方法的 bins 参数。Pandas 会将 list 值作为区间的下限和上限：

```
In  [46] buckets = [0, 200, 400, 600, 800, 1000, 1200, 1400]
         google.value_counts(bins = buckets)

Out [46] (200.0, 400.0)     1568
         (-0.001, 200.0)     595
         (400.0, 600.0)      575
         (1000.0, 1200.0)    406
         (600.0, 800.0)      380
         (800.0, 1000.0)     207
         (1200.0, 1400.0)     93
         Name: Close, dtype: int64
```

输出结果说明，谷歌的股票价格有 1568 个值，范围为 200～400 美元。

请注意，Pandas 按每个桶中值的数量，对 Series 进行降序排序。如果想按间隔对结果进行排序怎么办？只须混合和匹配一些 Pandas 方法即可。区间是返回的 Series 中的索引标签，所以可以使用 sort_index 方法对它们进行排序。这种按顺序调用多个方法的技术称为方法链接(method chaining)：

```
In  [47] google.value_counts(bins = buckets).sort_index()

Out [47] (-0.001, 200.0)     595
         (200.0, 400.0)     1568
         (400.0, 600.0)      575
         (600.0, 800.0)      380
         (800.0, 1000.0)     207
         (1000.0, 1200.0)    406
         (1200.0, 1400.0)     93
         Name: Close, dtype: int64
```

可以通过将 False 值传递给 value_counts 方法的 sort 参数来获得相同的结果：

```
In  [48]  google.value_counts(bins = buckets, sort = False)

Out [48] (-0.001, 200.0)     595
         (200.0, 400.0)     1568
         (400.0, 600.0)      575
         (600.0, 800.0)      380
         (800.0, 1000.0)     207
         (1000.0, 1200.0)    406
         (1200.0, 1400.0)     93
         Name: Close, dtype: int64
```

请注意，第一个区间包含值 - 0.001 而不是 0。当 Pandas 将 Series 的值组织到桶中时，它可以将任何 bins 的范围在任意方向上扩展至 0.1%。区间两边的括号具有重要意义：

- 圆括号表示该值不包含在区间当中。
- 方括号表示该值包含在区间当中。

考虑区间(－0.001,200.0)，－0.001 不包括在内，而 200 包括在内。因此，区间捕获所有大于－0.001 且小于或等于 200.0 的值。

闭区间包括两个端点，例如[5,10](大于或等于 5，小于或等于 10)。

开区间不包括两个端点，例如(5, 10)(大于 5，小于 10)。

带有 bins 参数的 value_counts 方法返回半开区间，Pandas 将包含一个端点并排除另一个端点。

value_counts 方法的 bins 参数也接受一个整数参数。Pandas 会自动计算 Series 中最大值和最小值之间的差值，并将范围划分为指定数量的 bins。例如，将谷歌股票价格分成 6 个 bins，请注意，bins/buckets 的大小可能不完全相等(由于任何方向上的任何间隔都可能扩展 0.1%)，但会相当接近：

```
In  [49] google.value_counts(bins = 6, sort = False)

Out [49] (48.581, 256.113)      1204
         (256.113, 462.407)     1104
         (462.407, 668.7)        507
         (668.7, 874.993)        380
         (874.993, 1081.287)     292
         (1081.287, 1287.58)     337
         Name: Close, dtype: int64
```

下面学习 battles 数据集的相关操作：

```
In  [50] battles.head()

Out [50] Start Date
         1781-09-06      Connecticut
         1779-07-05      Connecticut
         1777-04-27      Connecticut
         1777-09-03         Delaware
         1777-05-17          Florida
         Name: State, dtype: object
```

可以使用 value_counts 方法来查看美国独立战争中哪些州的战斗次数最多：

```
In  [51] battles.value_counts().head()

Out [51] South Carolina    31
         New York          28
         New Jersey        24
         Virginia          21
         Massachusetts     11
         Name: State, dtype: int64
```

默认情况下，Pandas 将从 value_counts Series 中排除 NaN 值，可以给 dropna 参数传递一个 False 值，从而将空值作为一个不同的类别进行计数：

```
In  [52] battles.value_counts(dropna = False).head()

Out [52] NaN               70
```

```
          South Carolina      31
          New York            28
          New Jersey          24
          Virginia            21
          Name: State, dtype: int64
```

Series 索引也支持 value_counts 方法。在调用方法之前，必须通过 index 属性访问 index 对象。例如，查询美国独立战争中哪些日子的战斗最多：

```
In  [53] battles.index

Out [53]

DatetimeIndex(['1774-09-01', '1774-12-14', '1775-04-19', '1775-04-19',
               '1775-04-20', '1775-05-10', '1775-05-27', '1775-06-11',
               '1775-06-17', '1775-08-08',
               ...
               '1782-08-08', '1782-08-15', '1782-08-19', '1782-08-26',
               '1782-08-25', '1782-09-11', '1782-09-13', '1782-10-18',
               '1782-12-06', '1783-01-22'],
              dtype='datetime64[ns]', name='Start Date', length=232,
              freq=None)

In  [54] battles.index.value_counts()

Out [54] 1775-04-19       2
         1781-05-22       2
         1781-04-15       2
         1782-01-11       2
         1780-05-25       2
                         ..
         1778-05-20       1
         1776-06-28       1
         1777-09-19       1
         1778-08-29       1
         1777-05-17       1
         Name: Start Date, Length: 217, dtype: int64
```

由输出结果可知，没有任何一天会发生两次以上的战斗。

3.5　使用 apply 方法对每个 Series 值调用一个函数

函数是 Python 中的第一类对象(first-class object)，这意味着 Python 将其视为数据类型。一个函数可能感觉像是一个更抽象的实体，但它和其他任何数据结构一样有效。

任何可以用数字完成的事情，都可以用函数来完成，例如：

- 将函数存储在列表中。
- 将函数作为字典键的值。
- 将一个函数作为参数传递给另一个函数。
- 从一个函数返回另一个函数。

区分函数和函数调用很重要。函数是产生输出的指令序列,类似一个食谱,相比之下,函数调用是指令的实际执行,类似按照食谱烹饪的过程。

例如,声明一个存储 3 个 Python 内置函数的 funcs 列表,在列表中不调用 len、max 和 min 函数,该列表存储对函数本身的引用:

```
In  [55] funcs = [len, max, min]
```

下一个示例使用 for 循环遍历 funcs 列表。在 3 个迭代中,current_func 迭代器变量表示未调用的 len、max 和 min 函数。在每次迭代期间,循环调用动态 current_func 函数,然后传入 google Series,并输出返回值:

```
In  [56] for current_func in funcs:
             print(current_func(google))

Out [56] 3824
         1287.58
         49.82
```

输出结果包括 3 个函数的顺序返回值:Series 的长度、Series 中的最大值、Series 中的最小值。

Python 中,可以像操作任何其他对象一样对函数进行操作,这是否适用于 Pandas 呢?要将 google Series 中的每个浮点数值向上或向下取最接近的整数,可以使用 round 函数。该函数将高于 0.5 的值向上取整,将任何低于 0.5 的值向下取整:

```
In  [57] round(99.2)

Out [57] 99

In  [58] round(99.49)

Out [58] 99

In  [59] round(99.5)

Out [59] 100
```

Series 有一个名为 apply 的方法,它为每个 Series 值调用一次函数,并返回一个由函数调用的返回值组成的新 Series。apply 方法会将调用的函数作为其第一个参数 func。在下一个示例中,将传递 Python 的内置 round 函数:

```
In  [60] # The two lines below are equivalent
         google.apply(func = round)
         google.apply(round)

Out [60] Date
         2004-08-19      50
         2004-08-20      54
         2004-08-23      54
         2004-08-24      52
         2004-08-25      53
                        ...
         2019-10-21    1246
         2019-10-22    1243
```

```
2019-10-23    1259
2019-10-24    1261
2019-10-25    1265
Name: Close, Length: 3824, dtype: int64
```

本例中已经对 Series 中的每个值进行了四舍五入。

注意，本例中将 apply 方法传递给未调用的 round 函数。在 Pandas 内部的某个地方，apply 方法将自动在每个 Series 值上调用函数。Pandas 对操作的复杂性进行抽象。

apply 方法也接受自定义函数，可以定义函数接受单个参数，并返回希望 Pandas 存储在 Series 中的值。

假设想知道神奇宝贝有多少具有某种技能(例如 Fire)，有多少具有两种或多种技能，需要对每个 Series 值应用相同的逻辑，即对神奇宝贝进行分类。函数是封装该逻辑的理想容器。定义一个名为 single_or_multi 的实用函数，它接受一个神奇宝贝的技能并确定它是单一技能还是多个技能。如果神奇宝贝具有多种技能，则字符串用斜线(例如 "Fire/Ghost")分隔开。我们可以使用 Python 的 in 运算符来检查参数字符串中是否包含斜线。if 语句仅在其条件评估为 True 时才执行代码块。如果 "/" 存在，该函数将返回字符串 "Multi"，否则返回 "Single"：

```
In  [61] def single_or_multi(pokemon_type):
            if "/" in pokemon_type:
                return "Multi"

            return "Single"
```

现在可以将 single_or_multi 函数传递给 apply 方法。以下是关于 pokemon 数据集的快速回顾：

```
In  [62] pokemon.head(4)

Out [62] Pokemon
         Bulbasaur      Grass / Poison
         Ivysaur        Grass / Poison
         Venusaur       Grass / Poison
         Charmander              Fire
         Name: Type, dtype: object
```

例如，以 single_or_multi 函数作为参数调用 apply 方法，Pandas 为每个 Series 值调用 single_or_multi 函数：

```
In  [63] pokemon.apply(single_or_multi)

Out [63] Pokemon
         Bulbasaur      Multi
         Ivysaur        Multi
         Venusaur       Multi
         Charmander     Single
         Charmeleon     Single
                         ...
         Stakataka      Multi
         Blacephalon    Multi
         Zeraora        Single
         Meltan         Single
         Melmetal       Single
```

```
Name: Type, Length: 809, dtype: object
```

第一个样本 Bulbasaur 被归类为 "Grass / Poison"，因此 single_or_multi 函数返回 "Multi"。第四个样本 Charmander 被归类为 "Fire"，因此该函数返回 "Single"，以此类推。

有一个新的 Series 对象，可以通过调用 value_counts 找出每个分类中有多少神奇宝贝：

```
In  [64] pokemon.apply(single_or_multi).value_counts()

Out [64] Multi    405
         Single   404
         Name: Type, dtype: int64
```

事实证明，单技能和多技能的神奇宝贝数量分配相当均匀。

3.6　代码挑战

让我们来解决一个融合了本章和第 2 章知识的挑战。

3.6.1　问题描述

假设一位历史学家需要确定美国独立战争期间星期几发生的战斗最多。最终输出应该是一个以星期几(星期日、星期一等)作为索引标签，并以每天的战斗计数作为值的 Series。首先导入 revolution_war.csv 数据集，并执行必要的操作得到以下数据：

```
Saturday      39
Friday        39
Wednesday     32
Thursday      31
Sunday        31
Tuesday       29
Monday        27
```

此处需要一个 datetime 对象，可以使用参数 "%A" 对其调用 strftime 方法，以返回日期所在的星期几(例如 Sunday)。有关日期时间对象的更广泛的介绍，请参见以下示例和附录 B：

```
In  [65] import datetime as dt
         today = dt.datetime(2020, 12, 26)
         today.strftime("%A")

Out [65] 'Saturday'
```

提示：声明一个自定义函数来计算一个日期是星期几可能会很有帮助。

3.6.2　解决方案

重新导入 revolutionary_war.csv 数据集，并提示原始内容：

```
In  [66] pd.read_csv("revolutionary_war.csv").head()

Out [66]
```

	Battle	Start Date	State
0	Powder Alarm	9/1/1774	Massachusetts
1	Storming of Fort William and Mary	12/14/1774	New Hampshire
2	Battles of Lexington and Concord	4/19/1775	Massachusetts
3	Siege of Boston	4/19/1775	Massachusetts
4	Gunpowder Incident	4/20/1775	Virginia

本解决方案中不需要使用 Battle 和 State 列可以将任意一列作为索引，也可以将默认的数字作为索引。

关键步骤是将开始日期列中的字符串值强制转换为日期时间，可以调用与日期相关的方法，例如 strftime。对于普通字符串，则没有相关的方法或函数。此处使用 usecols 参数选择 Start Date 列，并使用 parse_dates 参数将其值转换为日期时间类型，最后将 True 传递给 squeeze 参数，从而创建 Series 而不是 DataFrame：

```
In  [67] days_of_war = pd.read_csv(
            "revolutionary_war.csv",
            usecols = ["Start Date"],
            parse_dates = ["Start Date"],
            squeeze = True,
        )
        days_of_war.head()

Out [67] 0      1774-09-01
         1      1774-12-14
         2      1775-04-19
         3      1775-04-19
         4      1775-04-20
         Name: Start Date, dtype: datetime64[ns]
```

下面提取每个日期是星期几，一种解决方案(仅使用现在已经介绍的工具)是将每个 Series 值传递给一个函数，该函数将返回该日期是星期几。该函数声明如下：

```
In  [68] def day_of_week(date):
            return date.strftime("%A")
```

如何为每个 Series 值调用一次 day_of_week 函数？可以将 day_of_week 函数作为参数传递给 apply 方法：

```
In  [69] days_of_war.apply(day_of_week)

-----------------------------------------------------------------------
ValueError                              Traceback (most recent call last)
<ipython-input-411-c133befd2940> in <module>
----> 1 days_of_war.apply(day_of_week)

ValueError: NaTType does not support strftime
```

上面的代码出现了错误，Start Date 列存在缺失值。与 datetime 对象不同，NaT 对象没有 strftime 方法，因此 Pandas 在将其传递给 day_of_week 函数时会出现错误。简单的解决方案是在调用 apply 方法之前，从 Series 中删除所有缺失的日期时间值，可以使用 dropna 方法来做到这一点：

```
In  [70] days_of_war.dropna().apply(day_of_week)
```

```
Out [70] 0         Thursday
         1        Wednesday
         2        Wednesday
         3        Wednesday
         4         Thursday
                     ...
         227      Wednesday
         228         Friday
         229         Friday
         230         Friday
         231      Wednesday
         Name: Start Date, Length: 228, dtype: object
```

可以使用 value_counts 方法计算每个星期几发生战斗的次数：

```
In   [71] days_of_war.dropna().apply(day_of_week).value_counts()
```

```
Out [71] Saturday     39
         Friday       39
         Wednesday    32
         Thursday     31
         Sunday       31
         Tuesday      29
         Monday       27
         Name: Start Date, dtype: int64
```

结果是星期五和星期六发生战斗的次数最多，均为 39 次。

3.7　本章小结

- read_csv 函数将 CSV 的内容导入 Pandas 数据结构。
- read_csv 函数的参数可以自定义导入的列、索引、数据类型等。
- sort_values 方法按升序或降序对 Series 的值进行排序。
- sort_index 方法按升序或降序对 Series 的索引进行排序。
- 可以使用 inplace 参数将方法返回的副本重新分配给保存对象的原始变量。使用 inplace 参数并没有性能优势。
- 使用 value_counts 方法计算 Series 中每个唯一值出现的次数。
- apply 方法对每个 Series 值调用一个函数，并在新的 Series 中返回结果。

第4章

DataFrame 对象

本章主要内容

- 通过字典和 NumPy ndarray 实例化 DataFrame 对象
- 使用 read_csv 函数从 CSV 文件导入 DataFrame
- 对 DataFrame 的列进行排序
- 访问 DataFrame 中的行和列
- 设置和重置 DataFrame 索引
- 重命名 DataFrame 中的列和索引标签

Pandas DataFrame 是具有行和列的二维数据表。与 Series 一样，Pandas 为 DataFrame 的每一行分配一个索引标签和一个索引位置。Pandas 还为每一列分配一个标签和一个位置。DataFrame 是二维的，因此它需要两个参考点(行和列)在数据集中定位某一具体数据。图 4-1 所示为 Pandas DataFrame 的可视化示例。

	Column A	Column B
Row A		
Row B		
Row C		
Row D		
Row E		

图 4-1　具有五行两列的 Pandas DataFrame 的可视化示例

DataFrame 是 Pandas 库的主要内容，也是最常使用的数据结构，本书的剩余部分将介绍它的多种功能。

4.1　DataFrame 概述

和往常一样，启动一个新的 Jupyter Notebook 并导入 Pandas。本章还需要 NumPy 库，将在 4.1.2 节使用它来生成随机数据。NumPy 通常被赋予别名 np：

```
In  [1] import pandas as pd
        import numpy as np
```

DataFrame 类的构造函数可以在 Pandas 的顶层被访问。实例化 DataFrame 对象的语法与实例化 Series 的语法相同。我们访问 DataFrame 类并使用一对括号进行实例化：pd.DataFrame()。

4.1.1　通过字典创建 DataFrame

构造函数的第一个参数 data 需要填充 DataFrame 的数据，可以使用 Python 字典，将字典的键作为列名，将字典的值作为 DataFrame 的列值。例如，将字符串作为字典的键，并将列表作为字典的值，Pandas 返回一个包含三列的 DataFrame，每个列表元素都成为 DataFrame 中的一个单元格值：

```
In  [2] city_data = {
            "City": ["New York City", "Paris", "Barcelona", "Rome"],
            "Country": ["United States", "France", "Spain", "Italy"],
            "Population": [8600000, 2141000, 5515000, 2873000]
        }

        cities = pd.DataFrame(city_data)
        cities

Out [2]
```

	City	Country	Population
0	New York City	United States	8600000
1	Paris	France	2141000
2	Barcelona	Spain	5515000
3	Rome	Italy	2873000

现在已经正式创建了一个 DataFrame。请注意，DataFrame 数据结构的呈现方式与 Series 不同。

DataFrame 包含行标签的索引。我们没有为构造函数提供自定义索引，因此 Pandas 生成了一个从 0 开始的数字作为索引。DataFrame 的逻辑运行方式与 Series 相同。

一个 DataFrame 可以容纳多列数据，将列标题视为第二个索引会很有帮助。City、Country 和 Population 是列轴上的 3 个索引标签，Pandas 分别为它们分配索引位置 0、1 和 2。

如果需要将索引标签与列标题交换怎么办？这里有两个选项，可以在 DataFrame 上调用 transpose 方法或访问它的 T 属性：

```
In  [3] # The two lines below are equivalent
        cities.transpose()
        cities.T

Out [3]
```

	0	1	2	3
City	New York City	Paris	Barcelona	Rome
Country	United States	France	Spain	Italy
Population	8600000	2141000	5515000	2873000

需要注意的是，在前面的例子中，Pandas 可以存储不同数据类型的索引标签。在上一个示例的输出中，列的索引标签和索引位置使用相同的值，DataFrame 的行具有不同的标签(City、Country 和 Population)和位置(0、1 和 2)。

4.1.2　通过 NumPy ndarray 创建 DataFrame

DataFrame 构造函数的 data 参数也接受 NumPy ndarray，可以使用 NumPy 随机模块中的 randint 函数生成任意大小的 ndarray。例如，创建一个 3×5 的 ndarray，由 1～101(不包括 101)范围内的整数组成：

```
In  [4] random_data = np.random.randint(1, 101, [3, 5])
        random_data

Out [4] array([[25, 22, 80, 43, 42],
               [40, 89, 7, 21, 25],
               [89, 71, 32, 28, 39]])
```

想了解有关 NumPy 中随机数据生成的更多信息，请参阅附录 C。

接下来，将 ndarray 传递给 DataFrame 的构造函数。ndarray 既没有行标签也没有列标签，因此，Pandas 对行轴和列轴都使用数字索引：

```
In  [5] pd.DataFrame(data = random_data)

Out [5]
```

	0	1	2	3	4
0	25	22	80	43	42
1	40	89	7	21	25
2	89	71	32	28	39

可以使用 DataFrame 构造函数的 index 参数手动设置行标签，该参数接受任何可迭代的对象，包括列表、元组或 ndarray。注意，可迭代对象的长度必须等于数据集的行数。此处传递了一个 3×5 的 ndarray，所以必须提供 3 个行标签：

```
In  [6] row_labels = ["Morning", "Afternoon", "Evening"]
        temperatures = pd.DataFrame(
            data = random_data, index = row_labels
        )
        temperatures

Out [6]
```

	0	1	2	3	4
Morning	25	22	80	43	42
Afternoon	40	89	7	21	25
Evening	89	71	32	28	39

　　可以使用构造函数的 columns 参数设置列名。ndarray 包括 5 列，所以必须传递一个包含 5 个条目的迭代。例如，在元组中传递列名：

```
In  [7] row_labels = ["Morning", "Afternoon", "Evening"]
        column_labels = (
             "Monday",
             "Tuesday",
             "Wednesday",
             "Thursday",
             "Friday",
        )

        pd.DataFrame(
             data = random_data,
             index = row_labels,
             columns = column_labels,
        )

Out [7]
```

	Monday	Tuesday	Wednesday	Thursday	Friday
Morning	25	22	80	43	42
Afternoon	40	89	7	21	25
Evening	89	71	32	28	39

　　Pandas 允许行和列索引中存在重复项。例如，"Morning"在行的索引标签中出现两次，"Tuesday"在列的索引标签中也出现两次：

```
In  [8] row_labels = ["Morning", "Afternoon", "Morning"]
        column_labels = [
             "Monday",
             "Tuesday",
             "Wednesday",
             "Tuesday",
             "Friday"
        ]

        pd.DataFrame(
             data = random_data,
             index = row_labels,
             columns = column_labels,
        )

Out [8]
```

	Monday	Tuesday	Wednesday	Tuesday	Friday
Morning	25	22	80	43	42
Afternoon	40	89	7	21	25
Morning	89	71	32	28	39

　　正如前面的章节中提到的，如果可能的话，最好有唯一的索引。因为如果没有重复值，Pandas 将更容易提取特定的行或列。

4.2 Series 和 DataFrame 的相似之处

许多 Series 的属性和方法也可用于 DataFrame，它们的实现可能会有所不同。Pandas 必须考虑多列和两个单独的轴的情况。

4.2.1 使用 read_csv 函数导入 DataFrame

nba.csv 数据集是 2019—2020 赛季美国职业篮球联赛(NBA)的职业篮球运动员名单。该数据集的每行数据包括一名球员的姓名、球队、位置、生日和薪水等信息。该数据集包含多种数据类型，非常适合学习 DataFrame 的基础知识。

下面使用 Pandas 的顶层 read_csv 函数(第 3 章中介绍了这个函数)来导入文件。该函数接受一个文件名作为其第一个参数，并返回一个 DataFrame。在执行以下代码之前，请确保数据集与 Jupyter Notebook 位于同一目录中：

```
In  [9] pd.read_csv("nba.csv")

Out [9]
```

	Name	Team	Position	Birthday	Salary
0	Shake Milton	Philadelphia 76ers	SG	9/26/96	1445697
1	Christian Wood	Detroit Pistons	PF	9/27/95	1645357
2	PJ Washington	Charlotte Hornets	PF	8/23/98	3831840
3	Derrick Rose	Detroit Pistons	PG	10/4/88	7317074
4	Marial Shayok	Philadelphia 76ers	G	7/26/95	79568
...	...	...	...	...	...
445	Austin Rivers	Houston Rockets	PG	8/1/92	2174310
446	Harry Giles	Sacramento Kings	PF	4/22/98	2578800
447	Robin Lopez	Milwaukee Bucks	C	4/1/88	4767000
448	Collin Sexton	Cleveland Cavaliers	PG	1/4/99	4764960
449	Ricky Rubio	Phoenix Suns	PG	10/21/90	16200000

```
450 rows × 5 columns
```

在输出结果的底部，显示数据集有 450 行和 5 列。

将 DataFrame 分配给一个变量之前，应做一些优化。Pandas 将 Birthday 列值作为字符串而不是日期时间类型的值导入，从而限制了可以对它们执行的操作方法。可以使用 parse_dates 参数将它强制转换为日期时间：

```
In  [10] pd.read_csv("nba.csv", parse_dates = ["Birthday"])

Out [10]
```

	Name	Team	Position	Birthday	Salary
0	Shake Milton	Philadelphia 76ers	SG	1996-09-26	1445697
1	Christian Wood	Detroit Pistons	PF	1995-09-27	1645357
2	PJ Washington	Charlotte Hornets	PF	1998-08-23	3831840
3	Derrick Rose	Detroit Pistons	PG	1988-10-04	7317074
4	Marial Shayok	Philadelphia 76ers	G	1995-07-26	79568
...	...	...	...	...	...
445	Austin Rivers	Houston Rockets	PG	1992-08-01	2174310

```
446    Harry Giles     Sacramento Kings     PF    1998-04-22    2578800
447    Robin Lopez      Milwaukee Bucks      C    1988-04-01    4767000
448  Collin Sexton  Cleveland Cavaliers     PG    1999-01-04    4764960
449    Ricky Rubio          Phoenix Suns     PG    1990-10-21   16200000
450 rows × 5 columns
```

输出的效果比之前有很大提升，现在有一列日期时间类型的数据。Pandas 以传统的 YYYY-MM-DD 格式显示日期时间值。如果对导入的数据很满意，就可以将 DataFrame 分配给像 nba 这样的变量：

```
In  [11] nba = pd.read_csv("nba.csv", parse_dates = ["Birthday"])
```

将 DataFrame 视为具有公共索引的 Series 对象集合会很有帮助。在此示例中，nba 中的 5 列(Name、Team、Position、Birthday 和 Salary)共享相同的行索引。接下来，让我们开始探索 DataFrame。

4.2.2　Series 和 DataFrame 的共享与专有属性

Series 和 DataFrame 的属性与方法可能在名称及实现上有所不同。比如，Series 有一个 dtype 属性，可以显示其值的数据类型(参见第 2 章)。请注意，dtype 属性是单数的，因为 Series 只能存储一种数据类型：

```
In  [12] pd.Series([1, 2, 3]).dtype

Out [12] dtype('int64')
```

相比之下，DataFrame 可以保存异构数据。异构意味着混合或变化，一列可以保存整数，另一列可以保存字符串。DataFrame 具有唯一的 dtypes 属性(注意名称是复数)，该属性返回一个 Series，其中 DataFrame 的列作为这个 Series 的索引标签，DataFrame 列的数据类型作为这个 Series 的值：

```
In  [13] nba.dtypes

Out [13] Name                object
         Team                object
         Position            object
         Birthday    datetime64[ns]
         Salary               int64
         dtype: object
```

Name、Team 和 Position 列将 object 设置为它们的数据类型。object 数据类型是 Pandas 对包括字符串在内的复杂对象设置的数据类型。因此，nba DataFrame 具有三个字符串列、一个日期时间列和一个整数列。

我们可以在 Series 上调用 value_counts 方法来计算每种数据类型的个数：

```
In  [14] nba.dtypes.value_counts()

Out [14] object             3
         datetime64[ns]     1
         int64              1
         dtype: int64
```

dtype 与 dtypes 是 Series 和 DataFrame 具有不同属性的一个例子，这两种数据结构也有许多共同的属性和方法。

　　DataFrame 由 3 个较小的对象组成,分别用于保存行标签的索引、保存列标签的索引和保存值的数据容器。index 属性显示了 DataFrame 的索引信息:

```
In  [15] nba.index

Out [15] RangeIndex(start=0, stop=450, step=1)
```

　　此处得到一个 RangeIndex 对象,即为存储数值序列而优化的索引。RangeIndex 对象包括 3 个属性: start(包含下限)、stop(不包含上限)和 step(每两个值之间的间隔或步序)。上面的输出结果说明,nba 的索引从 0 开始计数,并以 1 为增量增加到 450。

　　Pandas 使用单独的索引对象来存储 DataFrame 的列。我们可以通过 columns 属性来访问它:

```
In  [16] nba.columns

Out [16] Index(['Name', 'Team', 'Position', 'Birthday', 'Salary'],
            dtype='object'
```

　　Index 对象是另一种类型的索引对象,当索引包含文本值时,Pandas 使用此选项。

　　index 属性是 DataFrame 与 Series 共有的属性的示例。columns 属性是 DataFrame 独有的属性,因为 Series 没有列的概念。

　　ndim 属性返回 Pandas 对象中的维数。DataFrame 是一个二维对象:

```
In  [17] nba.ndim

Out [17] 2
```

　　shape 属性以元组的形式返回 DataFrame 的维度。nba 数据集有 450 行和 5 列:

```
In  [18] nba.shape

Out [18] (450, 5)
```

　　size 属性计算数据集里值的总数。缺失值(例如 NaN)包含在计数中:

```
In  [19] nba.size

Out [19] 2250
```

　　如果想排除缺失值,count 方法会返回一个 Series,其中包含每列中现值(非空值)的个数:

```
In  [20] nba.count()

Out [20] Name            450
         Team            450
         Position        450
         Birthday        450
         Salary          450
         dtype: int64
```

　　可以使用 sum 方法将所有 Series 值相加,以得出 DataFrame 中非空值的数量。nba DataFrame 数据集没有缺失值,因此 size 属性和 sum 方法返回相同的结果:

```
In  [21] nba.count().sum()
```

```
Out [21] 2250
```

创建一个具有缺失值的 DataFrame，可以将 NumPy 包的顶级属性 nan 作为缺失值，说明 size
属性和 count 方法之间的区别：

```
In  [22] data = {
              "A": [1, np.nan],
              "B": [2, 3]
         }

         df = pd.DataFrame(data)
         df
```

```
Out [22]
```

	A	B
0	1.0	2
1	NaN	3

size 属性返回 4，因为 DataFrame 有 4 个单元格：

```
In  [23] df.size
```

```
Out [23] 4
```

相比之下，sum 方法返回 3，因为 DataFrame 有 3 个非空值：

```
In  [24] df.count()
```

```
Out [24] A    1
         B    2
         dtype: int64
```

```
In  [25] df.count().sum()
```

```
Out [25] 3
```

A 列有一个现值(非空值)，B 列有两个现值(非空值)。

4.2.3　Series 和 DataFrame 的共有方法

DataFrame 和 Series 也有许多共同的方法。我们可以使用 head 方法从 DataFrame 的顶部提取行，
例如：

```
In  [26] nba.head(2)
```

```
Out [26]
```

	Name	Team	Position	Birthday	Salary
0	Shake Milton	Philadelphia 76ers	SG	1996-09-26	1445697
1	Christian Wood	Detroit Pistons	PF	1995-09-27	1645357

tail 方法从 DataFrame 底部返回行：

```
In  [27] nba.tail(n = 3)

Out [27]
```

	Name	Team	Position	Birthday	Salary
447	Robin Lopez	Milwaukee Bucks	C	1988-04-01	4767000
448	Collin Sexton	Cleveland Cavaliers	PG	1999-01-04	4764960
449	Ricky Rubio	Phoenix Suns	PG	1990-10-21	16200000

当没有给出参数时，这两种方法默认返回 5 行数据：

```
In  [28] nba.tail()

Out [28]
```

	Name	Team	Position	Birthday	Salary
445	Austin Rivers	Houston Rockets	PG	1992-08-01	2174310
446	Harry Giles	Sacramento Kings	PF	1998-04-22	2578800
447	Robin Lopez	Milwaukee Bucks	C	1988-04-01	4767000
448	Collin Sexton	Cleveland Cavaliers	PG	1999-01-04	4764960
449	Ricky Rubio	Phoenix Suns	PG	1990-10-21	16200000

sample 方法从 DataFrame 中随机提取数据行，它的第一个参数指定提取数据的行数：

```
In  [29] nba.sample(3)

Out [29]
```

	Name	Team	Position	Birthday	Salary
225	Tomas Satoransky	Chicago Bulls	PG	1991-10-30	10000000
201	Javonte Green	Boston Celtics	SF	1993-07-23	898310
310	Matthew Dellavedova	Cleveland Cavaliers	PG	1990-09-08	9607500

假设想知道这个数据集中有多少个 team、salary 和 position。在第 2 章中，我们使用了 nunique 方法来计算 Series 中唯一值的数量。DataFrame 调用相同的方法时，它会返回一个 Series 对象，其中包含每列唯一值的个数：

```
In  [30] nba.nunique()

Out [30] Name        450
         Team         30
         Position      9
         Birthday    430
         Salary      269
         dtype: int64
```

NBA 有 30 个独立的球队、269 个不同的薪资，以及 9 个不同的位置。

在 DataFrame 中，max 方法返回一个 Series，其中包含每列的最大值。文本列的最大值是最接近字母表末尾的字符串。datetime 列的最大值是按时间顺序排列的最新日期：

```
In  [31] nba.max()

Out [31] Name            Zylan Cheatham
```

```
Team          Washington Wizards
Position                      SG
Birthday     2000-12-23 00:00:00
Salary                  40231758
dtype: object
```

min 方法返回一个 Series，其中包含每列的最小值(最小的数字、最接近字母表开头的字符串、最早的日期等)：

```
In  [32] nba.min()

Out [32] Name                Aaron Gordon
         Team                Atlanta Hawks
         Position                        C
         Birthday      1977-01-26 00:00:00
         Salary                      79568
         dtype: object
```

如果想找出多个最大值，例如数据集中收入最高的 4 个球员，则可以调用 nlargest 方法检索给定列在 DataFrame 中具有最大值的行子集。将要提取的行数传递给它的 n 参数，并将用于排序的列传递给它的 columns 参数。例如，提取 Salary 列中值最大的 4 行记录：

```
In  [33] nba.nlargest(n = 4, columns = "Salary")

Out [33]
```

	Name	Team	Position	Birthday	Salary
205	Stephen Curry	Golden State Warriors	PG	1988-03-14	40231758
38	Chris Paul	Oklahoma City Thunder	PG	1985-05-06	38506482
219	Russell Westbrook	Houston Rockets	PG	1988-11-12	38506482
251	John Wall	Washington Wizards	PG	1990-09-06	38199000

我们的下一个挑战是寻找 2019—20 赛季美国职业篮球联赛参赛球员中年龄最大的 3 名球员，可以通过在 Birthday 列中获取 3 个最早的日期来完成这项任务。nsmallest 方法可以返回行的子集，其中给定列具有数据集中的最小值。最小的日期时间值是按时间顺序最早出现的值。请注意，只能在数字或日期时间列上调用 nlargest 和 nsmallest 方法：

```
In  [34] nba.nsmallest(n = 3, columns = ["Birthday"])

Out [34]
```

	Name	Team	Position	Birthday	Salary
98	Vince Carter	Atlanta Hawks	PF	1977-01-26	2564753
196	Udonis Haslem	Miami Heat	C	1980-06-09	2564753
262	Kyle Korver	Milwaukee Bucks	PF	1981-03-17	6004753

可以使用 sum 方法计算所有 NBA 球员薪资的总和：

```
In  [35] nba.sum()

Out [35] Name        Shake MiltonChristian WoodPJ WashingtonDerrick...
         Team        Philadelphia 76ersDetroit PistonsCharlotte Hor...
         Position    SGPFPFPGGPFSGSFCSFPGPGSGPFCPGSGPFCCPFPFSGPFPGSGSF...
         Salary                                            3444112694
```

```
dtype: object
```

输出结果有点混乱，默认情况下，Pandas 对每一列的值相加，而对于文本列，Pandas 将所有字符串连接成一个。为了只对数字字段进行加总，可以将 True 传递给 sum 方法的 numeric_only 参数：

```
In  [36] nba.sum(numeric_only = True)

Out [36] Salary        3444112694
         dtype: int64
```

450 名 NBA 球员的总薪资高达 34 亿美元。我们可以用 mean 方法计算平均工资，该方法也接受 numeric_only 参数，从而仅针对数字列进行计算：

```
In  [37] nba.mean(numeric_only = True)

Out [37] Salary        7.653584e+06
         dtype: float64
```

DataFrame 还包括用于统计计算的方法，例如计算中位数、众数和标准差的方法：

```
In  [38] nba.median(numeric_only = True)

Out [38] Salary       3303074.5
         dtype: float64
```

```
In  [39] nba.mode(numeric_only = True)

Out [39]

         Salary
0        79568
```

```
In  [40] nba.std(numeric_only = True)

Out [40] Salary        9.288810e+06
         dtype: float64
```

有关高级统计方法，请查看官方系列文档(http://mng.bz/myDa)。

4.3   对 DataFrame 进行排序

数据集的行以混乱的随机顺序排列时，可以使用 sort_values 方法按一列或多列对 DataFrame 进行排序。

4.3.1   按照单列进行排序

首先按姓名的字母顺序对球员进行排序。sort_values 方法的第一个参数 by 用来指定需要排序的列名称，下面将 Name 传递给该方法，按照 Name 列进行排序：

```
In  [41] # The two lines below are equivalent
```

```
nba.sort_values("Name")
nba.sort_values(by = "Name")
```

Out [41]

	Name	Team	Position	Birthday	Salary
52	Aaron Gordon	Orlando Magic	PF	1995-09-16	19863636
101	Aaron Holiday	Indiana Pacers	PG	1996-09-30	2239200
437	Abdel Nader	Oklahoma City Thunder	SF	1993-09-25	1618520
81	Adam Mokoka	Chicago Bulls	G	1998-07-18	79568
399	Admiral Schofield	Washington Wizards	SF	1997-03-30	1000000
...	...	...	...	...	...
159	Zach LaVine	Chicago Bulls	PG	1995-03-10	19500000
302	Zach Norvell	Los Angeles Lakers	SG	1997-12-09	79568
312	Zhaire Smith	Philadelphia 76ers	SG	1999-06-04	3058800
137	Zion Williamson	New Orleans Pelicans	F	2000-07-06	9757440
248	Zylan Cheatham	New Orleans Pelicans	SF	1995-11-17	79568

450 rows × 5 columns

sort_values 方法的 ascending 参数决定了排序顺序，它的默认值为 True。默认情况下，Pandas 将按升序对数字列进行排序，按字母表的顺序对字符串列进行排序，并按时间顺序对日期时间列进行排序。

如果想按字母表的逆序对 Name 进行排序，可以将 ascending 参数设置为 False：

```
In  [42] nba.sort_values("Name", ascending = False).head()
```

Out [42]

	Name	Team	Position	Birthday	Salary
248	Zylan Cheatham	New Orleans Pelicans	SF	1995-11-17	79568
137	Zion Williamson	New Orleans Pelicans	F	2000-07-06	9757440
312	Zhaire Smith	Philadelphia 76ers	SG	1999-06-04	3058800
302	Zach Norvell	Los Angeles Lakers	SG	1997-12-09	79568
159	Zach LaVine	Chicago Bulls	PG	1995-03-10	19500000

再举一个例子，如果想在不使用 nsmallest 方法的情况下找到 nba 数据集中最年轻的 5 名球员怎么办？可以使用 sort_values 方法按时间降序对 Birthday 列进行排序，并将 ascending 设置为 False，然后使用 head 方法从顶部取出前 5 行：

```
In  [43] nba.sort_values("Birthday", ascending = False).head()
```

Out [43]

	Name	Team	Position	Birthday	Salary
136	Sekou Doumbouya	Detroit Pistons	SF	2000-12-23	3285120
432	Talen Horton-Tucker	Los Angeles Lakers	GF	2000-11-25	898310
137	Zion Williamson	New Orleans Pelicans	F	2000-07-06	9757440
313	RJ Barrett	New York Knicks	SG	2000-06-14	7839960
392	Jalen Lecque	Phoenix Suns	G	2000-06-13	898310

在 nba 数据集内，最年轻的球员首先出现在输出结果中，即 Sekou Doumbouya，出生于 2000 年 12 月 23 日。

4.3.2 按照多列进行排序

我们可以通过将列表传递给 sort_values 方法的 by 参数来对 DataFrame 中的多列进行排序。Pandas 将按照 DataFrame 的列在列表中出现的顺序进行连续排序。例如，首先按 Team 列，然后按 Name 列对 nba DataFrame 进行排序(Pandas 默认对所有列进行升序排序)：

```
In  [44] nba.sort_values(by = ["Team", "Name"])

Out [44]
```

	Name	Team	Position	Birthday	Salary
359	Alex Len	Atlanta Hawks	C	1993-06-16	4160000
167	Allen Crabbe	Atlanta Hawks	SG	1992-04-09	18500000
276	Brandon Goodwin	Atlanta Hawks	PG	1995-10-02	79568
438	Bruno Fernando	Atlanta Hawks	C	1998-08-15	1400000
194	Cam Reddish	Atlanta Hawks	SF	1999-09-01	4245720
...	...	...	...	...	...
418	Jordan McRae	Washington Wizards	PG	1991-03-28	1645357
273	Justin Robinson	Washington Wizards	PG	1997-10-12	898310
428	Moritz Wagner	Washington Wizards	C	1997-04-26	2063520
21	Rui Hachimura	Washington Wizards	PF	1998-02-08	4469160
36	Thomas Bryant	Washington Wizards	C	1997-07-31	8000000

```
450 rows × 5 columns
```

通过输出结果可知，按字母表顺序对球队进行排序时，Atlanta Hawks 是数据集中的第一支球队。Atlanta Hawks 中有多名球员，Alex Len 的名字排在第一位，其次是 Allen Crabbe 和 Brandon Goodwin。Pandas 对剩余的团队和球员姓名重复这种排序逻辑。

可以将单个布尔值传递给 ascending 参数，从而对每一列应用相同的排序顺序。例如，将 ascending 设置为 False，Pandas 首先按降序对 Team 列进行排序，然后按降序对 Name 列进行排序：

```
In  [45] nba.sort_values(["Team", "Name"], ascending = False)

Out [45]
```

	Name	Team	Position	Birthday	Salary
36	Thomas Bryant	Washington Wizards	C	1997-07-31	8000000
21	Rui Hachimura	Washington Wizards	PF	1998-02-08	4469160
428	Moritz Wagner	Washington Wizards	C	1997-04-26	2063520
273	Justin Robinson	Washington Wizards	PG	1997-10-12	898310
418	Jordan McRae	Washington Wizards	PG	1991-03-28	1645357
...	...	...	...	...	...
194	Cam Reddish	Atlanta Hawks	SF	1999-09-01	4245720
438	Bruno Fernando	Atlanta Hawks	C	1998-08-15	1400000
276	Brandon Goodwin	Atlanta Hawks	PG	1995-10-02	79568
167	Allen Crabbe	Atlanta Hawks	SG	1992-04-09	18500000
359	Alex Len	Atlanta Hawks	C	1993-06-16	4160000

```
450 rows × 5 columns
```

如果需要以不同的顺序对每一列进行排序怎么办？例如，我们可能希望按升序对球队进行排序，然后按降序对这些球队中球员的薪资进行排序。为了完成这个任务，可以向 ascending 参数传递布尔值列表，传递给 by 和 ascending 参数的列表长度必须相等。Pandas 将使用两个列表之间的相同索引位置来匹配每一列与其关联的排序顺序。在下一个示例中，Team 列在 by 列表中占据索引位置 0，Pandas 将其与 ascending 列表中索引位置 0 处的 True 匹配，因此 Pandas 按升序对列进行排序。Pandas 对 Salary 列应用相同的逻辑并按降序对其进行排序：

```
In  [46] nba.sort_values(
             by = ["Team", "Salary"], ascending = [True, False]
         )

Out [46]
```

	Name	Team	Position	Birthday	Salary
111	Chandler Parsons	Atlanta Hawks	SF	1988-10-25	25102512
28	Evan Turner	Atlanta Hawks	PG	1988-10-27	18606556
167	Allen Crabbe	Atlanta Hawks	SG	1992-04-09	18500000
213	De'Andre Hunter	Atlanta Hawks	SF	1997-12-02	7068360
339	Jabari Parker	Atlanta Hawks	PF	1995-03-15	6500000
...	...	...	...	...	...
80	Isaac Bonga	Washington Wizards	PG	1999-11-08	1416852
399	Admiral Schofield	Washington Wizards	SF	1997-03-30	1000000
273	Justin Robinson	Washington Wizards	PG	1997-10-12	898310
283	Garrison Mathews	Washington Wizards	SG	1996-10-24	79568
353	Chris Chiozza	Washington Wizards	PG	1995-11-21	79568

450 rows × 5 columns

得到了预期的结果后，可以让排序永久化。sort_values 方法支持 inplace 参数，实际上是将返回的 DataFrame 重新分配给 nba 变量(有关 inplace 参数缺陷的讨论，请参见第 3 章)：

```
In  [47] nba = nba.sort_values(
             by = ["Team", "Salary"],
             ascending = [True, False]
         )
```

目前已经完成按照 Team 和 Salary 列中的值对 DataFrame 进行排序。

4.4　按照索引进行排序

经过永久化排序(通过设定 inplace 参数)，DataFrame 中的数据顺序与原始顺序不同：

```
In  [48] nba.head()

Out [48]
```

	Name	Team	Position	Birthday	Salary
111	Chandler Parsons	Atlanta Hawks	SF	1988-10-25	25102512
28	Evan Turner	Atlanta Hawks	PG	1988-10-27	18606556
167	Allen Crabbe	Atlanta Hawks	SG	1992-04-09	18500000
213	De'Andre Hunter	Atlanta Hawks	SF	1997-12-02	7068360
339	Jabari Parker	Atlanta Hawks	PF	1995-03-15	6500000

怎样才能让它恢复到原来的样子呢？

4.4.1 按照行索引进行排序

nba DataFrame 仍然带有它的数字索引，如果按索引位置而不是按列值对数据集进行排序，就可以将其恢复为原始排序状态，sort_index 方法可以实现这一点：

```
In  [49] # The two lines below are equivalent
        nba.sort_index().head()
        nba.sort_index(ascending = True).head()

Out [49]
```

	Name	Team	Position	Birthday	Salary
0	Shake Milton	Philadelphia 76ers	SG	1996-09-26	1445697
1	Christian Wood	Detroit Pistons	PF	1995-09-27	1645357
2	PJ Washington	Charlotte Hornets	PF	1998-08-23	3831840
3	Derrick Rose	Detroit Pistons	PG	1988-10-04	7317074
4	Marial Shayok	Philadelphia 76ers	G	1995-07-26	79568

还可以通过将 False 传递给方法的 ascending 参数来反转排序顺序。下一个示例首先显示最大的索引位置：

```
In  [50] nba.sort_index(ascending = False).head()

Out [50]
```

	Name	Team	Position	Birthday	Salary
449	Ricky Rubio	Phoenix Suns	PG	1990-10-21	16200000
448	Collin Sexton	Cleveland Cavaliers	PG	1999-01-04	4764960
447	Robin Lopez	Milwaukee Bucks	C	1988-04-01	4767000
446	Harry Giles	Sacramento Kings	PF	1998-04-22	2578800
445	Austin Rivers	Houston Rockets	PG	1992-08-01	2174310

现在，数据集恢复到原始状态了，DataFrame 按索引位置排序。下面将这个 DataFrame 重新分配给 nba 变量：

```
In  [51] nba = nba.sort_index()
```

接下来，让我们探索如何在另一个轴上对 nba DataFrame 进行排序。

4.4.2 按照列索引进行排序

DataFrame 是一种二维数据结构。我们可以排序一个额外的轴：垂直轴。

要对 DataFrame 的列进行排序，可以使用 sort_index 方法，但是需要添加一个 axis 参数，并为它设定 columns 或 1 的值。例如，按升序对列进行排序：

```
In  [52] # The two lines below are equivalent
        nba.sort_index(axis = "columns").head()
        nba.sort_index(axis = 1).head()

Out [52]
```

	Birthday	Name	Position	Salary	Team
0	1996-09-26	Shake Milton	SG	1445697	Philadelphia 76ers
1	1995-09-27	Christian Wood	PF	1645357	Detroit Pistons
2	1998-08-23	PJ Washington	PF	3831840	Charlotte Hornets
3	1988-10-04	Derrick Rose	PG	7317074	Detroit Pistons
4	1995-07-26	Marial Shayok	G	79568	Philadelphia 76ers

如何以字母表的逆序对列进行排序？答案很简单，可以将 ascending 参数设定为 False。例如，调用 sort_index 方法，将 axis 参数设定为列，并使用 ascending 参数按降序排序：

```
In  [53] nba.sort_index(axis = "columns", ascending = False).head()

Out [53]
```

	Team	Salary	Position	Name	Birthday
0	Philadelphia 76ers	1445697	SG	Shake Milton	1996-09-26
1	Detroit Pistons	1645357	PF	Christian Wood	1995-09-27
2	Charlotte Hornets	3831840	PF	PJ Washington	1998-08-23
3	Detroit Pistons	7317074	PG	Derrick Rose	1988-10-04
4	Philadelphia 76ers	79568	G	Marial Shayok	1995-07-26

在 Pandas 中，使用两种方法和几个参数就能够在两个轴上对 DataFrame，按一列，按多列，按升序，按降序或按多个顺序进行排序。Pandas 非常灵活，只需要将正确的方法与正确的参数结合起来即可实现目标。

4.5　设置新的索引

从本质上讲，nba DataFrame 是球员的集合，因此，使用 Name 列的值作为 DataFrame 的索引标签似乎更合适。Name 列还具有唯一性，从而可以加快数据的查找速度。

set_index 方法返回一个新的 DataFrame，并将给定的列设置为索引。它的第一个参数 keys 接受字符串形式的列名称：

```
In  [54] # The two lines below are equivalent
         nba.set_index(keys = "Name")
         nba.set_index("Name")

Out [54]
```

Name	Team	Position	Birthday	Salary
Shake Milton	Philadelphia 76ers	SG	1996-09-26	1445697
Christian Wood	Detroit Pistons	PF	1995-09-27	1645357
PJ Washington	Charlotte Hornets	PF	1998-08-23	3831840
Derrick Rose	Detroit Pistons	PG	1988-10-04	7317074
Marial Shayok	Philadelphia 76ers	G	1995-07-26	79568
...	...	...	...	...
Austin Rivers	Houston Rockets	PG	1992-08-01	2174310
Harry Giles	Sacramento Kings	PF	1998-04-22	2578800
Robin Lopez	Milwaukee Bucks	C	1988-04-01	4767000
Collin Sexton	Cleveland Cavaliers	PG	1999-01-04	4764960

```
Ricky Rubio                Phoenix Suns        PG    1990-10-21      16200000
```

```
450 rows × 4 columns
```

得到了预期的结果，用它覆盖 nba 变量：

```
In  [55] nba = nba.set_index(keys = "Name")
```

需要注意的是，可以在导入数据集时设置索引，将列名作为字符串传递给 read_csv 函数的 index_col 参数。以下代码可以获得相同的 DataFrame：

```
In  [56] nba = pd.read_csv(
            "nba.csv", parse_dates = ["Birthday"], index_col = "Name"
         )
```

接下来，我们将讨论从 DataFrame 中选择行和列。

4.6　从 DataFrame 中选择列

DataFrame 是具有公共索引的 Series 对象的集合，有多种语法选项可用于从 DataFrame 中提取一个或多个 Series。

4.6.1　从 DataFrame 中选择单列

每个 Series 列都可用作 DataFrame 的属性，可以使用点语法来访问对象属性。例如，可以使用 nba.Salary 提取 Salary 列(注意，索引从 DataFrame 传递到对应的 Series)：

```
In  [57] nba.Salary

Out [57] Name
         Shake Milton      1445697
         Christian Wood    1645357
         PJ Washington     3831840
         Derrick Rose      7317074
         Marial Shayok       79568
                             ...
         Austin Rivers     2174310
         Harry Giles       2578800
         Robin Lopez       4767000
         Collin Sexton     4764960
         Ricky Rubio      16200000
         Name: Salary, Length: 450, dtype: int64
```

还可以通过在 DataFrame 后面的方括号中设置列名称来提取一列：

```
In  [58] nba["Position"]

Out [58] Name
         Shake Milton      SG
         Christian Wood    PF
         PJ Washington     PF
         Derrick Rose      PG
```

```
Marial Shayok        G
                     ..
Austin Rivers        PG
Harry Giles          PF
Robin Lopez          C
Collin Sexton        PG
Ricky Rubio          PG
Name: Position, Length: 450, dtype: object
```

方括号语法的优点是支持带空格的列名。如果列被命名为"Player Position",则只能通过方括号来提取它:

```
nba["Player Position"]
```

如果使用属性语法,则会引发异常,因为 Python 无法识别这个空格,并且会假设正在尝试访问 Player 列:

```
nba.Player Position
```

此处建议使用方括号语法进行提取,因为这个解决方案 100%有效。

4.6.2　从 DataFrame 中选择多列

要提取多个 DataFrame 列,需要通过方括号完成,将列名称的列表放在方括号中,结果将返回一个新的 DataFrame,新的 DataFrame 的列顺序与列表元素的顺序相同。例如,提取 Salary 和 Birthday 列:

```
In  [59] nba[["Salary", "Birthday"]]

Out [59]
```

	Salary	Birthday
Name		
Shake Milton	1445697	1996-09-26
Christian Wood	1645357	1995-09-27
PJ Washington	3831840	1998-08-23
Derrick Rose	7317074	1988-10-04
Marial Shayok	79568	1995-07-26

Pandas 将根据它们在列表中的顺序提取列:

```
In  [60] nba[["Birthday", "Salary"]].head()

Out [60]
```

	Birthday	Salary
Name		
Shake Milton	1996-09-26	1445697
Christian Wood	1995-09-27	1645357
PJ Washington	1998-08-23	3831840
Derrick Rose	1988-10-04	7317074
Marial Shayok	1995-07-26	79568

可以使用 select_dtypes 方法根据数据类型选择列。该方法接受两个参数:include 和 exclude。

参数接受单个字符串或列表，表示 Pandas 应保留或丢弃的列类型。提醒一下，如果想查看每列的数据类型，可以访问 dtypes 属性。例如，仅从 nba 中选择字符串类型的列：

```
In [61] nba.select_dtypes(include = "object")

Out [61]
```

Name	Team	Position
Shake Milton	Philadelphia 76ers	SG
Christian Wood	Detroit Pistons	PF
PJ Washington	Charlotte Hornets	PF
Derrick Rose	Detroit Pistons	PG
Marial Shayok	Philadelphia 76ers	G
...	...	...
Austin Rivers	Houston Rockets	PG
Harry Giles	Sacramento Kings	PF
Robin Lopez	Milwaukee Bucks	C
Collin Sexton	Cleveland Cavaliers	PG
Ricky Rubio	Phoenix Suns	PG

450 rows × 2 columns

例如，选择除字符串和整数列之外的所有列：

```
In [62] nba.select_dtypes(exclude = ["object", "int"])

Out [62]
```

Name	Birthday
Shake Milton	1996-09-26
Christian Wood	1995-09-27
PJ Washington	1998-08-23
Derrick Rose	1988-10-04
Marial Shayok	1995-07-26
...	...
Austin Rivers	1992-08-01
Harry Giles	1998-04-22
Robin Lopez	1988-04-01
Collin Sexton	1999-01-04
Ricky Rubio	1990-10-21

450 rows × 1 columns

Birthday 列是 nba 中唯一既不包含字符串也不包含整数值的列。要包含或排除日期时间列，可以将 datetime 传递给正确的参数。

4.7　从 DataFrame 中选择行

上一节已经练习了提取列，本节学习如何通过索引标签或索引位置提取 DataFrame 的行。

4.7.1 使用索引标签提取行

loc 属性按标签提取一行。将 loc 这样的属性称为"访问器"是因为它们访问的是一段数据，在 loc 之后立即键入一对方括号并传入目标索引标签。例如提取索引标签为"LeBron James"的 nba 数据集内的行，Pandas 通过 Series 返回行的值(请注意区分大小写):

```
In  [63] nba.loc["LeBron James"]

Out [63] Team          Los Angeles Lakers
         Position                      PF
         Birthday     1984-12-30 00:00:00
         Salary                  37436858
         Name: LeBron James, dtype: object
```

在方括号内传递一个列表可以提取多行。当结果集包含多条记录时，Pandas 将结果存储在 DataFrame 中:

```
In  [64] nba.loc[["Kawhi Leonard", "Paul George"]]

Out [64]
```

Name	Team	Position	Birthday	Salary
Kawhi Leonard	Los Angeles Clippers	SF	1991-06-29	32742000
Paul George	Los Angeles Clippers	SF	1990-05-02	33005556

Pandas 按照它们的索引标签在列表中出现的顺序组织行。例如，交换上一个示例的字符串顺序如下:

```
In  [65] nba.loc[["Paul George", "Kawhi Leonard"]]

Out [65]
```

Name	Team	Position	Birthday	Salary
Paul George	Los Angeles Clippers	SF	1990-05-02	33005556
Kawhi Leonard	Los Angeles Clippers	SF	1991-06-29	32742000

Loc 可以用来提取一系列索引标签。该语法支持 Python 的列表切片语法，需要提供起始值、冒号和结束值。对于像这样的提取，建议先对索引进行排序，因为它加快了 Pandas 查找值的速度。

假设要定位 Otto Porter 和 Patrick Beverley 之间的所有球员，可以对 DataFrame 索引进行排序，按字母表顺序获取球员姓名，然后将这两位球员的姓名提供给 loc 访问器。"Otto Porter"代表下限，"Patrick Beverley"代表上限:

```
In  [66] nba.sort_index().loc["Otto Porter":"Patrick Beverley"]

Out [66]
```

Name	Team	Position	Birthday	Salary
Otto Porter	Chicago Bulls	SF	1993-06-03	27250576

PJ Dozier	Denver Nuggets	PG	1996-10-25	79568
PJ Washington	Charlotte Hornets	PF	1998-08-23	3831840
Pascal Siakam	Toronto Raptors	PF	1994-04-02	2351838
Pat Connaughton	Milwaukee Bucks	SG	1993-01-06	1723050
Patrick Beverley	Los Angeles Clippers	PG	1988-07-12	12345680

请注意，Pandas 的 loc 访问器与 Python 的列表切片语法存在一些差异。差异之一在于：loc 访问器包括上限的值，而 Python 的列表切片语法不包括上限的值。例如，使用列表切片语法从 3 个元素的列表中提取索引 0 到索引 2 的元素，索引 2("PJ Washington")是不包含的，因此 Python 将其排除在外：

```
In  [67] players = ["Otto Porter", "PJ Dozier", "PJ Washington"]
         players[0:2]

Out [67] ['Otto Porter', 'PJ Dozier']
```

loc 可以用来将行从 DataFrame 的中间拉到它的末尾，只在方括号中提供开始的索引标签及一个冒号，而不提供结束索引标签：

```
In  [68] nba.sort_index().loc["Zach Collins":]

Out [68]
```

	Team	Position	Birthday	Salary
Name				
Zach Collins	Portland Trail Blazers	C	1997-11-19	4240200
Zach LaVine	Chicago Bulls	PG	1995-03-10	19500000
Zach Norvell	Los Angeles Lakers	SG	1997-12-09	79568
Zhaire Smith	Philadelphia 76ers	SG	1999-06-04	3058800
Zion Williamson	New Orleans Pelicans	F	2000-07-06	9757440
Zylan Cheatham	New Orleans Pelicans	SF	1995-11-17	79568

同样，loc 切片可以用来将行从 DataFrame 的开头拉到特定的索引标签，以冒号开头，然后输入要提取的索引标签。例如，提取从一开始到 Al Horford 的所有球员信息：

```
In  [69] nba.sort_index().loc[:"Al Horford"]

Out [69]
```

	Team	Position	Birthday	Salary
Name				
Aaron Gordon	Orlando Magic	PF	1995-09-16	19863636
Aaron Holiday	Indiana Pacers	PG	1996-09-30	2239200
Abdel Nader	Oklahoma City Thunder	SF	1993-09-25	1618520
Adam Mokoka	Chicago Bulls	G	1998-07-18	79568
Admiral Schofield	Washington Wizards	SF	1997-03-30	1000000
Al Horford	Philadelphia 76ers	C	1986-06-03	28000000

如果 DataFrame 中不存在所设置的索引标签，Pandas 将引发异常：

```
In  [70] nba.loc["Bugs Bunny"]

-----------------------------------------------------------------------
KeyError                              Traceback (most recent call last)
```

```
KeyError: 'Bugs Bunny'
```

顾名思义，KeyError 异常表示给定数据结构中不存在这个键。

4.7.2　按索引位置提取行

当行的位置在数据集内很重要时，iloc(index location)访问器可以按索引位置提取行。语法类似于 loc 的语法。在 iloc 后输入一对方括号，并传入一个整数，Pandas 将提取该索引位置的行：

```
In  [71] nba.iloc[300]

Out [71] Team            Denver Nuggets
Position                     PF
Birthday         1999-04-03 00:00:00
Salary                    1416852
Name: Jarred Vanderbilt, dtype: object
```

iloc 访问器还接受通过一个索引位置列表来定位多条记录。例如，在索引位置 100、200、300和 400 处提取球员信息：

```
In  [72] nba.iloc[[100, 200, 300, 400]]

Out [72]
```

Name	Team	Position	Birthday	Salary
Brian Bowen	Indiana Pacers	SG	1998-10-02	79568
Marco Belinelli	San Antonio Spurs	SF	1986-03-25	5846154
Jarred Vanderbilt	Denver Nuggets	PF	1999-04-03	1416852
Louis King	Detroit Pistons	F	1999-04-06	79568

列表切片语法也可以与 iloc 访问器一起使用。但是请注意，Pandas 不包括冒号后的索引位置。例如，传递一个 400:404 的切片，包括索引位置 400、401、402 和 403 处的行，并排除索引 404 处的行：

```
In  [73] nba.iloc[400:404]

Out [73]
```

Name	Team	Position	Birthday	Salary
Louis King	Detroit Pistons	F	1999-04-06	79568
Kostas Antetokounmpo	Los Angeles Lakers	PF	1997-11-20	79568
Rodions Kurucs	Brooklyn Nets	PF	1998-02-05	1699236
Spencer Dinwiddie	Brooklyn Nets	PG	1993-04-06	10605600

冒号之前的数字可以省略，以便从 DataFrame 的开头提取数据。例如，定位从 nba 开头(但不包括)到索引位置 2 的行：

```
In  [74] nba.iloc[:2]

Out [74]
```

Name	Team	Position	Birthday	Salary
Shake Milton	Philadelphia 76ers	SG	1996-09-26	1445697

```
Christian Wood          Detroit Pistons       PF   1995-09-27      1645357
```

同样，可以去掉冒号后面的数字拉到 DataFrame 的末尾。例如，定位从索引位置 447 到 nba 末尾的行：

```
In  [75] nba.iloc[447:]

Out [75]
```

	Team	Position	Birthday	Salary
Name				
Robin Lopez	Milwaukee Bucks	C	1988-04-01	4767000
Collin Sexton	Cleveland Cavaliers	PG	1999-01-04	4764960
Ricky Rubio	Phoenix Suns	PG	1990-10-21	16200000

也可以将负数作为参数，例如提取从倒数第 10 行到倒数第 6 行(但不包括)的数据：

```
In  [76] nba.iloc[-10:-6]

Out [76]
```

	Team	Position	Birthday	Salary
Name				
Jared Dudley	Los Angeles Lakers	PF	1985-07-10	2564753
Max Strus	Chicago Bulls	SG	1996-03-28	79568
Kevon Looney	Golden State Warriors	C	1996-02-06	4464286
Willy Hernangomez	Charlotte Hornets	C	1994-05-27	1557250

方括号内提供的第三个数字可以用来创建步进序列，即每两个索引位置之间的间隔。例如，以 2 为增量提取前 10 个 nba 行，生成的 DataFrame 包括索引位置为 0、2、4、6 和 8 的行：

```
In  [77] nba.iloc[0:10:2]

Out [77]
```

	Team	Position	Birthday	Salary
Name				
Shake Milton	Philadelphia 76ers	SG	1996-09-26	1445697
PJ Washington	Charlotte Hornets	PF	1998-08-23	3831840
Marial Shayok	Philadelphia 76ers	G	1995-07-26	79568
Kendrick Nunn	Miami Heat	SG	1995-08-03	1416852
Brook Lopez	Milwaukee Bucks	C	1988-04-01	12093024

需要每隔一行列出数据时，这种切片技术特别有效。

4.7.3 从特定列中提取值

loc 和 iloc 属性都接受要提取的列的参数。如果使用 loc，则必须提供列名；如果使用 iloc，则必须提供列位置。例如，使用 loc 在 Giannis Antetokounmpo 行和 Team 列的交叉点提取值：

```
In  [78] nba.loc["Giannis Antetokounmpo", "Team"]

Out [78] 'Milwaukee Bucks'
```

要指定多个值，可以将参数的列表传递给 loc 访问器。例如，提取带有 James Harden 索引标签的行，以及来自 Position 列和 Birthday 列的值。Pandas 返回一个 Series：

```
In  [79] nba.loc["James Harden", ["Position", "Birthday"]]

Out [79] Position                          PG
         Birthday         1989-08-26 00:00:00
         Name: James Harden, dtype: object
```

例如，以下代码提供了多个行标签和多列：

```
In  [80] nba.loc[
             ["Russell Westbrook", "Anthony Davis"],
             ["Team", "Salary"]
         ]

Out [80]
```

Name	Team	Salary
Russell Westbrook	Houston Rockets	38506482
Anthony Davis	Los Angeles Lakers	27093019

还可以使用列表切片语法来提取多列，而无须显式写出它们的名称。nba 数据集中有 4 列(Team、Position、Birthday 和 Salary)，提取从 Position 到 Salary 的所有列。Pandas 在 loc 切片中包含两个端点：

```
In  [81] nba.loc["Joel Embiid", "Position":"Salary"]

Out [81] Position                           C
         Birthday         1994-03-16 00:00:00
         Salary                      27504630
         Name: Joel Embiid, dtype: object
```

在 Pandas 中，必须按照列在 DataFrame 中出现的顺序传递列名。例如，Salary 列在 Position 列之后，Pandas 无法识别要输出哪些列，则产生一个空结果：

```
In  [82] nba.loc["Joel Embiid", "Salary":"Position"]

Out [82] Series([], Name: Joel Embiid, dtype: object)
```

假设想按列的顺序而不是名称来定位列。请记住，Pandas 为每个 DataFrame 列分配一个索引位置。在 nba 中，Team 列的索引位置为 0，Position 列的索引位置为 1，以此类推。可以将列的索引作为第二个参数传递给 iloc。例如，以下代码将取得行索引位置 57 处和列索引位置 3 处(Salary)的交点处的值：

```
In  [83] nba.iloc[57, 3]

Out [83] 796806
```

此处也可以使用列表切片语法。例如，以下代码将获得从索引位置 100 到索引位置 104(但不包括 104)的所有行记录，包括从列开头到索引位置 3 处(但不包括索引位置 3)的列(Salary)的所有列：

```
In  [84] nba.iloc[100:104, :3]

Out [84]
```

Name	Team	Position	Birthday
Brian Bowen	Indiana Pacers	SG	1998-10-02
Aaron Holiday	Indiana Pacers	PG	1996-09-30
Troy Daniels	Los Angeles Lakers	SG	1991-07-15
Buddy Hield	Sacramento Kings	SG	1992-12-17

iloc 和 loc 访问器应用非常广泛，它们的方括号可以接受单个值、值列表、列表切片等。这种灵活性的缺点是需要额外的性能开销，因为 Pandas 必须弄清楚 iloc 或 loc 输入数据的类型。

当需要从 DataFrame 中提取单个值时，可以使用两个替代属性 at 和 iat。这两个属性可以使代码运行速度更快，因为 Pandas 查找单个值时可以优化其搜索算法。

语法与之前介绍的 loc 和 iloc 类似，at 属性接受行和列标签：

```
In  [85] nba.at["Austin Rivers", "Birthday"]

Out [85] Timestamp('1992-08-01 00:00:00')
```

iat 属性接受行和列索引：

```
In  [86] nba.iat[263, 1]

Out [86] 'PF'
```

Jupyter Notebook 可以提供几种好用的方法来帮助开发人员提升使用体验，可以用%%前缀声明 magic 方法，并将它们与常规 Python 代码一起输入。例如%%timeit，它在 Notebook 单元格中运行代码，并计算执行所需的平均时间。%%timeit 有时会运行 Notebook 单元格多达 100 000 次。例如，使用 magic 方法比较访问器的速度：

```
In  [87] %%timeit
         nba.at["Austin Rivers", "Birthday"]

6.38 µs ± 53.6 ns per loop (mean ± std. dev. of 7 runs, 100000 loops each)

In  [88] %%timeit
         nba.loc["Austin Rivers", "Birthday"]

9.12 µs ± 53.8 ns per loop (mean ± std. dev. of 7 runs, 100000 loops each)

In  [89] %%timeit
         nba.iat[263, 1]

4.7 µs ± 27.4 ns per loop (mean ± std. dev. of 7 runs, 100000 loops each)

In  [90] %%timeit
         nba.iloc[263, 1]

7.41 µs ± 39.1 ns per loop (mean ± std. dev. of 7 runs, 100000 loops each)
```

不同计算机的运行结果存在一些差异，但使用 at 和 iat 相对于 loc 和 iloc 具有明显的速度优势。

4.8　从 Series 中提取值

loc、iloc、at 和 iat 访问器也可用于 Series 对象。我们可以利用 DataFrame 中的示例来练习 Series 的取值操作，例如获得 Salary：

```
In  [91] nba["Salary"].loc["Damian Lillard"]

Out [91] 29802321

In  [92] nba["Salary"].at["Damian Lillard"]

Out [92] 29802321

In  [93] nba["Salary"].iloc[234]

Out [93] 2033160

In  [94] nba["Salary"].iat[234]

Out [94] 2033160
```

根据具体情况，选择最适合自己的访问器。

4.9　对行或列进行重命名

columns 属性提供了存储 DataFrame 列名的 Index 对象：

```
In  [95] nba.columns

Out [95] Index(['Team', 'Position', 'Birthday', 'Salary'], dtype='object')
```

可以通过为属性分配新名称列表来重命名 DataFrame 的任何或所有列。例如，将 Salary 列的名称更改为 Pay：

```
In  [96] nba.columns = ["Team", "Position", "Date of Birth", "Pay"]
         nba.head(1)

Out [96]
```

	Team	Position	Date of Birth	Pay
Name				
Shake Milton	Philadelphia 76ers	SG	1996-09-26	1445697

rename 方法是实现相同结果的替代选项，可以向它的 columns 参数传递一个字典，其中键是现有的列名，值是它们的新名称。例如，将 Date of Birth 列的名称更改为 Birthday：

```
In  [97] nba.rename(columns = { "Date of Birth": "Birthday" })

Out [97]
```

	Team	Position	Birthday	Pay
Name				
Shake Milton	Philadelphia 76ers	SG	1996-09-26	1445697
Christian Wood	Detroit Pistons	PF	1995-09-27	1645357
PJ Washington	Charlotte Hornets	PF	1998-08-23	3831840
Derrick Rose	Detroit Pistons	PG	1988-10-04	7317074
Marial Shayok	Philadelphia 76ers	G	1995-07-26	79568
...	...	...	...	...
Austin Rivers	Houston Rockets	PG	1992-08-01	2174310
Harry Giles	Sacramento Kings	PF	1998-04-22	2578800
Robin Lopez	Milwaukee Bucks	C	1988-04-01	4767000
Collin Sexton	Cleveland Cavaliers	PG	1999-01-04	4764960
Ricky Rubio	Phoenix Suns	PG	1990-10-21	16200000

450 rows × 4 columns

通过将返回的 DataFrame 分配给 nba 变量来使操作永久化：

```
In  [98] nba = nba.rename(columns = { "Date of Birth": "Birthday" })
```

还可以通过将字典传递给方法的 index 参数来重命名索引标签，逻辑相同，键是旧标签，值是新标签。例如，将 "Giannis Antetokounmpo" 替换为他的昵称 "Greek Freak"：

```
In  [99] nba.loc["Giannis Antetokounmpo"]

Out [99] Team                 Milwaukee Bucks
         Position                          PF
         Birthday     1994-12-06 00:00:00
         Pay                        25842697

         Name: Giannis Antetokounmpo, dtype: object

In  [100] nba = nba.rename(
              index = { "Giannis Antetokounmpo": "Greek Freak" }
          )
```

下面尝试通过新标签来查找该行记录：

```
In  [101] nba.loc["Greek Freak"]

Out [101] Team                 Milwaukee Bucks
          Position                          PF
          Birthday     1994-12-06 00:00:00
          Pay                        25842697
          Name: Greek Freak, dtype: object
```

至此，已成功更改行标签。

4.10　重置索引

假如想让 Team 列成为 nba 的索引，则可以对不同的列调用本章前面介绍的 set_index 方法，但是会丢失当前的球员姓名索引。请看如下例子：

```
In  [102] nba.set_index("Team").head()

Out [102]
```

	Position	Birthday	Salary
Team			
Philadelphia 76ers	SG	1996-09-26	1445697
Detroit Pistons	PF	1995-09-27	1645357
Charlotte Hornets	PF	1998-08-23	3831840
Detroit Pistons	PG	1988-10-04	7317074
Philadelphia 76ers	G	1995-07-26	79568

为了保留球员的名字，必须首先将现有索引重新整合为 DataFrame 中的常规列。reset_index 方法将当前索引移动到 DataFrame 列，并将以前的索引替换为 Pandas 的数字索引：

```
In  [103] nba.reset_index().head()

Out [103]
```

	Name	Team	Position	Birthday	Salary
0	Shake Milton	Philadelphia 76ers	SG	1996-09-26	1445697
1	Christian Wood	Detroit Pistons	PF	1995-09-27	1645357
2	PJ Washington	Charlotte Hornets	PF	1998-08-23	3831840
3	Derrick Rose	Detroit Pistons	PG	1988-10-04	7317074
4	Marial Shayok	Philadelphia 76ers	G	1995-07-26	79568

现在可以使用 set_index 方法将 Team 列移动到索引中而不会丢失数据：

```
In  [104] nba.reset_index().set_index("Team").head()

Out [104]
```

	Name	Position	Birthday	Salary
Team				
Philadelphia 76ers	Shake Milton	SG	1996-09-26	1445697
Detroit Pistons	Christian Wood	PF	1995-09-27	1645357
Charlotte Hornets	PJ Washington	PF	1998-08-23	3831840
Detroit Pistons	Derrick Rose	PG	1988-10-04	7317074
Philadelphia 76ers	Marial Shayok	G	1995-07-26	79568

避免使用 inplace 参数的一个优点是可以链接多个方法调用。例如，链接 reset_index 和 set_index 方法调用，并用结果覆盖 nba 变量：

```
In  [105] nba = nba.reset_index().set_index("Team")
```

以上已经对 DataFrame 做了详细介绍，它是 Pandas 库的核心主力。

4.11 代码挑战

4.11.1 问题描述

nfl.csv 文件包含美国国家橄榄球联盟中与 NBA 相似的数据结构，包括球员的 Name、Team、Position、Birthday 和 Salary 信息。尝试回答如下问题：

(1) 如何导入 nfl.csv 文件，并将其 Birthday 列中的值转换为日期时间类型？

(2) 可以通过哪两种方式设置 DataFrame 索引来存储球员姓名？

(3) 如何计算这个数据集中每支球队的球员人数？

(4) 收入最高的 5 名球员是谁？

(5) 如何先按球队名称升序对数据集进行排序，然后按薪资降序对数据集进行排序？

(6) New York Jets 队年龄最大的球员是谁，他的生日是哪天？

4.11.2 解决方案

(1) 可以使用 read_csv 函数导入 CSV。要将 Birthday 列值存储为日期时间类型，应将该列传递给列表中的 parse_dates 参数：

```
In  [106] nfl = pd.read_csv("nfl.csv", parse_dates = ["Birthday"])
          nfl

Out [106]
```

	Name	Team	Position	Birthday	Salary
0	Tremon Smith	Philadelphia Eagles	RB	1996-07-20	570000
1	Shawn Williams	Cincinnati Bengals	SS	1991-05-13	3500000
2	Adam Butler	New England Patriots	DT	1994-04-12	645000
3	Derek Wolfe	Denver Broncos	DE	1990-02-24	8000000
4	Jake Ryan	Jacksonville Jaguars	OLB	1992-02-27	1000000
...	...	...	...	...	...
1650	Bashaud Breeland	Kansas City Chiefs	CB	1992-01-30	805000
1651	Craig James	Philadelphia Eagles	CB	1996-04-29	570000
1652	Jonotthan Harrison	New York Jets	C	1991-08-25	1500000
1653	Chuma Edoga	New York Jets	OT	1997-05-25	495000
1654	Tajae Sharpe	Tennessee Titans	WR	1994-12-23	2025000

```
1655 rows × 5 columns
```

(2) 若要将球员姓名设置为索引标签，可以调用 set_index 方法并将新的 DataFrame 分配给 nfl 变量：

```
In  [107] nfl = nfl.set_index("Name")
```

也可以在导入数据集时向 read_csv 函数提供 index_col 参数：

```
In  [108] nfl = pd.read_csv(
              "nfl.csv", index_col = "Name", parse_dates = ["Birthday"]
          )
```

这两种方法的结果都是相同:

```
In  [109] nfl.head()
```

```
Out [109]
```

	Team	Position	Birthday	Salary
Name				
Tremon Smith	Philadelphia Eagles	RB	1996-07-20	570000
Shawn Williams	Cincinnati Bengals	SS	1991-05-13	3500000
Adam Butler	New England Patriots	DT	1994-04-12	645000
Derek Wolfe	Denver Broncos	DE	1990-02-24	8000000
Jake Ryan	Jacksonville Jaguars	OLB	1992-02-27	1000000

(3) 要计算每支球队的球员人数,可以在 Team 列上调用 value_counts 方法。首先要用点语法或方括号提取 Team Series:

```
In  [110] # The two lines below are equivalent
          nfl.Team.value_counts().head()
          nfl["Team"].value_counts().head()
```

```
Out [110] New York Jets          58
          Washington Redskins    56
          Kansas City Chiefs     56
          San Francisco 49Ers    55
          New Orleans Saints     55
```

(4) 要确定 5 个收入最高的球员,可以使用 sort_values 方法对 Salary 列进行排序。将 ascending 参数设定为 False 或使用 nlargest 方法即可按降序排序:

```
In  [111] nfl.sort_values("Salary", ascending = False).head()
```

```
Out [111]
```

	Team	Position	Birthday	Salary
Name				
Kirk Cousins	Minnesota Vikings	QB	1988-08-19	27500000
Jameis Winston	Tampa Bay Buccaneers	QB	1994-01-06	20922000
Marcus Mariota	Tennessee Titans	QB	1993-10-30	20922000
Derek Carr	Oakland Raiders	QB	1991-03-28	19900000
Jimmy Garoppolo	San Francisco 49Ers	QB	1991-11-02	17200000

(5) 要按多列排序,必须将参数传递给 sort_values 方法的 by 和 ascending 参数。以下代码按升序对 Team 列进行排序,然后按降序对 Salary 列进行排序:

```
In  [112] nfl.sort_values(
              by = ["Team", "Salary"],
              ascending = [True, False]
          )
```

```
Out [112]
```

Name	Team	Position	Birthday	Salary
Chandler Jones	Arizona Cardinals	OLB	1990-02-27	16500000
Patrick Peterson	Arizona Cardinals	CB	1990-07-11	11000000
Larry Fitzgerald	Arizona Cardinals	WR	1983-08-31	11000000
David Johnson	Arizona Cardinals	RB	1991-12-16	5700000
Justin Pugh	Arizona Cardinals	G	1990-08-15	5000000
…	…	…	…	…
Ross Pierschbacher	Washington Redskins	C	1995-05-05	495000
Kelvin Harmon	Washington Redskins	WR	1996-12-15	495000
Wes Martin	Washington Redskins	G	1996-05-09	495000
Jimmy Moreland	Washington Redskins	CB	1995-08-26	495000
Jeremy Reaves	Washington Redskins	SS	1996-08-29	495000

```
1655 rows × 4 columns
```

(6) 要必须找到 New York Jets 队名单上最年长的球员，可以将 Team 列设置为 DataFrame 的索引，以便轻松提取所有该队球员的信息。为了保留当前索引中的球员姓名，首先使用 reset_index 方法将它们作为常规列移回 DataFrame：

```
In  [113] nfl = nfl.reset_index().set_index(keys = "Team")
          nfl.head(3)

Out [113]
```

Team	Name	Position	Birthday	Salary
Philadelphia Eagles	Tremon Smith	RB	1996-07-20	570000
Cincinnati Bengals	Shawn Williams	SS	1991-05-13	3500000
New England Patriots	Adam Butler	DT	1994-04-12	645000

接下来，可以使用 loc 属性来获取 New York Jets 队的所有球员信息：

```
In  [114] nfl.loc["New York Jets"].head()

Out [114]
```

Team	Name	Position	Birthday	Salary
New York Jets	Bronson Kaufusi	DE	1991-07-06	645000
New York Jets	Darryl Roberts	CB	1990-11-26	1000000
New York Jets	Jordan Willis	DE	1995-05-02	754750
New York Jets	Quinnen Williams	DE	1997-12-21	495000
New York Jets	Sam Ficken	K	1992-12-14	495000

最后，对 Birthday 列进行排序，并提取顶部记录。这种排序是可能的，因为可以将列的值转换为日期时间类型：

```
In  [115] nfl.loc["New York Jets"].sort_values("Birthday").head(1)

Out [115]
```

Team	Name	Position	Birthday	Salary
New York Jets	Ryan Kalil	C	1985-03-29	2400000

在这个数据集中，New York Jets 队最年长的球员是 Ryan Kalil，他的生日是 1985 年 3 月 29 日。至此，已经完成本章的代码挑战。

4.12 本章小结

- DataFrame 是由行和列组成的二维数据结构。
- DataFrame 与 Series 具有某些相同的属性和方法，但由于两种对象之间的尺寸差异，许多属性和方法的操作方式会有不同。
- sort_values 方法可以对一个或多个 DataFrame 列进行排序。我们可以为每一列分配不同的排序顺序(升序或降序)。
- loc 属性按索引标签提取行或列。at 属性可以只针对一个值进行快速数据提取。
- iloc 属性按索引位置提取行或列。iat 属性可以只针对一个值进行快速数据提取。
- reset_index 方法将索引恢复为 DataFrame 中的常规列。
- rename 方法可以为一个或多个列或行设置不同的名称。

第 **5** 章

对 **DataFrame** 进行过滤

本章主要内容

- 减少 DataFrame 的内存使用
- 按一个或多个条件提取 DataFrame 的行
- 通过包含或排除空值过滤 DataFrame
- 过滤特定范围内的列值
- 删除 DataFrame 中的重复值和空值

第 4 章介绍了如何使用 loc 和 iloc 访问器从 DataFrame 中提取行、列和单元格的值，当已知想要定位的行或列的索引标签和索引位置时，这些访问器可以高效地运行。有时，需要根据条件而不是标识符来定位行记录，例如，可能想要提取某一列中包含特定值的行子集。

本章将介绍如何在 DataFrame 中声明包含或排除特定行的逻辑条件，如何使用 AND 和 OR 逻辑组合多个条件，以及一些简化过滤过程的 Pandas 实用方法。

5.1 优化数据集以提高内存使用效率

开始对数据进行过滤之前，首先介绍如何减少 Pandas 对内存的使用。每当导入数据集时，考虑每列数据是否使用了最佳的数据类型对数据进行存储非常重要。"最佳"数据类型是消耗最少内存或与数据本身相符的数据类型。例如，在大多数计算机上，整数占用的内存比浮点数少，因此如果数据集包含整数，最好将它们作为整数而不是浮点数导入。再举一个例子，如果数据集包含日期，最好将它们作为日期时间类型而不是字符串导入，这将允许对日期时间类型的数据应用更多的日期时间方法。在本节中，我们将学习一些通过将列数据转换为不同类型，从而减少内存消耗的技巧，这将有助于以后更快地进行数据集过滤。首先导入 Pandas 软件库：

```
In  [1] import pandas as pd
```

本章中，employees.csv 数据集是公司员工信息的虚构集合，每条记录包括员工的名字、性别、入职日期、薪水、是否为经理(True 或 False)和所在团队等信息。下面通过 read_csv 函数读取数据集：

```
In  [2] pd.read_csv("employees.csv")

Out [2]
```

	First Name	Gender	Start Date	Salary	Mgmt	Team
0	Douglas	Male	8/6/93	NaN	True	Marketing
1	Thomas	Male	3/31/96	61933.0	True	NaN
2	Maria	Female	NaN	130590.0	False	Finance
3	Jerry	NaN	3/4/05	138705.0	True	Finance
4	Larry	Male	1/24/98	101004.0	True	IT
...	...	...	...	...	...	...
996	Phillip	Male	1/31/84	42392.0	False	Finance
997	Russell	Male	5/20/13	96914.0	False	Product
998	Larry	Male	4/20/13	60500.0	False	Business Dev
999	Albert	Male	5/15/12	129949.0	True	Sales
1000	NaN	NaN	NaN	NaN	NaN	NaN

```
1001 rows × 6 columns
```

观察输出结果可以发现，每列都有缺失值。事实上，最后一行只包含 NaN，像这样的"不规范"的数据在现实世界中非常常见，数据集可能带有空白行或空白列。

如何提高数据集的效用？第一个优化操作是对数据类型的优化，可以使用 parse_dates 参数将 Start Date 列中的文本值转换为日期时间类型：

```
In  [3] pd.read_csv("employees.csv", parse_dates = ["Start Date"]).head()

Out [3]
```

	First Name	Gender	Start Date	Salary	Mgmt	Team
0	Douglas	Male	1993-08-06	NaN	True	Marketing
1	Thomas	Male	1996-03-31	61933.0	True NaN	
2	Maria	Female	NaT	130590.0	False	Finance
3	Jerry	NaN	2005-03-04	138705.0	True	Finance
4	Larry	Male	1998-01-24	101004.0	True	IT

此时已经成功地将 CSV 数据导入，下面将 DataFrame 对象分配给一个描述性变量，例如 employees：

```
In  [4] employees = pd.read_csv(
            "employees.csv", parse_dates = ["Start Date"]
        )
```

有几种方法可用于提高 DataFrame 操作的速度和效率。首先，可以调用 info 方法来查看列的列表、数据类型、缺失值的数量，以及 DataFrame 的总内存消耗：

```
In  [5] employees.info()

Out [5]

<class 'pandas.core.frame.DataFrame'>
RangeIndex: 1001 entries, 0 to 1000
Data columns (total 6 columns):
 #  Column      Non-Null      Count Dtype
--- ------      -----------   -----
```

```
0   First Name   933 non-null   object
1   Gender       854 non-null   object
2   Start Date   999 non-null   datetime64[ns]
3   Salary       999 non-null   float64
4   Mgmt         933 non-null   object
5   Team         957 non-null   object
dtypes: datetime64[ns](1), float64(1), object(4)
message usage: 47.0+ KB
```

从上到下浏览输出结果。有一个包含 1001 行的 DataFrame，从索引 0 开始，一直到索引 1000，数据集内有 4 个字符串列、1 个日期时间列和 1 个浮点列，所有 6 列都存在缺失数据。

当前的内存使用量约为 47KB——对于现代计算机来说，这是一个很小的数量，但仍然需要试着减小这个数字。后文中，请更多地关注内存减少的百分比而不是具体数字，数据集越大，性能提升就越显著。

使用 astype 方法转换数据类型

Pandas 将 Mgmt 列的值作为字符串导入，该列仅存储两个值：True 和 False。我们可以通过将值转换为更轻量级的布尔数据类型来减少内存的使用。

astype 方法将 Series 的值转换为不同的数据类型，它接受一个参数——新的数据类型，可以传递数据类型或带有名称的字符串。

下一个示例从 employees 中提取 Mgmt Series，并在调用 astype 方法时使用 bool 作为参数。Pandas 返回一个新的布尔 Series 对象。请注意，Pandas 将 NaN 转换为 True 值。我们将在 5.5.4 节讨论如何删除缺失值。

```
In  [6] employees["Mgmt"].astype(bool)

Out [6] 0       True
        1       True
        2       False
        3       True
        4       True
              ...
        996     False
        997     False
        998     False
        999     True
        1000    True
        Name: Mgmt, Length: 1001, dtype: bool
```

更新 DataFrame 列的工作方式类似于在字典中设置键值对。如果有指定名称的列存在，Pandas 会用新的 Series 覆盖它。如果同名的列不存在，Pandas 会创建一个新的 Series，并将其附加到 DataFrame 的右侧。Pandas 通过共享索引标签来匹配 Series 和 DataFrame 中的行。

下一个代码示例中，用新的布尔 Series 覆盖 Mgmt 列。需要注意的是，Python 首先计算赋值运算符(=)的右侧。首先创建一个新 Series，然后覆盖现有的 Mgmt 列：

```
In  [7] employees["Mgmt"] = employees["Mgmt"].astype(bool)
```

列赋值不会产生返回值，因此代码不会在 Jupyter Notebook 中输出任何内容。下面输出

DataFrame 查看结果：

```
In   [8] employees.tail()

Out [8]
```

	First Name	Gender	Start Date	Salary	Mgmt	Team
996	Phillip	Male	1984-01-31	42392.0	False	Finance
997	Russell	Male	2013-05-20	96914.0	False	Product
998	Larry	Male	2013-04-20	60500.0	False	Business Dev
999	Albert	Male	2012-05-15	129949.0	True	Sales
1000	NaN	NaN	NaT	NaN	True	NaN

除了最后一行缺失值中的 True 之外，DataFrame 看起来没有什么不同，但是内存使用是否发生变化呢？可以调用 info 方法来检查：

```
In   [9] employees.info()

Out [9]

<class 'pandas.core.frame.DataFrame'>
RangeIndex: 1001 entries, 0 to 1000
Data columns (total 6 columns):
 #   Column       Non-Null Count    Dtype
---  ------       --------------    -----
 0   First Name   933 non-null      object
 1   Gender       854 non-null      object
 2   Start Date   999 non-null      datetime64[ns]
 3   Salary       999 non-null      float64
 4   Mgmt         1001 non-null     bool
 5   Team         957 non-null      object
dtypes: bool(1), datetime64[ns](1), float64(1), object(3)
memory usage: 40.2+ KB
```

employees 的内存使用量减少了近 15%，从 47KB 减少到 40.2KB。

接下来查看 Salary 列。打开原始 CSV 文件，可以看到 Salary 列的值存储为整数：

```
First Name,Gender,Start Date,Salary,Mgmt,Team
Douglas,Male,8/6/93,,True,Marketing
Thomas,Male,3/31/96,61933,True,
Maria,Female,,130590,False,Finance
Jerry,,3/4/05,138705,True,Finance
```

然而，在 employees 中，Pandas 将 Salary 列的值存储为浮点数。如前所述，如果列中包含 NaN，那么 Pandas 将整数转换为浮点数。

如果尝试使用 astype 方法将列的值强制转换为整数，Pandas 将引发 ValueError 异常：

```
In   [10] employees["Salary"].astype(int)

---------------------------------------------------------------------
ValueError                          Traceback (most recent call last)
<ipython-input-99-b148c8b8be90> in <module>
----> 1 employees["Salary"].astype(int)
```

```
ValueError: Cannot convert non-finite values (NA or inf) to integer
```

Pandas 无法将 NaN 值转换为整数，可以通过将 NaN 值替换为常数值来解决这个问题。fillna 方法用传入的参数替换 Series 中的缺失值。在下一个示例中，使用 0 对缺失值进行填充。请注意，选择的值可能会导致数据发生扭曲。

原始 Salary 列的最后一行有缺失值，调用 fillna 方法后的最后一行数据如下：

```
In  [11] employees["Salary"].fillna(0).tail()

Out [11] 996         42392.0
         997         96914.0
         998         60500.0
         999        129949.0
         1000            0.0
         Name: Salary, dtype: float64
```

现在 Salary 列不存在缺失值，可以使用 astype 方法将其转换为整数：

```
In  [12] employees["Salary"].fillna(0).astype(int).tail()

Out [12] 996         42392
         997         96914
         998         60500
         999        129949
         1000            0
         Name: Salary, dtype: int64
```

接下来，可以覆盖 employees 中现有的 Salary Series：

```
In  [13] employees["Salary"] = employees["Salary"].fillna(0).astype(int)
```

我们可以做一个额外的优化。Pandas 包含一种称为 category 的特殊数据类型，它非常适合那些由若干个唯一值组成的列，例如性别、工作日、血型、国家和部门等。在后台，Pandas 只为每个分类值存储一个副本，而不是在各行中存储具体值。

nunique 方法可以显示每个 DataFrame 列中唯一值的数量。请注意，默认情况下它会从计数中排除缺失值(NaN)：

```
In  [14] employees.nunique()

Out [14] First Name     200
         Gender           2
         Start Date     971
         Salary         995
         Mgmt             2
         Team            10
         dtype: int64
```

Gender 和 Team 列是存储分类值的理想选择。在 1001 行数据中，Gender 只有 2 个唯一值，Team 只有 10 个唯一值。

下面再次使用 astype 方法。首先，将 category 参数传递给方法，将 Gender 列的值转换为 category：

```
In  [15] employees["Gender"].astype("category")
```

```
Out [15] 0                Male
         1                Male
         2              Female
         3                 NaN
         4                Male
                          ...
         996              Male
         997              Male
         998              Male
         999              Male
         1000              NaN
         Name: Gender, Length: 1001, dtype: category
         Categories (2, object): [Female, Male]
```

Pandas 确定了两个独特的类别：Female 和 Male。这两个值覆盖了现有的 Gender 列中的所有值：

```
In  [16] employees["Gender"] = employees["Gender"].astype("category")
```

调用 info 方法检查内存使用情况发现，内存使用量再次显著下降，因为 Pandas 只需要跟踪 2 个值而不是 1001 个值：

```
In  [17] employees.info()

Out [17]

<class 'pandas.core.frame.DataFrame'>
RangeIndex: 1001 entries, 0 to 1000
Data columns (total 6 columns):
 #  Column      Non-Null Count    Dtype
--- ------      --------------    -----
 0  First Name  933 non-null      object
 1  Gender      854 non-null      category
 2  Start Date  999 non-null      datetime64[ns]
 3  Salary      1001 non-null     int64
 4  Mgmt        1001 non-null     bool
 5  Team        957 non-null      object
dtypes: bool(1), category(1), datetime64[ns](1), int64(1), object(2)
memory usage: 33.5+ KB
```

对只有 10 个唯一值的 Team 列重复相同的过程：

```
In  [18] employees["Team"] = employees["Team"].astype("category")

In  [19] employees.info()

Out [19]

<class 'pandas.core.frame.DataFrame'>
RangeIndex: 1001 entries, 0 to 1000
Data columns (total 6 columns):
 #  Column      Non-Null Count    Dtype
--- ------      --------------    -----
 0  First Name  933 non-null      object
 1  Gender      854 non-null      category
 2  Start Date  999 non-null      datetime64[ns]
 3  Salar       y 1001 non-null   int64
```

```
    4   Mgmt           1001 non-null   bool
    5   Team            957 non-null   category
dtypes: bool(1), category(2)
memory usage: 27.0+ KB
```

通过不到 10 行代码, 使 DataFrame 的内存消耗减少了 40%以上, 想象一下这对具有数百万行代码的数据集的影响。

5.2　按单个条件过滤

提取数据子集可能是数据分析中最常见的操作。子集是满足某种条件的较大数据集的一部分。

假设要生成一个名为 Maria 的员工列表。要完成此任务, 需要根据 First Name 列中的值过滤 employees 数据集。名为 Maria 的员工列表是 employees 的子集。

首先, 要了解 Python 中“相等”的工作原理。相等运算符(= =)在 Python 中比较两个对象的相等性, 如果对象相等则返回 True, 如果它们不相等则返回 False(详细解释见附录 B)。下面通过一个简单的例子了解相等运算符的使用:

```
In  [20] "Maria" == "Maria"

Out [20] True

In  [21] "Maria" == "Taylor"

Out [21] False
```

为了将 Series 中的每个条目与一个常量值进行比较, 将 Series 放在相等运算符的一侧, 将值放在另一侧:

```
Series == value
```

有人可能认为这种语法会导致错误, 但 Pandas 很智能, 可以识别出人们希望将 Series 值与指定的字符串进行比较, 而不是与 Series 本身进行比较。第 2 章中有类似的操作, 当时将 Series 与数学运算符(例如加号)一起使用。

将 Series 与相等运算符一起使用时, Pandas 会返回一个布尔型 Series。下一个示例将 First Name 列的值与“Maria”进行比较。True 值表示字符串“Maria”确实出现在该索引处, 而 False 值表示该字符串没有出现。以下输出表明索引位置 2 对应“Maria”:

```
In  [22] employees["First Name"] == "Maria"

Out [22] 0        False
         1        False
         2         True
         3        False
         4        False
                  ...
         996      False
         997      False
         998      False
```

```
999       False
1000      False
Name: First Name, Length: 1001, dtype: bool
```

如果从 employees DataFrame 中提取具有上述 True 值的行，则将在数据集中拥有所有包含“Maria”的记录。幸运的是，Pandas 提供了一种方便的语法，通过使用布尔 Series 来提取行。为了过滤行，在 DataFrame 后面的方括号内提供了布尔 Series：

```
In  [23] employees[employees["First Name"] == "Maria"]

Out [23]
```

	First Name	Gender	Start Date	Salary	Mgmt	Team
2	Maria	Female	NaT	130590	False	Finance
198	Maria	Female	1990-12-27	36067	True	Product
815	Maria	NaN	1986-01-18	106562	False	HR
844	Maria	NaN	1985-06-19	148857	False	Legal
936	Maria	Female	2003-03-14	96250	False	Business Dev
984	Maria	Female	2011-10-15	43455	False	Engineering

可以使用布尔 Series 来过滤 First Name 列中值为“Maria”的行。如果使用多个方括号令人困惑，则可以将布尔 Series 分配给描述性变量，然后将变量传递到方括号中。以下代码产生与上述代码相同的行子集：

```
In  [24] marias = employees["First Name"] == "Maria"
         employees[marias]

Out [24]
```

	First Name	Gender	Start Date	Salary	Mgmt	Team
2	Maria	Female	NaT	130590	False	Finance
198	Maria	Female	1990-12-27	36067	True	Product
815	Maria	NaN	1986-01-18	106562	False	HR
844	Maria	NaN	1985-06-19	148857	False	Legal
936	Maria	Female	2003-03-14	96250	False	Business Dev
984	Maria	Female	2011-10-15	43455	False	Engineering

初学者在比较值的相等性时最常犯的错误是使用一个等号而不是两个等号。请记住，一个等号是将一个对象分配给一个变量，两个等号用来检查对象之间的相等性。如果编写代码时不小心使用了一个等号，字符串“Maria”将覆盖所有 First Name 列的值。

如果想提取不在 Finance 团队的员工记录怎么办？策略保持不变，但略有不同，需要生成一个布尔 Series 来检查 Team 列的哪些值不等于“Finance”，然后使用布尔 Series 来过滤 employees。如果两个值不相等，Python 的不等式运算符返回 True，如果它们相等，则返回 False：

```
In  [25] "Finance" != "Engineering"

Out [25] True
```

Series 对象对不等式运算符也很友好。例如，将 Team 列的值与字符串“Finance”进行比较，True 表示给定索引的 Team 值不是“Finance”，False 表示 Team 值等于“Finance”：

```
In  [26] employees["Team"] != "Finance"
```

```
Out [26] 0        True
         1        True
         2        False
         3        False
         4        True
                  ...
         996      False
         997      True
         998      True
         999      True
         1000     True
         Name: Team, Length: 1001, dtype: bool
```

有了布尔 Series，可以在方括号内传递它来提取值为 True 的 DataFrame 行。在以下输出中，Pandas 已排除索引位置 2 和 3 处的行，因为那里的 Team 值为 "Finance"：

```
In  [27] employees[employees["Team"] != "Finance"]

Out [27]
```

	First Name	Gender	Start Date	Salary	Mgmt	Team
0	Douglas	Male	1993-08-06	0	True	Marketing
1	Thomas	Male	1996-03-31	61933	True	NaN
4	Larry	Male	1998-01-24	101004	True	IT
5	Dennis	Male	1987-04-18	115163	False	Legal
6	Ruby	Female	1987-08-17	65476	True	Product
...	...	...	...	...	...	...
995	Henry	NaN	2014-11-23	132483	False	Distribution
997	Russell	Male	2013-05-20	96914	False	Product
998	Larry	Male	2013-04-20	60500	False	Business Dev
999	Albert	Male	2012-05-15	129949	True	Sales
1000	NaN	NaN	NaT	0	True	NaN

```
899 rows × 6 columns
```

请注意，结果包括具有缺失值的行。索引位置 1000 处的行中有缺失值，在这种情况下，Pandas 认为 NaN 不等于字符串 "Finance"。

如果要检索公司中的所有经理应怎么办？经理在 Mgmt 列中的值为 True，可以执行 employees["Mgmt"]==True，但实际不需要，因为 Mgmt 已经是布尔型的 Series。True 值和 False 值已经表明 Pandas 应该保留还是丢弃某行数据，因此，在方括号内给出 Mgmt 列名称即可：

```
In  [28] employees[employees["Mgmt"]].head()

Out [28]
```

	First Name	Gender	Start Date	Salary	Mgmt	Team
0	Douglas	Male	1993-08-06	0	True	Marketing
1	Thomas	Male	1996-03-31	61933	True	NaN
3	Jerry	NaN	2005-03-04	138705	True	Finance
4	Larry	Male	1998-01-24	101004	True	IT
6	Ruby	Female	1987-08-17	65476	True	Product

算术运算符还可以用来根据数学条件来过滤列。例如，为大于 \$100 000 的 Salary 值生成一个布

尔 Series(有关此语法的更多信息，请参见第 2 章)：

```
In  [29] high_earners = employees["Salary"] > 100000
         high_earners.head()

Out [29] 0    False
         1    False
         2     True
         3     True
         4     True
         Name: Salary, dtype: bool
```

薪水超过 100 000 美元的员工如下：

```
In  [30] employees[high_earners].head()

Out [30]
```

	First Name	Gender	Start Date	Salary	Mgmt	Team
2	Maria	Female	NaT	130590	False	Finance
3	Jerry	NaN	2005-03-04	138705	True	Finance
4	Larry	Male	1998-01-24	101004	True	IT
5	Dennis	Male	1987-04-18	115163	False	Legal
9	Frances	Female	2002-08-08	139852	True	Business Dev

可以尝试在 employees 的其他列上练习上面的语法。只要提供布尔型 Series，Pandas 就可以对 DataFrame 进行过滤。

5.3　按多个条件过滤

创建多个独立的布尔 Series 可以实现对 DataFrame 的多条件过滤。

5.3.1　AND 条件

假设要查找在 Business Dev 团队工作的所有女性员工，必须寻找同时满足两个条件的行：Gender 列中的值为 "Female"，Team 列中的值为 "Business Dev"。这两个条件是独立的，但必须同时满足。AND 逻辑运算结果如表 5-1 所示。

表 5-1　AND 逻辑运算结果

条件 1	条件 2	结果
True	True	True
True	False	False
False	True	False
False	False	False

首先构建一个布尔 Series，可以从过滤 Gender 列中的 "Female" 值开始：

```
In  [31] is_female = employees["Gender"] == "Female"
```

接下来，过滤在 Business Dev 团队工作的所有员工：

```
In  [32] in_biz_dev = employees["Team"] == "Business Dev"
```

最后，计算两个 Series 的交集，即 is_female 和 in_biz_devSeries 都具有 True 值的行。将两个 Series 都传递到方括号中，并在它们之间放置一个&符号，&符号声明了一个 AND 逻辑标准。is_female Series 必须为 True，in_biz_dev Series 必须也为 True：

```
In  [33] employees[is_female & in_biz_dev].head()

Out [33]
```

	First Name	Gender	Start Date	Salary	Mgmt	Team
9	Frances	Female	2002-08-08	139852	True	Business Dev
33	Jean	Female	1993-12-18	119082	False	Business Dev
36	Rachel	Female	2009-02-16	142032	False	Business Dev
38	Stephanie	Female	1986-09-13	36844	True	Business Dev
61	Denise	Female	2001-11-06	106862	False	Business Dev

方括号中可以包含任意数量的 Series，只需要使用&连接多个条件即可。例如，添加第三个条件，从而找出业务开发团队中的女性经理：

```
In  [34] is_manager = employees["Mgmt"]
         employees[is_female & in_biz_dev & is_manager].head()

Out [34]
```

	First Name	Gender	Start Date	Salary	Mgmt	Team
9	Frances	Female	2002-08-08	139852	True	Business Dev
38	Stephanie	Female	1986-09-13	36844	True	Business Dev
66	Nancy	Female	2012-12-15	125250	True	Business Dev
92	Linda	Female	2000-05-25	119009	True	Business Dev
111	Bonnie	Female	1999-12-17	42153	True	Business Dev

总之，&符号选择满足所有条件的行。可以声明两个或多个布尔型 Series，然后使用&符号将它们连接在一起。

5.3.2 OR 条件

如果想提取那些只需要满足几个条件之一的数据，可以使用 OR 条件。并非所有条件都必须为真，但至少有一个条件为真即可。OR 逻辑运算结果如表 5-2 所示。

表 5-2 OR 逻辑运算结果

条件 1	条件 2	结果
True	True	True
True	False	True
False	True	True
False	False	False

假设想要找到所有薪水低于 40 000 美元或入职日期在 2015 年 1 月 1 日之后的员工，可以使用
诸如 "<" 和 ">" 之类的数学运算符得出两个单独的布尔型 Series：

```
In  [35] earning_below_40k = employees["Salary"] < 40000
         started_after_2015 = employees["Start Date"] > "2015-01-01"
```

布尔型 Series 之间使用符号 | 声明 OR 条件。例如，得到满足任一布尔型 Series 包含 True 值的
行的代码如下：

```
In  [36] employees[earning_below_40k | started_after_2015].tail()
```

```
Out [36]
```

	First Name	Gender	Start Date	Salary	Mgmt	Team
958	Gloria	Female	1987-10-24	39833	False	Engineering
964	Bruce	Male	1980-05-07	35802	True	Sales
967	Thomas	Male	2016-03-12	105681	False	Engineering
989	Justin	NaN	1991-02-10	38344	False	Legal
1000	NaN	NaN	NaT	0	True	NaN

索引位置 958、964、989 和 1000 处的行满足 Salary 条件，索引位置 967 处的行满足 Start Date
条件。同时满足这两个条件的行也可以被提取出来。

5.3.3　~条件

波浪号(~)反转布尔 Series 中的值。例如，所有 True 值都变为 False，所有 False 值都变为 True：

```
In  [37] my_series = pd.Series([True, False, True])
         my_series
```

```
Out [37] 0    True
         1    False
         2    True
         dtype: bool
```

```
In  [38] ~my_series
```

```
Out [38] 0    False
         1    True
         2    False
         dtype: bool
```

想反转一个条件时，可以使用 "~"。假设要找出薪水低于 100 000 美元的员工，可以使用两
种方法，第一种是 employees["Salary"]<100000：

```
In  [39] employees[employees["Salary"] < 100000].head()
```

```
Out [39]
```

	First Name	Gender	Start Date	Salary	Mgmt	Team
0	Douglas	Male	1993-08-06	0	True	Marketing
1	Thomas	Male	1996-03-31	61933	True	NaN

```
6       Ruby      Female    1987-08-17      65476       True        Product
7       NaN       Female    2015-07-20      45906       True        Finance
8       Angela    Female    2005-11-22      95570       True        Engineering
```

第二种是反转收入超过或等于 100 000 美元的员工的结果集，生成的 DataFrame 将具有相同结果。在下一个示例中，大于运算符包含在括号内。该语法确保Pandas在反转其值之前生成布尔Series。通常，当 Pandas 不清楚评估顺序时，应该使用括号：

```
In   [40] employees[~(employees["Salary"] >= 100000)].head()

Out [40]
```

```
        First Name     Gender     Start Date      Salary      Mgmt        Team
0       Douglas     Male      1993-08-06           0       True        Marketing
1       Thomas      Male      1996-03-31       61933       True        NaN
6       Ruby        Female    1987-08-17       65476       True        Product
7       NaN         Female    2015-07-20       45906       True        Finance
8       Angela      Female    2005-11-22       95570       True        Engineering
```

提示：对于这样的复杂提取，可以考虑将布尔 Series 分配给描述性变量。

5.3.4 布尔型方法

Pandas 为更喜欢方法而不是运算符的分析师提供了一种替代语法。算术运算的替代方法如表 5-3 所示。

表5-3 算术运算的替代方法

操作	运算符语法	方法语法
相等	employees["Team"] == "Marketing"	employees["Team"].eq("Marketing")
不相等	employees["Team"] != "Marketing"	employees["Team"].ne("Marketing")
小于	employees["Salary"] < 100000	employees["Salary"].lt(100000)
小于或等于	employees["Salary"] <= 100000	employees["Salary"].le(100000)
大于	employees["Salary"] > 100000	employees["Salary"].gt(100000)
大于或等于	employees["Salary"] >= 100000	employees["Salary"].ge(100000)

同样的规则适用于由&和丨代表 AND 和 OR 逻辑。

5.4 按条件过滤

一些过滤操作比简单的相等或不相等检查更复杂。幸运的是，Pandas 附带了许多帮助方法，可以为这些类型的提取生成布尔 Series。

5.4.1　isin 方法

如果想获得属于 Sales、Legal 或 Marketing 的员工怎么办？可以在方括号内提供 3 个单独的布尔型 Series，并使用 | 符号或者 OR 来连接它们：

```
In  [41] sales = employees["Team"] == "Sales"
         legal = employees["Team"] == "Legal"
         mktg = employees["Team"] == "Marketing"
         employees[sales | legal | mktg].head()

Out [41]
```

	First Name	Gender	Start Date	Salary	Mgmt	Team
0	Douglas	Male	1993-08-06	0	True	Marketing
5	Dennis	Male	1987-04-18	115163	False	Legal
11	Julie	Female	1997-10-26	102508	True	Legal
13	Gary	Male	2008-01-27	109831	False	Sales
20	Lois	NaN	1995-04-22	64714	True	Legal

尽管此解决方案有效，但它不可扩展。如果要求获得来自 15 个团队而不是 3 个团队的员工记录怎么办？为每个条件声明一个 Series 很费力。更好的解决方案是使用 isin 方法，它接受一个可迭代的元素(列表、元组、系列等)并返回一个布尔 Series。True 表示 Pandas 在迭代的值中找到了该行的值，而 False 表示没找到。当我们获得 Series 时，可以使用它来过滤 DataFrame。例如，以下代码实现了相同的效果：

```
In  [42] all_star_teams = ["Sales", "Legal", "Marketing"]
         on_all_star_teams = employees["Team"].isin(all_star_teams)
         employees[on_all_star_teams].head()

Out [42]
```

	First Name	Gender	Start Date	Salary	Mgmt	Team
0	Douglas	Male	1993-08-06	0	True	Marketing
5	Dennis	Male	1987-04-18	115163	False	Legal
11	Julie	Female	1997-10-26	102508	True	Legal
13	Gary	Male	2008-01-27	109831	False	Sales
20	Lois	NaN	1995-04-22	64714	True	Legal

使用 isin 方法的最佳情况是事先不确定比较集合的内容，比如当这个集合是动态生成的。

5.4.2　between 方法

处理数字或日期时，通常希望提取特定范围内的值。假设需要找到年薪为 8 万～9 万美元的所有员工，可以创建两个布尔 Series：一个声明下界，另一个声明上界。然后使用&运算符来要求这两个条件都为 True：

```
In  [43] higher_than_80 = employees["Salary"] >= 80000
         lower_than_90 = employees["Salary"] < 90000
         employees[higher_than_80 & lower_than_90].head()
```

```
Out [43]
```

	First Name	Gender	Start Date	Salary	Mgmt	Team
19	Donna	Female	2010-07-22	81014	False	Product
31	Joyce	NaN	2005-02-20	88657	False	Product
35	Theresa	Female	2006-10-10	85182	False	Sales
45	Roger	Male	1980-04-17	88010	True	Sales
54	Sara	Female	2007-08-15	83677	False	Engineering

一个稍微简洁一些的解决方案是使用 between 方法，它接受一个下界和一个上界，返回一个布尔 Series，其中 True 表示行值落在指定的间隔之间。请注意，第一个参数(下界)是包含的，而第二个参数(上界)是不包含的。下面的代码返回与前面代码相同的 DataFrame，获得年薪为 8 万～9 万美元的员工信息：

```
In  [44] between_80k_and_90k = employees["Salary"].between(80000, 90000)
         employees[between_80k_and_90k].head()
```

```
Out [44]
```

	First Name	Gender	Start Date	Salary	Mgmt	Team
19	Donna	Female	2010-07-22	81014	False	Product
31	Joyce	NaN	2005-02-20	88657	False	Product
35	Theresa	Female	2006-10-10	85182	False	Sales
45	Roger	Male	1980-04-17	88010	True	Sales
54	Sara	Female	2007-08-15	83677	False	Engineering

between 方法也适用于其他数据类型的列，比如过滤日期时间类型的数据可以传递时间范围的开始和结束日期的字符串。通过该方法的第一个和第二个参数设置起止时间。例如，以下代码找到了 1980 年 1 月 1 日(包含)—1990 年 1 月 1 日(不包含)入职的所有员工信息：

```
In  [45] eighties_folk = employees["Start Date"].between(
             left = "1980-01-01",
             right = "1990-01-01"
         )
         employees[eighties_folk].head()
```

```
Out [45]
```

	First Name	Gender	Start Date	Salary	Mgmt	Team
5	Dennis	Male	1987-04-18	115163	False	Legal
6	Ruby	Female	1987-08-17	65476	True	Product
10	Louise	Female	1980-08-12	63241	True	NaN
12	Brandon	Male	1980-12-01	112807	True	HR
17	Shawn	Male	1986-12-07	111737	False	Product

还可以将 between 方法应用于字符串类型的列。例如，提取名字以字母 "R" 开头的所有员工，将大写的 "R" 作为包含的下限，将 "S" 作为非包含的上限：

```
In  [46] name_starts_with_r = employees["First Name"].between("R", "S")
         employees[name_starts_with_r].head()
```

```
Out [46]
```

	First Name	Gender	Start Date	Salary	Mgmt	Team
6	Ruby	Female	1987-08-17	65476	True	Product
36	Rachel	Female	2009-02-16	142032	False	Business Dev
45	Roger	Male	1980-04-17	88010	True	Sales
67	Rachel	Female	1999-08-16	51178	True	Finance
78	Robin	Female	1983-06-04	114797	True	Sales

与往常一样，在处理字符和字符串时要注意区分大小写。

5.4.3　isnull 和 notnull 方法

employees 数据集包含大量缺失值。例如，前 5 行中有一些缺失值：

```
In  [47] employees.head()

Out [47]
```

	First Name	Gender	Start Date	Salary	Mgmt	Team
0	Douglas	Male	1993-08-06	0	True	Marketing
1	Thomas	Male	1996-03-31	61933	True	NaN
2	Maria	Female	NaT	130590	False	Finance
3	Jerry	NaN	2005-03-04	138705	True	Finance
4	Larry	Male	1998-01-24	101004	True	IT

Pandas 用 NaN 标记缺失的文本值和缺失的数值，并用 NaT 标记缺失的日期时间值，例如索引位置 2 的 Start Date 列中有 NaT 示例。

Pandas 提供几种方法获取给定列中具有空值或非空值的行。isnull 方法返回一个布尔 Series，其中 True 表示该位置为空值：

```
In  [48] employees["Team"].isnull().head()

Out [48] 0     False
         1      True
         2     False
         3     False
         4     False
         Name: Team, dtype: bool
```

Pandas 认为 NaT 和 None 值也为空。例如，在 Start Date 列上调用 isnull 方法：

```
In  [49] employees["Start Date"].isnull().head()

Out [49] 0     False
         1     False
         2      True
         3     False
         4     False
         Name: Start Date, dtype: bool
```

notnull 方法返回与 isnull 相反的 Series，其中 True 表示存在行的值。以下输出表明索引位置 0、2、3 和 4 处没有缺失值：

```
In  [50] employees["Team"].notnull().head()
```

```
Out [50] 0      True
         1      False
         2      True
         3      True
         4      True
         Name: Team, dtype: bool
```

对 isnull 方法取反可以获得相同的结果集。提醒一下，可以使用波浪号(~)来获得取反的布尔型 Series：

```
In  [51] (~employees["Team"].isnull()).head()
```

```
Out [51] 0      True
         1      False
         2      True
         3      True
         4      True
         Name: Team, dtype: bool
```

两种方法都有效，但 notnull 方法更具描述性，因此推荐大家使用该方法。

与往常一样，可以使用这些布尔 Series 来提取特定的 DataFrame 行。例如，提取所有缺少 Team 值的员工信息：

```
In  [52] no_team = employees["Team"].isnull()
         employees[no_team].head()
```

```
Out [52]
```

	First Name	Gender	Start Date	Salary	Mgmt	Team
1	Thomas	Male	1996-03-31	61933	True	NaN
10	Louise	Female	1980-08-12	63241	True	NaN
23	NaN	Male	2012-06-14	125792	True	NaN
32	NaN	Male	1998-08-21	122340	True	NaN
91	James	NaN	2005-01-26	128771	False	NaN

提取 First Name 不为空的员工信息代码如下：

```
In  [53] has_name = employees["First Name"].notnull()
         employees[has_name].tail()
```

```
Out [53]
```

	First Name	Gender	Start Date	Salary	Mgmt	Team
995	Henry	NaN	2014-11-23	132483	False	Distribution
996	Phillip	Male	1984-01-31	42392	False	Finance
997	Russell	Male	2013-05-20	96914	False	Product
998	Larry	Male	2013-04-20	60500	False	Business Dev
999	Albert	Male	2012-05-15	129949	True	Sales

isnull 和 notnull 方法是快速过滤一行或多行中存在值和缺失值的最佳方法。

5.4.4　处理空值

5.2 节介绍了如何使用 fillna 方法将 NaN 替换为常数值。我们也可以将空值删除。首先将数据集恢复到其原始状态，使用 read_csv 函数重新导入 CSV：

```
In  [54] employees = pd.read_csv(
            "employees.csv", parse_dates = ["Start Date"]
        )
```

下面是原始数据集：

```
In  [55] employees

Out [55]
```

	First Name	Gender	Start Date	Salary	Mgmt	Team
0	Douglas	Male	1993-08-06	NaN	True	Marketing
1	Thomas	Male	1996-03-31	61933.0	True	NaN
2	Maria	Female	NaT	130590.0	False	Finance
3	Jerry	NaN	2005-03-04	138705.0	True	Finance
4	Larry	Male	1998-01-24	101004.0	True	IT
...	...	...	...	...	...	...
996	Phillip	Male	1984-01-31	42392.0	False	Finance
997	Russell	Male	2013-05-20	96914.0	False	Product
998	Larry	Male	2013-04-20	60500.0	False	Business Dev
999	Albert	Male	2012-05-15	129949.0	True	Sales
1000	NaN	NaN	NaT	NaN	NaN	NaN

```
1001 rows × 6 columns
```

dropna 方法删除包含任何 NaN 值的 DataFrame 行。在一行中缺少多少个值并不重要，如果存在单个 NaN，则该方法会删除该行。employees DataFrame 在索引 0 的 Salary 列、索引 1 的 Team 列、索引 2 的 Start Date 列和索引 3 的 Gender 列都有缺失值。请注意，Pandas 在以下输出中删除了所有带有空值的行：

```
In  [56] employees.dropna()

Out [56]
```

	First Name	Gender	Start Date	Salary	Mgmt	Team
4	Larry	Male	1998-01-24	101004.0	True	IT
5	Dennis	Male	1987-04-18	115163.0	False	Legal
6	Ruby	Female	1987-08-17	65476.0	True	Product
8	Angela	Female	2005-11-22	95570.0	True	Engineering
9	Frances	Female	2002-08-08	139852.0	True	Business Dev
...	...	...	...	...	...	...
994	George	Male	2013-06-21	98874.0	True	Marketing
996	Phillip	Male	1984-01-31	42392.0	False	Finance
997	Russell	Male	2013-05-20	96914.0	False	Product
998	Larry	Male	2013-04-20	60500.0	False	Business Dev
999	Albert	Male	2012-05-15	129949.0	True	Sales

```
761 rows × 6 columns
```

将 how 参数设置为 "all" 可以删除所有列都为空的行。这样的数据在数据集中只有一行，也就是最后一行，满足这个条件：

```
In  [57] employees.dropna(how = "all").tail()

Out [57]
```

	First Name	Gender	Start Date	Salary	Mgmt	Team
995	Henry	NaN	2014-11-23	132483.0	False	Distribution
996	Phillip	Male	1984-01-31	42392.0	False	Finance
997	Russell	Male	2013-05-20	96914.0	False	Product
998	Larry	Male	2013-04-20	60500.0	False	Business Dev
999	Albert	Male	2012-05-15	129949.0	True	Sales

how 参数的默认值是 "any"，表示只要任何一列存在空值，使用 "any" 值将删除这一行。请注意，索引位置 995 处的行在前面输出的 Gender 列中有 NaN 值，将该输出与以下输出进行比较，其中索引位置 995 处的行已经被删除，Pandas 同样删除了最后一行，因为它至少有一个 NaN 值：

```
In  [58] employees.dropna(how = "any").tail()

Out [58]
```

	First Name	Gender	Start Date	Salary	Mgmt	Team
994	George	Male	2013-06-21	98874.0	True	Marketing
996	Phillip	Male	1984-01-31	42392.0	False	Finance
997	Russell	Male	2013-05-20	96914.0	False	Product
998	Larry	Male	2013-04-20	60500.0	False	Business Dev
999	Albert	Male	2012-05-15	129949.0	True	Sales

subset 参数可以用来获得特定列中带有缺失值的行。例如，删除 Gender 列中带有缺失值的行：

```
In  [59] employees.dropna(subset = ["Gender"]).tail()

Out [59]
```

	First Name	Gender	Start Date	Salary	Mgmt	Team
994	George	Male	2013-06-21	98874.0	True	Marketing
996	Phillip	Male	1984-01-31	42392.0	False	Finance
997	Russell	Male	2013-05-20	96914.0	False	Product
998	Larry	Male	2013-04-20	60500.0	False	Business Dev
999	Albert	Male	2012-05-15	129949.0	True	Sales

还可以将 subset 参数设定为列的列表。如果任何指定的列中包含缺失值，Pandas 将删除这一行。例如，删除 Start Date 列、Salary 列或这两列都包含缺失值的行：

```
In  [60] employees.dropna(subset = ["Start Date", "Salary"]).head()

Out [60]
```

	First Name	Gender	Start Date	Salary	Mgmt	Team
1	Thomas	Male	1996-03-31	61933.0	True	NaN
3	Jerry	NaN	2005-03-04	138705.0	True	Finance
4	Larry	Male	1998-01-24	101004.0	True	IT
5	Dennis	Male	1987-04-18	115163.0	False	Legal

6	Ruby	Female	1987-08-17	65476.0	True	Product

thresh 参数指定行必须含有的非空值的最小阈值，Pandas 才能保留它。例如，为 employees 筛选含有至少 4 个非空值的行：

```
In  [61] employees.dropna(how = "any", thresh = 4).head()

Out [61]
```

	First Name	Gender	Start Date	Salary	Mgmt	Team
0	Douglas	Male	1993-08-06	NaN	True	Marketing
1	Thomas	Male	1996-03-31	61933.0	True	NaN
2	Maria	Female	NaT	130590.0	False	Finance
3	Jerry	NaN	2005-03-04	138705.0	True	Finance
4	Larry	Male	1998-01-24	101004.0	True	IT

当数据中出现一定数量的缺失值，使这行数据对分析无用时，thresh 参数非常有用。

5.5　处理重复值

缺失值在混乱的数据集中非常常见，重复值也是如此。幸运的是，Pandas 提供了多种用于识别和删除重复值的方法。

5.5.1　duplicated 方法

首先获得 Team 列的前 5 行，请注意，值 "Finance" 出现在索引位置 2 和 3 处的行：

```
In  [62] employees["Team"].head()

Out [62] 0       Marketing
         1             NaN
         2         Finance
         3         Finance
         4              IT
         Name: Team, dtype: object
```

duplicated 方法返回一个布尔型 Series，用于标识列中的重复项，只要有之前在 Series 中遇到的值，它就会返回 True。例如，duplicated 方法将 Team 列中第一次出现的 "Finance" 标记为不重复，并返回 False，它将所有后续出现的 "Finance" 标记为重复项(True)，相同的逻辑适用于所有其他 Team 值：

```
In  [63] employees["Team"].duplicated().head()

Out [63] 0       False
         1       False
         2       False
         3        True
         4       False
         Name: Team, dtype: bool
```

duplicated 方法的 keep 参数通知 Pandas 要保留哪些重复项。它的默认值为 "first"，保留重复值第一次出现的值。下面的代码等价于前面的代码：

```
In  [64] employees["Team"].duplicated(keep = "first").head()

Out [64] 0    False
         1    False
         2    False
         3     True
         4    False
         Name: Team, dtype: bool
```

将 "last" 字符串传递给 keep 参数，可以将列中最后一次出现的值标记为非重复值：

```
In  [65] employees["Team"].duplicated(keep = "last")

Out [65] 0        True
         1        True
         2        True
         3        True
         4        True
                 ...
         996     False
         997     False
         998     False
         999     False
         1000    False
         Name: Team, Length: 1001, dtype: bool
```

假设想从每个 Team 中抽取一名员工，可以使用的一种策略是在 Team 列中为每个独立的团队提取第一行。现有的 duplicated 方法返回一个布尔型 Series。True 将标识第一次遇到某值后的所有重复值。如果反转该 Series，将得到一个新的 Series，其中 True 表示第一次遇到这个值：

```
In  [66] (~employees["Team"].duplicated()).head()

Out [66] 0     True
         1     True
         2     True
         3    False
         4     True
         Name: Team, dtype: bool
```

通过在方括号内传递布尔 Series 可以为每个团队提取一名员工。Pandas 将在 Team 列中包含第一次出现该值的行。请注意，Pandas 将 NaN 视为唯一值：

```
In  [67] first_one_in_team = ~employees["Team"].duplicated()
         employees[first_one_in_team]

Out [67]
```

	First Name	Gender	Start Date	Salary	Mgmt	Team
0	Douglas	Male	1993-08-06	NaN	True	Marketing
1	Thomas	Male	1996-03-31	61933.0	True	NaN
2	Maria	Female	NaT	130590.0	False	Finance

4	Larry	Male	1998-01-24	101004.0	True	IT
5	Dennis	Male	1987-04-18	115163.0	False	Legal
6	Ruby	Female	1987-08-17	65476.0	True	Product
8	Angela	Female	2005-11-22	95570.0	True	Engineering
9	Frances	Female	2002-08-08	139852.0	True	Business Dev
12	Brandon	Male	1980-12-01	112807.0	True	HR
13	Gary	Male	2008-01-27	109831.0	False	Sales
40	Michael	Male	2008-10-10	99283.0	True	Distribution

通过这个输出了解到，Douglas 是数据集中 Marketing 团队的第一个员工，Thomas 是第一个在
Team 列出现缺失值的员工，Maria 是 Finance 团队的第一个员工，以此类推。

5.5.2　drop_duplicates 方法

DataFrame 的 drop_duplicates 方法为完成 5.5.1 节中的操作提供了快捷方式。默认情况下，如果
有多个行，它们所有列的值都相同，那么将保留第一行，并将所有其他行都删除。在已有数据集中，
没有 6 个列都相同的行，所以对该数据集应用 drop_duplicates 方法不会删除任何行：

```
In [68] employees.drop_duplicates()

Out [68]
```

	First Name	Gender	Start Date	Salary	Mgmt	Team
0	Douglas	Male	1993-08-06	NaN	Tru	e Marketing
1	Thomas	Male	1996-03-31	61933.0	True	NaN
2	Maria	Female	NaT	130590.0	False	Finance
3	Jerry	NaN	2005-03-04	138705.0	True	Finance
4	Larry	Male	1998-01-24	101004.0	True	IT
...	...	...	...	...	...	...
996	Phillip	Male	1984-01-31	42392.0	False	Finance
997	Russell	Male	2013-05-20	96914.0	False	Product
998	Larry	Male	2013-04-20	60500.0	False	Business Dev
999	Albert	Male	2012-05-15	129949.0	True	Sales
1000	NaN	NaN	NaT	NaN	NaN	NaN

```
1001 rows × 6 columns
```

该方法的 subset 参数可以被设置为一个由列名称组成的列表，Pandas 将使用这些列来确定行的
唯一性。下一个示例查找 Team 列中每个唯一值第一次出现的行，即在第一次出现 Team 值(例如
"Marketing")时才保留行，它删除了第一次出现之后所有重复 Team 值的所有行：

```
In [69] employees.drop_duplicates(subset = ["Team"])

Out [69]
```

	First Name	Gender	Start Date	Salary	Mgmt	Team
0	Douglas	Male	1993-08-06	NaN	True	Marketing
1	Thomas	Male	1996-03-31	61933.0	True	NaN
2	Maria	Female	NaT	130590.0	False	Finance
4	Larry	Male	1998-01-24	101004.0	True	IT
5	Dennis	Male	1987-04-18	115163.0	False	Legal
6	Ruby	Female	1987-08-17	65476.0	True	Product

8	Angela	Female	2005-11-22	95570.0	True	Engineering
9	Frances	Female	2002-08-08	139852.0	True	Business Dev
12	Brandon	Male	1980-12-01	112807.0	True	HR
13	Gary	Male	2008-01-27	109831.0	False	Sales
40	Michael	Male	2008-10-10	99283.0	True	Distribution

　　drop_duplicates 方法也接受一个 keep 参数。我们可以将 "last" 参数传递给它，以保留每个重复值最后一次出现的行，这些行可能更接近数据集的末尾。在以下示例中，Alice 是 HR 团队数据集中的最后一名员工，Justin 是 Legal 团队的最后一名员工，以此类推：

```
In [70] employees.drop_duplicates(subset = ["Team"], keep = "last")

Out [70]
```

	First Name	Gender	Start Date	Salary	Mgmt	Team
988	Alice	Female	2004-10-05	47638.0	False	HR
989	Justin	NaN	1991-02-10	38344.0	False	Legal
990	Robin	Female	1987-07-24	100765.0	True	IT
993	Tina	Female	1997-05-15	56450.0	True	Engineering
994	George	Male	2013-06-21	98874.0	True	Marketing
995	Henry	NaN	2014-11-23	132483.0	False	Distribution
996	Phillip	Male	1984-01-31	42392.0	False	Finance
997	Russell	Male	2013-05-20	96914.0	False	Product
998	Larry	Male	2013-04-20	60500.0	False	Business Dev
999	Albert	Male	2012-05-15	129949.0	True	Sales
1000	NaN	NaN	NaT	NaN	NaN	NaN

　　keep 参数还可以接受其他值，可以传递一个 False 值来排除所有包含重复值的行。如果有任何其他行包含相同的值，Pandas 将排除该行。例如，employees 中 First Name 列中有唯一值的行，即名字在 DataFrame 中只出现一次的行如下：

```
In [71] employees.drop_duplicates(subset = ["First Name"], keep = False)

Out [71]
```

	First Name	Gender	Start Date	Salary	Mgmt	Team
5	Dennis	Male	1987-04-18	115163.0	False	Legal
8	Angela	Female	2005-11-22	95570.0	True	Engineering
33	Jean	Female	1993-12-18	119082.0	False	Business Dev
190	Carol	Female	1996-03-19	57783.0	False	Finance
291	Tammy	Female	1984-11-11	132839.0	True	IT
495	Eugene	Male	1984-05-24	81077.0	False	Sales
688	Brian	Male	2007-04-07	93901.0	True	Legal
832	Keith	Male	2003-02-12	120672.0	False	Legal
887	David	Male	2009-12-05	92242.0	False	Legal

　　有时需要通过跨多列的值组合来识别重复项，例如希望得到数据集中唯一的名字和唯一性别组合在一起的行。例如，名字为 "Douglas" 且性别为 "Male" 的所有员工的子集如下：

```
In [72] name_is_douglas = employees["First Name"] == "Douglas"
        is_male = employees["Gender"] == "Male"
        employees[name_is_douglas & is_male]

Out [72]
```

	First Name	Gender	Start Date	Salary	Mgmt	Team
0	Douglas	Male	1993-08-06	NaN	True	Marketing
217	Douglas	Male	1999-09-03	83341.0	True	IT
322	Douglas	Male	2002-01-08	41428.0	False	Product
835	Douglas	Male	2007-08-04	132175.0	False	Engineering

列的列表可以传递给 drop_duplicates 方法的 subset 参数，Pandas 将使用这些列来确定是否存在重复项。例如，使用 Gender 和 Team 列中的值组合来识别重复项：

```
In  [73] employees.drop_duplicates(subset = ["Gender", "Team"]).head()

Out [73]
```

	First Name	Gender	Start Date	Salary	Mgmt	Team
0	Douglas	Male	1993-08-06	NaN	True	Marketing
1	Thomas	Male	1996-03-31	61933.0	True	NaN
2	Maria	Female	NaT	130590.0	False	Finance
3	Jerry	NaN	2005-03-04	138705.0	True	Finance
4	Larry	Male	1998-01-24	101004.0	True	IT

由输出结果可以看出，索引位置 0 处的行包含 employees 数据集中第一次出现的员工名字 "Douglas" 和性别 "Male"。Pandas 将从结果集中排除同时包含这两个值的所有其他行。澄清一下，如果名字为 "Douglas" 且性别不等于 "Male"，则 Pandas 仍将包含这行数据。结果将包括性别为 "Male" 且名字不等于 "Douglas" 的所有行，只有这两列的值同时包含 "Douglas" 和 "Male"，Pandas 才认为是重复的记录。

5.6　代码挑战

5.6.1　问题描述

netflix.csv 数据集是 2019 年 11 月可在视频流媒体服务 Netflix 上观看的近 6000 个标题的集合，它包括 4 列数据：视频的标题、导演、Netflix 添加它的日期和视频的类型。director 和 date_added 列包含缺失值，可以在以下输出的索引位置 0、2 和 5836 处的行中看到这些缺失值：

```
In  [74] pd.read_csv("netflix.csv")

Out [74]
```

	title	director	date_added	type
0	Alias Grace	NaN	3-Nov-17	TV Show
1	A Patch of Fog	Michael Lennox	15-Apr-17	Movie
2	Lunatics	NaN	19-Apr-19	TV Show
3	Uriyadi 2	Vijay Kumar	2-Aug-19	Movie
4	Shrek the Musical	Jason Moore	29-Dec-13	Movie
...	...	...	...	...
5832	The Pursuit	John Papola	7-Aug-19	Movie
5833	Hurricane Bianca	Matt Kugelman	1-Jan-17	Movie
5834	Amar's Hands	Khaled Youssef	26-Apr-19	Movie

```
5835        Bill Nye: Science Guy     Jason Sussberg      25-Apr-18           Movie
5836                 Age of Glory              NaN            NaN          TV Show
```

5837 rows × 4 columns

使用在本章中学到的知识，完成以下挑战：

(1) 为发挥最大效用，对数据集的内存使用进行优化。

(2) 查找标题为 "Limitless" 的所有行。

(3) 查找 "Robert Rodriguez" 导演的 "Movie" 类型的所有行。

(4) 查找 date_added 列为 "2019-07-31" 或导演为 "Robert Altman" 的所有行。

(5) 查找导演为 "Orson Welles" "Aditya Kripalani" 或 "Sam Raimi" 的所有行。

(6) 查找 date_added 值在 2019 年 5 月 1 日到 2019 年 6 月 1 日范围内的所有行。

(7) 删除 director 列中所有包含 NaN 值的行。

(8) 确定 Netflix 仅添加一部电影到其目录中的日期。

5.6.2   解决方案

(1) 为了优化内存和实用程序的数据集，首先将 date_added 列的值转换为日期时间类型，在导入期间使用 read_csv 函数的 parse_dates 参数进行数据类型转换：

```
In  [75] netflix = pd.read_csv("netflix.csv", parse_dates = ["date_added"])
```

当前的内存使用情况如下：

```
In  [76] netflix.info()

Out [76]

<class 'pandas.core.frame.DataFrame'>
RangeIndex: 5837 entries, 0 to 5836
Data columns (total 4 columns):
 #   Column          Non-Null Count   Dtype
---  ------          --------------   -----
 0   title           5837 non-null    object
 1   director        3936 non-null    object
 2    date_added     5195 non-null    datetime64[ns]
 3   type            5837 non-null    object
dtypes: datetime64[ns](1), object(3)
memory usage: 182.5+ KB
```

任何列的值都可以转换为不同的数据类型吗？对影片进行分类的值如何确定？例如，使用 nunique 方法计算每列唯一值的数量：

```
In  [77] netflix.nunique()

Out [77] title         5780
         director      3024
         date_added    1092
         type             2
         dtype: int64
```

type 列是分类值的完美候选者。在索引位置 5837 处的行的数据集中，它只有两个唯一值：
"Movie" 和 "TVShow"。例如，可以使用 astype 方法转换它的值(记得覆盖原始 Series)：

```
In  [78] netflix["type"] = netflix["type"].astype("category")
```

将数据转换为分类数据，内存使用减少了多少？高达 22%：

```
In  [79] netflix.info()

Out [79]


<class 'pandas.core.frame.DataFrame'>
RangeIndex: 5837 entries, 0 to 5836
Data columns (total 4 columns):
 #   Column        Non-Null Count Dtype
---  ------        -------------- -----
 0   title         5837 non-null  object
 1   director      3936 non-null  object
 2   date_added    5195 non-null  datetime64[ns]
 3   type          5837 non-null  category
dtypes: category(1), datetime64[ns](1), object(2)
memory usage: 142.8+ KB
```

(2) 需要使用相等运算符将每个 title 列的值与字符串 "Limitless" 进行比较。之后，我们可以
使用布尔 Series 从 netflix 中提取满足条件的行：

```
In  [80] netflix[netflix["title"] == "Limitless"]

Out [80]
```

	title	director	date_added	type
1559	Limitless	Neil Burger	2019-05-16	Movie
2564	Limitless	NaN	2016-07-01	TV Show
4579	Limitless	Vrinda Samartha	2019-10-01	Movie

(3) 要提取 Robert Rodriguez 导演的电影，需要两个布尔 Series，一个将 director 列的值与"Robert
Rodriguez"进行比较，另一个将 type 列的值与 "Movie" 进行比较。使用&符号将两个 Series 连接
起来，表示 AND 的逻辑：

```
In  [81] directed_by_robert_rodriguez = (
                 netflix["director"] == "Robert Rodriguez"
         )
         is_movie = netflix["type"] == "Movie"
         netflix[directed_by_robert_rodriguez & is_movie]

Out [81]
```

	title	director	date_added	type
1384	Spy Kids: All the Time in the …	Robert Rodriguez	2019-02-19	Movie
1416	Spy Kids 3: Game…	Robert Rodriguez	2019-04-01	Movie
1460	Spy Kids 2: The Island of Lost D…	Robert Rodriguez	2019-03-08	Movie
2890	Sin City Robert	Rodriguez	2019-10-01	Movie
3836	Shorts Robert	Rodriguez	2019-07-01	Movie
3883	Spy Kids Robert	Rodriguez	2019-04-01	Movie

(4) 查询 date_added 列为 "2019-07-31" 或导演为 "Robert Altman" 的所有行，需要使用 | 符号表示 OR 逻辑：

```
In  [82] added_on_july_31 = netflix["date_added"] == "2019-07-31"
         directed_by_altman = netflix["director"] == "Robert Altman"
         netflix[added_on_july_31 | directed_by_altman]

Out [82]
```

	title	director	date_added	type
611	Popeye	Robert Altman	2019-11-24	Movie
1028	The Red Sea Diving Resort	Gideon Raff	2019-07-31	Movie
1092	Gosford Park Robert Altman		2019-11-01	Movie
3473	Bangkok Love Stories: Innocence	NaN	2019-07-31	TV Show
5117	Ramen Shop	Eric Khoo	2019-07-31	Movie

(5) 要查找导演为 "Orson Welles" "Aditya Kripalani" 或 "Sam Raimi" 的电影，可以创建 3 个布尔 Series，为每个导演创建一个 Series，然后使用 | 运算符将它们连接起来。但是为了更简洁和更有可扩展性，应该在 director 列上调用 isin 方法并传入 director 列表：

```
In  [83] directors = ["Orson Welles", "Aditya Kripalani", "Sam Raimi"]
         target_directors = netflix["director"].isin(directors)
         netflix[target_directors]

Out [83]
```

	title	director	date_added	type
946	The Stranger	Orson Welles	2018-07-19	Movie
1870	The Gift	Sam Raimi	2019-11-20	Movie
3706	Spider-Man 3	Sam Raimi	2019-11-01	Movie
4243	Tikli and Laxmi Bomb	Aditya Kripalani	2018-08-01	Movie
4475	The Other Side of the Wind	Orson Welles	2018-11-02	Movie
5115	Tottaa Pataaka Item Maal	Aditya Kripalani	2019-06-25	Movie

(6) 查找 date_added 列的值在 2019 年 5 月 1 日到 2019 年 6 月 1 日范围内的所有行的最简洁方法是使用 between 方法，可以提供两个日期作为下限和上限。这种方法不再需要单独创建两个布尔 Series：

```
In  [84] may_movies = netflix["date_added"].between(
             "2019-05-01", "2019-06-01"
         )

         netflix[may_movies].head()

Out [84]
```

	title	director	date_added	type
29	Chopsticks	Sachin Yardi	2019-05-31	Movie
60	Away From Home	NaN	2019-05-08	TV Show
82	III Smoking Barrels	Sanjib Dey	2019-06-01	Movie
108	Jailbirds	NaN	2019-05-10	TV Show
124	Pegasus	Han Han	2019-05-31	Movie

(7) 使用 dropna 方法删除有缺失值的 DataFrame 行，必须包含 subset 参数来限制应该在其中查找空值的列。本问题中，将在 director 列中定位 NaN 值：

```
In  [85] netflix.dropna(subset = ["director"]).head()

Out [85]
```

	title	director	date_added	type
1	A Patch of Fog	Michael Lennox	2017-04-15	Movie
3	Uriyadi 2	Vijay Kumar	2019-08-02	Movie
4	Shrek the Musical	Jason Moore	2013-12-29	Movie
5	Schubert In Love	Lars Büchel	2018-03-01	Movie
6	We Have Always Lived in the Castle	Stacie Passon	2019-09-14	Movie

(8) 要确定 Netflix 仅添加一部电影到其目录的日期，一种解决方案是找到 date_added 列包含同一天添加的标题的重复日期值。可以使用 date_added 列的子集调用 drop_duplicates 方法，并将 keep 参数设置为 False，Pandas 将删除 date_added 列中包含重复条目的所有行。生成的 DataFrame 将包含在各自日期添加的唯一标题：

```
In  [86] netflix.drop_duplicates(subset = ["date_added"], keep = False)

Out [86]
```

	title	director	date_added	type
4	Shrek the Musical	Jason Moore	2013-12-29	Movie
12	Without Gorky	Cosima Spender	2017-05-31	Movie
30	Anjelah Johnson: Not Fancy	Jay Karas	2015-10-02	Movie
38	One Last Thing	Tim Rouhana	2019-08-25	Movie
70	Marvel's Iron Man & Hulk: Heroes …	Leo Riley	2014-02-16	Movie
…	…	…	…	…
5748	Menorca	John Barnard	2017-08-27	Movie
5749	Green Room	Jeremy Saulnier	2018-11-12	Movie
5788	Chris Brown: Welcome to My Life	Andrew Sandler	2017-10-07	Movie
5789	A Very Murray Christmas	Sofia Coppola	2015-12-04	Movie
5812	Little Singham in London	Prakash Satam	2019-04-22	Movie

391 rows × 4 columns

至此，本章的所有代码挑战已经完成。

5.7　本章小结

- 利用 astype 方法，可以将 Series 的值转换为另一种数据类型。
- 当 Series 由若干种唯一值组成时，可以使用 category 数据类型。
- Pandas 可以根据一个或多个条件从 DataFrame 中提取数据子集。
- 在方括号内传递布尔 Series 可以提取 DataFrame 的子集。
- 使用等式、不等式和数学运算符将每个 Series 条目与常数值进行比较。
- &符号通过要求同时满足多个条件来提取行数据。

- | 符号通过要求只须满足任一条件即可来提取行数据。
- isnull、notnull、between 和 duplicated 等辅助方法返回布尔 Series，可以使用它们来过滤数据集。
- fillna 方法将 NaN 替换为常数值。
- dropna 方法删除包含空值的行，可以自定义其参数，从而删除那些所有列或某些列包含缺失值的行记录。

第 II 部分

应用 Pandas

第 I 部分介绍了 Pandas 基础知识，包括 Series 和 DataFrame，第 II 部分将介绍如何解决数据分析中的常见问题。第 6 章深入探讨了如何处理混乱的文本数据，包括处理空格和不一致的大小写字符。第 7 章介绍如何使用强大的 Multi Index 来存储和提取分层数据。第 8 章和第 9 章关注聚合：对 DataFrame 进行旋转、将数据分组到桶中、汇总数据等。第 10 章将探讨如何使用各种连接来合并数据集。紧接着，将在第 11 章探讨另一种常见数据类型 datetime 的详细内容。第 12 章将介绍如何在 Pandas 中导入和导出数据集。第 13 章将介绍如何调整 Pandas 库的配置。最后，第 14 章将介绍如何从 DataFrame 创建可视化内容。

在第 II 部分，我们将在 30 多个数据集上练习 Pandas 的相关操作，这些数据集涵盖从婴儿名字到早餐麦片，从《财富》杂志排名前 1000 位的公司到诺贝尔奖获得者的所有内容。建议按顺序阅读这些章节，也可以直接学习自己最感兴趣的任何章节，你将从这些章节中了解许多有关 Pandas 的实用技术。

第6章

处理文本数据

本章主要内容
- 删除字符串中的空格
- 处理字符串中字母的大小写问题
- 查找和替换字符串中的字符
- 按字符索引位置对字符串进行切片
- 用分隔符拆分文本

现实世界的数据集充斥着不正确的字符、不正确的大小写字母、空格等，这些数据往往需要清理之后才能使用。通常，大部分数据分析工作都是建立在经过加工的数据之上，困难在于如何将数据排列成适合操作的类型。经过实战考验，Pandas 被证明是灵活、高效的。在本章中，我们将学习如何使用 Pandas 修复文本数据集中的各种缺陷。

6.1　字母的大小写和空格

本章首先将创建一个新的 Jupyter Notebook：

```
In  [1] import pandas as pd
```

本章的第一个数据集 chicago_food_inspections.csv 是芝加哥全市食品检查的清单，包含超过 150 000 条记录。数据集只包含两列：企业名称和企业风险级别。企业有 4 个风险级别：Risk 1 (高)、Risk 2 (中等)、Risk 3 (低)，以及为最严重的违规者设置的特殊级别 "All"：

```
In  [2] inspections = pd.read_csv("chicago_food_inspections.csv")
        inspections

Out [2]
```

	Name	Risk
0	MARRIOT MARQUIS CHICAGO	Risk 1 (High)
1	JETS PIZZA	Risk 2 (Medium)
2	ROOM 1520	Risk 3 (Low)

```
3                    MARRIOT MARQUIS CHICAGO      Risk 1 (High)
4                               CHARTWELLS      Risk 1 (High)
  ...                                ...                 ...
153805                            WOLCOTT'S      Risk 1 (High)
153806           DUNKIN DONUTS/BASKIN-ROBBINS   Risk 2 (Medium)
153807                             Cafe 608      Risk 1 (High)
153808                           mr.daniel's    Risk 1 (High)
153809                            TEMPO CAFE     Risk 1 (High)

153810 rows × 2 columns
```

注意: chicago_food_inspections.csv 是可从芝加哥市官方网站(http://mng.bz/9N60)获得的数据集，数据中存在拼写错误和大小写不一致的情况。由原始数据可以看出真实世界中的数据具有不规则性。读者应考虑如何使用本章学到的技术来优化这些数据。

Name 列存在一个问题：字母大小写不一致。大多数行的值是大写的，一些是小写的(如"mr.daniel's")，还有一些是首字母大写的(如"Cafe 608")。

前面的输出没有反映隐藏在检查中的另一个问题：Name 列的值前后包含空格。如果用方括号语法获得 Name Series，可以更容易地发现额外的间距。请注意，行的末端没有对齐：

```
In  [3] inspections["Name"].head()

Out [3] 0        MARRIOT MARQUIS CHICAGO
        1                     JETS PIZZA
        2                      ROOM 1520
        3        MARRIOT MARQUIS CHICAGO
        4                     CHARTWELLS
        Name: Name, dtype: object
```

Series 上的 values 属性可以用来获取存储值的底层 NumPy ndarray。例如，空格出现在值的结尾和开头：

```
In  [4] inspections["Name"].head().values

Out [4] array([' MARRIOT MARQUIS CHICAGO ', ' JETS PIZZA ',
               ' ROOM 1520 ', ' MARRIOT MARQUIS CHICAGO ',
               ' CHARTWELLS '], dtype=object)
```

首先关注空格问题，然后再处理字母的大小写不一致问题。

Series 对象的 str 属性公开了一个 StringMethods 对象，这是一个用于处理字符串的强大工具：

```
In  [5] inspections["Name"].str

Out [5] <pandas.core.strings.StringMethods at 0x122ad8510>
```

在 Pandas 中，想要执行字符串操作时，都会调用 StringMethods 对象的方法，而不是 Series 本身。有些方法可以像 Python 的原生字符串方法一样调用，而有些方法是 Pandas 独有的。有关 Python 字符串方法的全面介绍，请参阅附录 B。

可以使用 strip 系列方法删除字符串中的空格。lstrip(left strip)方法用来删除字符串开头的空格：

```
In  [6] dessert = " cheesecake "
```

```
        dessert.lstrip()
```

```
Out [6] 'cheesecake '
```

rstrip(right strip)方法用来删除字符串末尾的空格：

```
In  [7] dessert.rstrip()
```

```
Out [7] ' cheesecake'
```

strip 方法用来删除字符串两端的空格：

```
In  [8] dessert.strip()
```

```
Out [8] 'cheesecake'
```

这 3 个 strip 方法可以应用在 StringMethods 对象上。每个方法都将返回一个新的 Series 对象，并将相应的删除空格操作应用于每个列值。下面通过示例进行说明：

```
In  [9] inspections["Name"].str.lstrip().head()
```

```
Out [9] 0        MARRIOT MARQUIS CHICAGO
        1                    JETS PIZZA
        2                     ROOM 1520
        3        MARRIOT MARQUIS CHICAGO
        4                    CHARTWELLS
        Name: Name, dtype: object
```

```
In  [10] inspections["Name"].str.rstrip().head()
```

```
Out [10] 0        MARRIOT MARQUIS CHICAGO
         1                   JETS PIZZA
         2                    ROOM 1520
         3        MARRIOT MARQUIS CHICAGO
         4                   CHARTWELLS
         Name: Name, dtype: object
```

```
In  [11] inspections["Name"].str.strip().head()
```

```
Out [11] 0     ARRIOT MARQUIS CHICAGO
         1                 JETS PIZZA
         2                  ROOM 1520
         3     MARRIOT MARQUIS CHICAGO
         4                 CHARTWELLS
         Name: Name, dtype: object
```

现在可以用没有多余空格的新 Series 覆盖现有的 Series。在等号的右边，使用 strip 代码创建新 Series。在等号的左边，使用方括号语法来表示想要覆盖的列。Python 首先处理等号的右边。总之，使用 Name 列创建一个没有空格的新 Series，然后用该新 Series 覆盖 Name 列：

```
In  [12] inspections["Name"] = inspections["Name"].str.strip()
```

这种单行解决方案适用于小型数据集，但对于有大量列的数据集，它则不太适用。如何快速将相同的逻辑应用于所有 DataFrame 列？答案是使用 columns 属性，它提供了包含 DataFrame 列名的可迭代索引对象：

```
In  [13] inspections.columns

Out [13] Index(['Name', 'Risk'], dtype='object')
```

可以使用 Python 的 for 循环遍历每一列，从 DataFrame 中动态提取它，调用 str.strip 方法返回一个新的 Series，并覆盖原始列。这个逻辑只需要两行代码：

```
In  [14] for column in inspections.columns:
             inspections[column] = inspections[column].str.strip()
```

所有 Python 的字符大小写方法都可用于 StringMethods 对象。例如，lower 方法将所有字符串中的字母转换为小写：

```
In  [15] inspections["Name"].str.lower().head()

Out [15] 0      marriot marquis chicago
         1                   jets pizza
         2                     room 1520
         3      marriot marquis chicago
         4                   chartwells
         Name: Name, dtype: object
```

str.upper 方法返回一个带有大写字母的字符串的 Series。下一个示例在不同的 Series 上调用该方法，因为 Name 列几乎都是大写的：

```
In  [16] steaks = pd.Series(["porterhouse", "filet mignon", "ribeye"])
         steaks

Out [16] 0      porterhouse
         1      filet mignon
         2            ribeye
         dtype: object

In  [17] steaks.str.upper()

Out [17] 0      PORTERHOUSE
         1      FILET MIGNON
         2            RIBEYE
         dtype: object
```

假设想通过更标准化、更易读的格式获取 Name 列中的数据，可以使用 str.capitalize 方法将 Series 中每个字符串的首字母大写：

```
In  [18] inspections["Name"].str.capitalize().head()

Out [18] 0      Marriot marquis chicago
         1                   Jets pizza
         2                     Room 1520
         3      Marriot marquis chicago
         4                   Chartwells
         Name: Name, dtype: object
```

虽然 str.capitalize 方法可以将 Series 中的每个字符串的首字母大写，但也许更好的方法是 str.title，

它能将每个单词的第一个字母大写。Pandas 使用空格识别一个单词的结束位置和下一个单词的开始位置:

```
In  [19] inspections["Name"].str.title().head()

Out [19] 0        Marriot Marquis Chicago
         1                      Jets Pizza
         2                       Room 1520
         3        Marriot Marquis Chicago
         4                      Chartwells
         Name: Name, dtype: object
```

title 方法是处理地点、国家、城市和人的全名时的绝佳选择。

6.2　字符串切片

Risk 列中,每行的值都包括代表风险类型的编号(例如"Risk 1")和级别(例如"High")。首先了解该列中的内容:

```
In  [20] inspections["Risk"].head()

Out [20]

0      Risk 1 (High)
1    Risk 2 (Medium)
2       Risk 3 (Low)
3      Risk 1 (High)
4      Risk 1 (High)
Name: Risk, dtype: object
```

假设要从每一行中提取数字形式的风险类型,考虑到数据集内的每一行的格式几乎相同,这个操作看起来很简单,但必须小心行事。在大型数据集内,总是存在各种出错的可能。

```
In  [21] len(inspections)

Out [21] 153810
```

是否所有行的 Risk 列都遵循"RiskNumber(RiskLevel)"这种格式? 可以通过调用 unique 方法找出答案,该方法返回一个由列的唯一值组成的 NumPy ndarray:

```
In  [22] inspections["Risk"].unique()

Out [22] array(['Risk 1 (High)', 'Risk 2 (Medium)', 'Risk 3 (Low)', 'All',
               nan], dtype=object)
```

必须考虑两个额外的值:缺失值 NaN 和"All"字符串。如何处理这两个额外的值最终取决于企业的实际需要,即这些值是否重要,或者它们是否可以被删除。此处提出一个折中方案:删除缺失的 NaN 值,并将"All"值替换为"Risk 4(Extreme)"。选择这种解决方案来确保所有 Risk 值具有一致的格式。

我们可以使用第 5 章介绍的 dropna 方法从 Series 中删除缺失值,向 subset 参数传递一个

DataFrame 列的列表，Pandas 可以在这个由列名称组成的列表中查找 NaN。例如，删除 inspections 中 Risk 列含有 NaN 值的行：

```
In  [23] inspections = inspections.dropna(subset = ["Risk"])
```

检查 Risk 列中的唯一值：

```
In  [24] inspections["Risk"].unique()

Out [24] array(['Risk 1 (High)', 'Risk 2 (Medium)', 'Risk 3 (Low)', 'All'],
              dtype=object)
```

DataFrame 的 replace 方法可以用来对特定值进行替换。该方法的第一个参数 to_replace 设置要搜索的值，第二个参数 value 指定替换的新内容。下面将 "All" 字符串值替换为 "Risk 4 (Extreme)"：

```
In  [25] inspections = inspections.replace(
              to_replace = "All", value = "Risk 4 (Extreme)"
          )
```

现在，Risk 列中的所有值都具有相同的格式：

```
In  [26] inspections["Risk"].unique()

Out [26] array(['Risk 1 (High)', 'Risk 2 (Medium)', 'Risk 3 (Low)',
              'Risk 4 (Extreme)'], dtype=object)
```

接下来，继续提取每一行的风险编号。

6.3 字符串切片和字符替换

StringMethods 对象的 slice 方法可以用来按索引位置从字符串中提取子字符串。该方法接受起始索引和结束索引作为参数。下限(起点)是包含在内的，而上限(结束点)是不包含在内的。

风险类型编号从每个字符串的索引位置 5 开始。下一个示例取从索引位置 5 到索引位置 6(但不包括索引位置 6)的字符：

```
In  [27] inspections["Risk"].str.slice(5, 6).head()

Out [27] 0    1
         1    2
         2    3
         3    1
         4    1
         Name: Risk, dtype: object
```

还可以用 Python 的列表切片语法替换 slice 方法(见附录 B)。以下代码输出与前面代码相同的结果：

```
In  [28] inspections["Risk"].str[5:6].head()

Out [28] 0    1
         1    2
```

```
2      3
3      1
4      1
Name: Risk, dtype: object
```

如果想从每一行中提取风险级别("High""Medium""Low"和"All")怎么办? 单词的长度不同, 使得这一挑战变得困难, 因为不能从起始索引位置提取相同数量的字符。但我们依旧有办法解决这个问题, 即将在 6.7 节讨论的最具弹性的解决方案——正则表达式。

从使用 slice 方法开始, 提取每一行的风险级别。如果向 slice 方法传递单个值, Pandas 将使用它作为下限并提取字符到字符串的末尾。

下一个示例将提取从索引位置 8 到字符串末尾的每个字符。索引位置 8 处的字符是每种风险级别的第一个字母("High"中的"H"、"Medium"中的"M"、"Low"中的"L"和"Extreme"中的"E"):

```
In   [29] inspections["Risk"].str.slice(8).head()

Out  [29] 0      High)
          1    Medium)
          2       Low)
          3      High)
          4      High)
          Name: Risk, dtype: object
```

也可以使用 Python 的列表切片语法。在方括号内, 提供一个起始索引位置, 后跟一个冒号, 可以获得相同结果:

```
In   [30] inspections["Risk"].str[8:].head()

Out  [30] 0      High)
          1    Medium)
          2       Low)
          3      High)
          4      High)
          Name: Risk, dtype: object
```

输出结果中有右括号, 可以通过向 str.slice 方法传递一个负号作为参数来删除该右括号。负数表示相对于字符串末尾的索引边界: -1 表示提取到最后一个字符之前, -2 表示提取到倒数第二个字符之前, 以此类推。例如, 从索引位置 8 提取到每个字符串的最后一个字符之前:

```
In   [31] inspections["Risk"].str.slice(8, -1).head()

Out  [31] 0      High
          1    Medium
          2       Low
          3      High
          4      High
          Name: Risk, dtype: object
```

如果更喜欢使用列表切片语法, 可以在方括号内的冒号后传递 -1:

```
In   [32] inspections["Risk"].str[8:-1].head()
```

```
Out [32] 0        High
         1      Medium
         2         Low
         3        High
         4        High
         Name: Risk, dtype: object
```

　　删除右括号的另一种方法是使用 str.replace 方法，即将每个右括号替换为一个空字符串——一个没有字符的字符串。

　　每个 str 方法都返回一个具有 str 属性的新 Series 对象，这样就允许按顺序链接多个字符串方法，只要在每个方法调用中引用 str 属性即可。在下一个示例中，链接了 slice 和 replace 方法：

```
In  [33] inspections["Risk"].str.slice(8).str.replace(")", "").head()
```

```
Out [33] 0        High
         1      Medium
         2         Low
         3        High
         4        High
         Name: Risk, dtype: object
```

　　通过从中间索引位置切片并删除右括号，就能够提取每一行的风险级别。

6.4　布尔型方法

　　6.3 节介绍了返回 Series 字符串的 upper 和 slice 等方法。StringMethods 对象可用的其他方法返回布尔型 Series，这些方法对过滤 DataFrame 特别有用。

　　假设要获得名称中包含"Pizza"一词的所有记录，在 vanilla Python 中，使用 in 运算符在字符串中搜索子字符串：

```
In  [34] "Pizza" in "Jets Pizza"
```

```
Out [34] True
```

　　字符串匹配的最大挑战是区分大小写。例如，由于"p"字符的大小写不匹配，Python 不会在"Jets Pizza"中找到字符串"pizza"：

```
In  [35] "pizza" in "Jets Pizza"
```

```
Out [35] False
```

　　为了解决这个问题，需要在检查是否存在子字符串之前，确保所有列中字符的大小写一致。可以在全小写 Series 中查找"pizza"或在全大写 Series 中查找"PIZZA"，此处选择前一种方法。

　　contains 方法检查每个 Series 值中是否包含子字符串。当 Pandas 在字符串中找到方法所设定的参数时，该方法返回 True，否则返回 False。例如，首先使用 lower 方法将 Name 列的字符都转换为小写，然后在每一行中搜索"pizza"：

```
In  [36] inspections["Name"].str.lower().str.contains("pizza").head()
```

```
Out [36] 0       False
         1        True
         2       False
         3       False
         4       False
         Name: Name, dtype: bool
```

例如，有一个布尔型 Series，可以用它来提取名称中带有 "Pizza" 的所有行：

```
In  [37] has_pizza = inspections["Name"].str.lower().str.contains("pizza")
         inspections[has_pizza]
```

```
Out [37]
```

	Name	Risk
1	JETS PIZZA	Risk 2 (Medium)
19	NANCY'S HOME OF STUFFED PIZZA	Risk 1 (High)
27	NARY'S GRILL & PIZZA ,INC.	Risk 1 (High)
29	NARYS GRILL & PIZZA	Risk 1 (High)
68	COLUTAS PIZZA	Risk 1 (High)
...	...	...
153756	ANGELO'S STUFFED PIZZA CORP	Risk 1 (High)
153764	COCHIAROS PIZZA #2	Risk 1 (High)
153772	FERNANDO'S MEXICAN GRILL & PIZZA	Risk 1 (High)
153788	REGGIO'S PIZZA EXPRESS	Risk 1 (High)
153801	State Street Pizza Company	Risk 1 (High)

```
3992 rows × 2 columns
```

请注意，Pandas 保留了 Name 列中值的原始字母，inspections DataFrame 没有发生改变。lower 方法返回一个新的 Series，对其调用 contains 方法将返回另一个新的 Series，Pandas 用它来过滤原始 DataFrame 中的行。

如果有特殊的过滤需求，比如提取所有以字符串 "tacos" 开头的记录，应怎么办？现在应关心子字符串在每个字符串中的位置。str.startswith 方法解决了这个问题，如果字符串以 str.startswit 所指定的值开头，则返回 True：

```
In  [38] inspections["Name"].str.lower().str.startswith("tacos").head()
```

```
Out [38] 0       False
         1       False
         2       False
         3       False
         4       False
         Name: Name, dtype: bool
```

```
In  [39] starts_with_tacos = (
             inspections["Name"].str.lower().str.startswith("tacos")
         )
         inspections[starts_with_tacos]
```

```
Out [39]
```

	Name	Risk
69	TACOS NIETOS	Risk 1 (High)
556	TACOS EL TIO 2 INC.	Risk 1 (High)
675	TACOS DON GABINO	Risk 1 (High)

```
958                  TACOS EL TIO 2 INC.   Risk 1 (High)
1036                 TACOS EL TIO 2 INC.   Risk 1 (High)
...                          ...                 ...
143587                    TACOS DE LUNA    Risk 1 (High)
144026                    TACOS GARCIA     Risk 1 (High)
146174                   Tacos Place's 1   Risk 1 (High)
147810             TACOS MARIO'S LIMITED   Risk 1 (High)
151191                     TACOS REYNA     Risk 1 (High)

105 rows × 2 columns
```

str.endswith 方法可以用来检查每个 Series 字符串末尾的子字符串：

```
In  [40] ends_with_tacos = (
             inspections["Name"].str.lower().str.endswith("tacos")
         )
         inspections[ends_with_tacos]

Out [40]
                       Name            Risk
382            LAZO'S TACOS     Risk 1 (High)
569            LAZO'S TACOS     Risk 1 (High)
2652           FLYING TACOS     Risk 3 (Low)
3250           JONY'S TACOS     Risk 1 (High)
3812           PACO'S TACOS     Risk 1 (High)
...                   ...               ...
151121         REYES TACOS     Risk 1 (High)
151318      EL MACHO TACOS     Risk 1 (High)
151801      EL MACHO TACOS     Risk 1 (High)
153087      RAYMOND'S TACOS   Risk 1 (High)
153504           MIS TACOS    Risk 1 (High)

304 rows × 2 columns
```

无论是在字符串的开头、中间还是在结尾查找文本，StringMethods 对象都可以提供相应的方法。

6.5　拆分字符串

本节所使用的数据集 customers 是一个虚构的客户集合，每行的内容包括客户的姓名和地址信息。首先使用 read_csv 函数导入 customers.csv 文件，并将 DataFrame 分配给 customers 变量：

```
In  [41] customers = pd.read_csv("customers.csv")
         customers.head()

Out [41]
                  Name                                      Address
0        Frank Manning    6461 Quinn Groves, East Matthew, New Hampshire,166…
1     Elizabeth Johnson    1360 Tracey Ports Apt. 419, Kyleport, Vermont,319…
2      Donald Stephens    19120 Fleming Manors, Prestonstad, Montana, 23495
3   Michael Vincent III        441 Olivia Creek, Jimmymouth, Georgia, 82991
4       Jasmine Zamora     4246 Chelsey Ford Apt. 310, Karamouth, Utah, 76…
```

str.len 方法可以返回每行字符串的长度。例如，索引位置 0 处所在行的 "Frank Manning" 值的长度为 13 个字符：

```
In   [42] customers["Name"].str.len().head()

Out  [42] 0        13
          1        17
          2        15
          3        19
          4        14
          Name: Name, dtype: int64
```

假设需要将每个客户的名字和姓氏拆分为两个单独的列，此时需要使用 Python 的 split 方法，使用指定的分隔符来拆分字符串。该方法返回一个列表，该列表由拆分后的所有子字符串组成。例如，使用连字符作为分隔符，将电话号码拆分为由 3 个字符串组成的列表：

```
In   [43] phone_number = "555-123-4567"
          phone_number.split("-")

Out  [43] ['555', '123', '4567']
```

str.split 方法对 Series 中的每一行执行相同的操作，它的返回值是一个由列表组成的 Series，将分隔符传递给方法的第一个参数 pat(pattern 的缩写)。例如，利用空格来拆分 Name 列中的值：

```
In   [44] # The two lines below are equivalent
          customers["Name"].str.split(pat = " ").head()
          customers["Name"].str.split(" ").head()

Out  [44] 0            [Frank, Manning]
          1         [Elizabeth, Johnson]
          2          [Donald, Stephens]
          3       [Michael, Vincent, III]
          4           [Jasmine, Zamora]
          Name: Name, dtype: object
```

接下来，在这个新的列表 Series 上重新调用 str.len 方法来获取每个列表的长度。Pandas 会对 Series 存储的任何数据类型做出动态响应：

```
In   [45] customers["Name"].str.split(" ").str.len().head()

Out  [45] 0     2
          1     2
          2     2
          3     3
          4     2
          Name: Name, dtype: int64
```

Name 列的某些值有诸如 "MD" 和 "Jr" 的后缀，即一些行的 Name 列中有两个以上的单词，例如索引位置 3 处的行 Name 列的值为 Michael Vincent III，Pandas 将其拆分为三个元素的列表。为了确保每个列表的元素数量相等，可以限制拆分的数量。如果设置一个拆分数量的最大阈值 1，Pandas 将在第一个空格处拆分字符串并停止继续拆分，将得到一个由两个元素列表组成的 Series，每个列表都将包含客户的名字及其后面的所有内容。

例如，将参数值 1 传递给 split 方法的参数 n(该参数设置最大的拆分数量)，观察 Pandas 如何处理索引位置 3 处的"Michael Vincent III"：

```
In  [46] customers["Name"].str.split(pat = " ", n = 1).head()
```

```
Out [46] 0            [Frank, Manning]
         1         [Elizabeth, Johnson]
         2          [Donald, Stephens]
         3       [Michael, Vincent III]
         4           [Jasmine, Zamora]
         Name: Name, dtype: object
```

现在所有的列表都有相同的长度，可以使用 str.get 根据每行的索引位置从列表中提取值。例如，可以定位索引位置 0，从而提取每个列表的第一个元素，即客户的名字：

```
In  [47] customers["Name"].str.split(pat = " ", n = 1).str.get(0).head()
```

```
Out [47] 0            Frank
         1        Elizabeth
         2           Donald
         3          Michael
         4          Jasmine
         Name: Name, dtype: object
```

要从每个列表中提取客户的姓氏，可以向 get 方法传递一个索引位置 1：

```
In  [48] customers["Name"].str.split(pat = " ", n = 1).str.get(1).head()
```

```
Out [48] 0          Manning
         1          Johnson
         2         Stephens
         3      Vincent III
         4           Zamora
         Name: Name, dtype: object
```

get 方法还支持负数参数，-1 表示从每行的列表中提取最后一个元素，而不管列表中包含多少个元素。以下代码产生与前面代码相同的结果，并且在列表具有不同长度的情况下更加有效：

```
In  [49] customers["Name"].str.split(pat = " ", n = 1).str.get(-1).head()
```

```
Out [49] 0          Manning
         1          Johnson
         2         Stephens
         3      Vincent III
         4           Zamora
         Name: Name, dtype: object
```

前面我们在两个独立的 Series 中分别调用 get 方法提取了客户的名字和姓氏。如果在单次方法调用中执行相同的逻辑是否可行？幸运的是，str.split 方法接受一个 expand 参数，当将它设定为 True 时，该方法返回一个新的 DataFrame 而不是列表 Series：

```
In  [50] customers["Name"].str.split(
             pat = " ", n = 1, expand = True
         ).head()
```

```
Out [50]
```

	0	1
0	Frank	Manning
1	Elizabeth	Johnson
2	Donald	Stephens
3	Michael	Vincent III
4	Jasmine	Zamora

此处生成了一个新的 DataFrame，因为没有为列提供自定义名称，所以 Pandas 默认列轴使用数字索引。

注意，如果不使用参数 n 限制拆分的数量，Pandas 会将 None 值放在没有足够元素的行中，如下所示：

```
In  [51] customers["Name"].str.split(pat = " ", expand = True).head()
```

```
Out [51]
```

	0	1	2
0	Frank	Manning	None
1	Elizabeth	Johnson	None
2	Donald	Stephens	None
3	Michael	Vincent	III
4	Jasmine	Zamora	None

现在我们已经拆分了客户的姓名，下面将新的两列 DataFrame 附加到现有的 customers DataFrame。在等号的右边，将使用拆分代码来创建 DataFrame。在等号的左边，将在一对方括号内提供列名的列表。Pandas 会将这些列附加到 customers 中。例如，添加两个新列：First Name 和 Last Name，并使用 split 方法返回的 DataFrame 填充它们：

```
In  [52] customers[["First Name", "Last Name"]] = customers[
             "Name"
         ].str.split(pat = " ", n = 1, expand = True)
```

观察结果：

```
In  [53] customers
```

```
Out [53]
```

	Name	Address	First Name	Last Name
0	Frank Manning	6461 Quinn Groves, E…	Frank	Manning
1	Elizabeth Johnson	1360 Tracey Ports Ap…	Elizabeth	Johnson
2	Donald Stephens	19120 Fleming Manors…	Donald	Stephens
3	Michael Vincent III	441 Olivia Creek, Ji…	Michael	Vincent III
4	Jasmine Zamora	4246 Chelsey Ford Ap…	Jasmine	Zamora
…	…	…	…	…
9956	Dana Browning	762 Andrew Views Apt…	Dana	Browning
9957	Amanda Anderson	44188 Day Crest Apt …	Amanda	Anderson
9958	Eric Davis	73015 Michelle Squar…	Eric	Davis
9959	Taylor Hernandez	129 Keith Greens, Ha…	Taylor	Hernandez
9960	Sherry Nicholson	355 Griffin Valley, …	Sherry	Nicholson

```
9961 rows × 4 columns
```

这个结果符合预期，现在已经将客户的姓名提取到单独的列中，可以删除原始的 Name 列，一种方法是在 customers DataFrame 中使用 drop 方法。首先将列的名称传递给 labels 参数，并将"columns"传递给 axis 参数，需要通过 axis 参数来告诉 Pandas 在列而不是在行中查找 Name 标签：

```
In  [54] customers = customers.drop(labels = "Name", axis = "columns")
```

请记住，赋值操作不会在 Jupyter Notebook 中产生输出，必须输出 DataFrame 才能看到结果：

```
In  [55] customers.head()

Out [55]
```

	Address	First Name	Last Name
0	6461 Quinn Groves, East Matthew, New Hampshire…	Frank	Manning
1	1360 Tracey Ports Apt. 419, Kyleport, Vermont…	Elizabeth	Johnson
2	19120 Fleming Manors, Prestonstad, Montana…	Donald	Stephens
3	441 Olivia Creek, Jimmymouth, Georgia…	Michael	Vincent III
4	4246 Chelsey Ford Apt. 310, Karamouth, Utah…	Jasmine	Zamora

观察输出结果可以发现，Name 列消失了，其内容被拆分为两个新列。

6.6　代码挑战

通过代码挑战，可以练习本章中所学习的内容。

6.6.1　问题描述

customers 数据集包括一个 Address 列，该列中的每个地址由街道、城市、州和邮政编码组成。本节的挑战是将 Address 列中的这 4 个值拆开，将它们分配给新的 Street、City、State 和 Zip 列，然后删除 Address 列。首先自己尝试解决这个问题，然后再查看解决方案。

6.6.2　解决方案

首先，使用分隔符拆分 Address 字符串。此处使用 split 方法，逗号本身是一个很好的参数：

```
In  [56] customers["Address"].str.split(",").head()

Out [56] 0    [6461 Quinn Groves, East Matthew, New Hampsh...
         1    [1360 Tracey Ports Apt. 419, Kyleport, Vermo...
         2    [19120 Fleming Manors, Prestonstad, Montana,...
         3     [441 Olivia Creek, Jimmymouth, Georgia, 82991]
         4    [4246 Chelsey Ford Apt. 310, Karamouth, Utah...
         Name: Address, dtype: object
```

这种拆分保留了逗号后的空格，虽然可以使用 strip 等方法执行额外的清理工作，但有更好的解决方案可用。Address 列中，地址的每个部分都用逗号和空格分隔，因此，可以将逗号和空格同时作为参数传递给 split 方法：

```
In  [57] customers["Address"].str.split(", ").head()
```

```
Out [57] 0    [6461 Quinn Groves, East Matthew, New Hampshir...
         1    [1360 Tracey Ports Apt. 419, Kyleport, Vermont...
         2    [19120 Fleming Manors, Prestonstad, Montana, 2...
         3        [441 Olivia Creek, Jimmymouth, Georgia, 82991]
         4    [4246 Chelsey Ford Apt. 310, Karamouth, Utah, ...
         Name: Address, dtype: object
```

此时，列表中每个子字符串的开头都不再有多余的空格。

默认情况下，split 方法返回由列表组成的 Series。可以通过将 expand 参数设定为 True，从而使该方法返回一个 DataFrame：

```
In  [58] customers["Address"].str.split(", ", expand = True).head()
```

```
Out [58]
```

	0	1	2	3
0	6461 Quinn Groves	East Matthew	New Hampshire	16656
1	1360 Tracey Ports Apt. 419	Kyleport	Vermont	31924
2	19120 Fleming Manors	Prestonstad	Montana	23495
3	441 Olivia Creek	Jimmymouth	Georgia	82991
4	4246 Chelsey Ford Apt. 310	Karamouth	Utah	76252

然后，将新的 4 个列添加到现有 customers DataFrame 中。定义一个包含新列名的列表，将该列表分配给一个变量，从而提升可读性。接下来，在等号左边的方括号中设置列表，在等号的右边使用前面的代码来创建新的 DataFrame：

```
In  [59] new_cols = ["Street", "City", "State", "Zip"]
         customers[new_cols] = customers["Address"].str.split(
             pat = ", ", expand = True
         )
```

最后，使用 drop 方法删除原始 Address 列。要永久更改 DataFrame，请确保使用返回的 DataFrame 覆盖原有的 customers DataFrame：

```
In  [60] customers.drop(labels = "Address", axis = "columns").head()
```

```
Out [60]
```

	First Name	Last Name	Street	City	State	Zip
0	Frank	Manning	6461 Quin...	East Matthew	New Hamps...	16656
1	Elizabeth	Johnson	1360 Trac...	Kyleport	Vermont	31924
2	Donald	Stephens	19120 Fle...	Prestonstad	Montana	23495
3	Michael	Vincent III	441 Olivi...	Jimmymouth	Georgia	82991
4	Jasmine	Zamora	4246 Chel...	Karamouth	Utah	76252

还可以在目标列之前使用 Python 的内置关键字 del，此语法会改变原有的 DataFrame：

```
In  [61] del customers["Address"]
```

最终的结果如下：

```
In  [62] customers.tail()
```

```
Out [62]
```

	First Name	Last Name	Street	City	State	Zip
9956	Dana	Browning	762 Andrew …	North Paul	New Mexico	28889
9957	Amanda	Anderson	44188 Day C…	Lake Marcia	Maine	37378
9958	Eric	Davis	73015 Miche…	Watsonville	West Virginia	03933
9959	Taylor	Hernandez	129 Keith G…	Haleyfurt	Oklahoma	98916
9960	Sherry	Nicholson	355 Griffin…	Davidtown	New Mexico	17581

至此，已成功将 Address 列的内容提取到 4 个新列中。

6.7　关于正则表达式的说明

如果不提及正则表达式(也称为 RegEx)，任何有关处理文本数据的讨论都是不完整的。正则表达式是一种在字符串中查找字符序列的搜索模式。

正则表达式由符号和字符组成的特殊语法声明。例如，\d 匹配 0～9 范围内的任何数字。使用正则表达式，可以通过小写字符、大写字符、数字、斜杠、空格、字符串边界等来定义复杂的搜索模式。

假设 555-555-5555 这样的电话号码隐藏在一个较大的字符串中，可以使用正则表达式来定义一个搜索算法，该算法提取三个连续数字、一个连字符号、三个连续数字、另外一个连字符号和另外四个连续数字的序列。使用正则表达式可以轻松完成这种搜索操作。

例如，对 Street 列使用 replace 方法，将出现的四个连续数字用星号代替，具体语法如下：

```
In  [63] customers["Street"].head()

Out [63] 0              6461 Quinn Groves
         1       1360 Tracey Ports Apt. 419
         2             19120 Fleming Manors
         3                441 Olivia Creek
         4       4246 Chelsey Ford Apt. 310
         Name: Street, dtype: object

In  [64] customers["Street"].str.replace(
             "\d{4,}", "*", regex = True
         ).head()

Out [64] 0                 * Quinn Groves
         1       * Tracey Ports Apt. 419
         2             * Fleming Manors
         3             441 Olivia Creek
         4       * Chelsey Ford Apt. 310
         Name: Street, dtype: object
```

正则表达式是一个高度专业化的技术主题。关于 RegEx 的复杂性可以专门用一本书的篇幅进行讲解。现在，需要注意的是，Pandas 的大多数字符串方法都支持 RegEx 参数，可以查看附录 E 以获得对内容的更全面的相关介绍。

6.8 本章小结

- str 属性包含一个 StringMethods 对象，其中包含对 Series 值执行字符串操作的方法。
- strip 系列方法可以删除字符串开头、结尾或两侧的空格。
- 可以通过 upper、lower、capitalize 和 title 等方法修改字符串中字母的大小写。
- contains 方法用于检查另一个字符串中是否存在某子字符串。
- startswith 方法用于检查字符串开头的子字符串。
- endswith 方法用于检查字符串末尾的子字符串。
- split 方法使用指定的分隔符将字符串拆分为列表，可以使用它将 DataFrame 列的文本拆分到多个 Series 中。

第 7 章

多级索引 DataFrame

本章主要内容
- 创建 MultiIndex 对象
- 从 MultiIndex DataFrame 中选择行和列
- 在 MultiIndex DataFrame 中进行交叉选择
- 对 MultiIndex 的级别进行交换

到目前为止，本书已经介绍了一维 Series 和二维 DataFrame。维数是从数据结构中提取值所需要的参考点数，只需要一个标签或一个索引位置就可以定位一个 Series 中的一个值，需要两个参考点来定位 DataFrame 中的值：行的标签(行索引位置)和列的标签(列索引位置)。可以将数据提取扩展到二维之外吗？当然可以。Pandas 通过 MultiIndex 支持具有任意数量维度的数据集。

MultiIndex 是一个包含多个级别的索引对象，每个级别存储一行中的一个值。当需要对数据集在多个级别上进行数据提取时，使用 MultiIndex 是最理想的选择。观察表 7-1 所示的数据集，其中存储了多个日期、多家公司的股票价格。

表 7-1 多个日期、多家公司的股票价格示例

Stock	Date	Price
MSFT	02/08/2021	793.60
MSFT	02/09/2021	1 408.38
GOOG	02/08/2021	565.81
GOOG	02/09/2021	17.62

假设需要为每个股票价格设置一个唯一的标识符。单独使用股票的名称或日期都无法满足要求，但两者的组合是一个很好的标识符。股票"MSFT"出现两次，日期"02/08/2021"出现两次，但"MSFT"和"02/08/2021"的组合只出现一次。将 Stock 列和 Date 列的值作为 MultiIndex，将非常适合这个数据集。

MultiIndex 也非常适合分层数据，其中一列的值是另一列值的子类别，数据集如表 7-2 所示。

表 7-2　食品分类、食品名称与卡路里的示例数据

Group	Item	Calories
Fruit	Apple	95
Fruit	Banana	105
Vegetable	Broccoli	50
Vegetable	Tomato	22

Item 列的值是 Group 列的值的子类别。Apple 是一种水果，Broccoli 是一种蔬菜，因此，Group 列和 Item 列组合在一起可以作为 MultiIndex。

MultiIndex 是 Pandas 的一个稍微复杂的特性，值得花时间去学习。通过多级别索引，可以采用更多的方法来分割数据集。

7.1　MultiIndex 对象

打开一个新的 Jupyter Notebook，导入 Pandas 库，并给它赋值别名 pd：

```
In [1] import pandas as pd
```

为了简单起见，首先重新创建一个 MultiIndex 对象。在第 7.2 节，我们将在导入的数据集中使用这些概念。

前面介绍了 Python 的内置 tuple 对象，tuple(元组)是一种不可变的数据结构，按顺序保存一系列值。tuple 实际上是一个创建后不能修改的列表，要深入了解这个数据结构，请参见附录 B。

假设要模拟一个街道地址，地址通常包括街道名称、城市、州和邮政编码，可以将这 4 个元素存储在一个元组中：

```
In  [2] address = ("8809 Flair Square", "Toddside", "IL", "37206")
        address

Out [2] ('8809 Underwood Squares', 'Toddside', 'IL', '37206')
```

Series 和 DataFrame 的索引可以使用各种数据类型，如字符串、数字、日期时间等，但是所有这些对象的每个索引位置只能存储一个值，每行只能存储一个标签。而元组没有这种限制。

如果在一个列表中包含多个元组呢？假设列表如下所示：

```
In  [3] addresses = [
            ("8809 Flair Square", "Toddside", "IL", "37206"),
            ("9901 Austin Street", "Toddside", "IL", "37206"),
            ("905 Hogan Quarter", "Franklin", "IL", "37206"),
        ]
```

现在，假设将这些元组作为 DataFrame 的索引标签，所有操作保持不变，仍然可以通过索引标签来引用一行，但是每个索引标签将是一个包含多个元素的容器。这是开始学习 MultiIndex 对象的好方法——将其作为一个索引，其中每个标签可以存储多个数据块。

我们可以独立于 Series 或 DataFrame 创建 MultiIndex 对象。MultiIndex 类可以作为 Pandas 库的顶级属性使用，它包含一个 from_tuples 类方法，从一个元组列表中实例化一个 MultiIndex。类方法是在类中调用而不是在实例上调用的方法。例如，调用 from_tuples 类方法并将 addresses 列表传递给它：

```
In  [4] # The two lines below are equivalent
        pd.MultiIndex.from_tuples(addresses)
        pd.MultiIndex.from_tuples(tuples = addresses)

Out [4] MultiIndex([( '8809 Flair Square', 'Toddside', 'IL', '37206'),
                     ('9901 Austin Street', 'Toddside', 'IL', '37206'),
                     ( '905 Hogan Quarter', 'Franklin', 'IL', '37206')],
                    )
```

此处创建了第一个 MultiIndex，它存储了 3 个元组，每个元组包含 4 个元素，每个元组的元素都采用一致的格式：

- 第一个值是地址。
- 第二个值是城市。
- 第三个值是所在的州。
- 第四个值是邮政编码。

在 Pandas 的术语中，相同位置的元组值集合形成了 MultiIndex 的一个级别。在前面的例子中，第一个 MultiIndex 级别由值 "8809 Flair Square" "9901 Austin Street" 和 "905 Hogan Quarter" 组成。类似地，第二个 MultiIndex 级别由值 "Toddside" "Toddside" 和 "Franklin" 组成。

通过将一个列表传递给 from_tuples 方法的 names 参数，可以为每个 MultiIndex 级别分配一个名称。在这里，指定名称为 "Street" "City" "State" 和 "Zip"：

```
In  [5] row_index = pd.MultiIndex.from_tuples(
            tuples = addresses,
            names = ["Street", "City", "State", "Zip"]
        )

        row_index

Out [5] MultiIndex([( '8809 Flair Square',  'Toddside', 'IL', '37206'),
                     ('9901 Austin Street',  'Toddside', 'IL', '37206'),
                     ( '905 Hogan Quarter',  'Franklin', 'IL', '37206')],
                    names=['Street', 'City', 'State', 'Zip'])
```

总之，MultiIndex 是一个存储容器，其中每个标签包含多个值，一个级别由标签中相同位置的值组成。

现在有了一个 MultiIndex，将它附加到一个 DataFrame 上，最简单的方法是使用 DataFrame 构造函数的 index 参数。在前面的章节中，我们传递给这个参数一个字符串列表，但它也接受任何有效的索引对象。现在将 MultiIndex 变量 row_index 传递给它，因为 MultiIndex 有 3 个元组，所以需要提供 3 行数据：

```
In  [6] data = [
            ["A", "B+"],
            ["C+", "C"],
```

```
                    ["D-", "A"],
                ]

        columns = ["Schools", "Cost of Living"]

        area_grades = pd.DataFrame(
            data = data, index = row_index, columns = columns
        )

        area_grades
```

```
Out [6]
                                            Schools   Cost of Living
Street               City        State  Zip
8809 Flair Square    Toddside    IL      37206          A              B+
9901 Austin Street   Toddside    IL      37206          C+             C
905 Hogan Quarter    Franklin    IL      37206          D-             A
```

现在得到一个在行轴上使用 MultiIndex 的 DataFrame，每行的标签包含 4 个值：Street、City、State 和 Zip。

下面把焦点转向列轴。Pandas 还在索引对象中存储 DataFrame 的列标题，可以通过 columns 属性访问该索引：

```
In  [7]  area_grades.columns

Out [7]  Index(['Schools', 'Cost of Living'], dtype='object')
```

此时，Pandas 将这两个列名存储在一个单级别的 Index 对象中。下面创建第二个 MultiIndex，并将其附加到列轴上。下一个示例再次调用 from_tuples 类方法，向它传递一个包含 4 个元组的列表，每个元组包含两个字符串：

```
In  [8]  column_index = pd.MultiIndex.from_tuples(
              [
                  ("Culture", "Restaurants"),
                  ("Culture", "Museums"),
                  ("Services", "Police"),
                  ("Services", "Schools"),
              ]
          )

         column_index

Out [8]  MultiIndex([( 'Culture', 'Restaurants'),
                      ( 'Culture', 'Museums'),
                      ('Services', 'Police'),
                      ('Services', 'Schools')],
                     )
```

现在把两个 MultiIndexes 都附加到 DataFrame 上。行轴的 MultiIndex (row_index)要求数据集包含 3 行。列轴(column_index)的 MultiIndex 要求数据集包含 4 列。因此，数据集必须满足 3×4。下面创建示例数据，声明一个列表，这个列表中有 3 个元素，每个元素也是一个列表，每个内层嵌套列表存储 4 个字符串：

```
In  [9] data = [
            ["C-", "B+", "B-", "A"],
            ["D+", "C", "A", "C+"],
            ["A-", "A", "D+", "F"]
        ]
```

现在已经准备好将这些碎片组合在一起，并使用 MultiIndex 作为 DataFrame 的行轴和列轴。在 DataFrame 构造函数中，将刚刚创建的两个 MultiIndex 变量分别传递给 index 参数和 columns 参数：

```
In  [10] pd.DataFrame(
             data = data, index = row_index, columns = column_index
         )
```

```
Out [10]
```

				Culture		Services	
				Restaurants	Museums	Police	Schools
Street	City	State	Zip				
8809 Flai...	Toddside	IL	37206	C-	B+	B-	A
9901 Aust...	Toddside	IL	37206	D+	C	A	C+
905 Hogan...	Franklin	IL	37206	A-	A	D+	F

至此，已经成功地创建了一个 DataFrame，其中包含一个四级别的行 MultiIndex 和一个两级别的列 MultiIndex。MultiIndex 是一个可以存储多个级别、多个层次的索引，每个索引标签由多个组件组成。

7.2　MultiIndex DataFrame

neighborhoods.csv 数据集类似于 7.1 节中创建的数据集，它包含全美 250 个虚构的城市地址列表，每个地址都根据 4 个宜居性特征进行评分：餐馆、博物馆、警察局和学校。这 4 个特征分属两个父类：文化及服务。

下面是原始 CSV 文件的前几行数据。在 CSV 文件中，逗号分隔一行数据中的相邻值，因此，若干个逗号相连表示对应的这些列中没有值。

```
,,,Culture,Culture,Services,Services
,,,Restaurants,Museums,Police,Schools
State,City,Street,,,,
MO,Fisherborough,244 Tracy View,C+,F,D-,A+
```

Pandas 将如何导入这个 CSV 文件的数据？可以用 read_csv 函数找出答案：

```
In  [11] neighborhoods = pd.read_csv("neighborhoods.csv")
         neighborhoods.head()
```

```
Out [11]
```

	Unnamed: 0	Unnamed: 1	Unnamed: 2	Culture	Culture.1	Services	Services.1
0	NaN	NaN	NaN	Restau...	Museums	Police	Schools
1	State	City	Street	NaN	NaN	NaN	NaN
2	MO	Fisher...	244 Tr...	C+	F	D-	A+
3	SD	Port C...	446 Cy...	C-	B	B	D+

| 4 | WV | Jimene... | 432 Jo... | A | A+ | F | B |

　　输出的结果与预期存在差异。首先，输出结果中有 3 个未命名的列，每列都以不同的数字结尾。导入 CSV 时，Pandas 假定文件的第一行包含列名，也称为标题。如果标题位置没有值，Pandas 会为该列分配一个 "Unnamed" 标题。同时，Pandas 试图避免出现重复的列名，为了区分多个缺失的标题，Pandas 为每个标题添加了一个数字索引。因此，3 个未命名的列的标题为 Unnamed: 0、Unnamed: 1 和 Unnamed: 2。

　　右侧的 4 列同样有命名问题。请注意，Pandas 将 Culture 标题分配给索引位置 3 处的列，并将 Culture.1 分配给它之后的列。CSV 文件对于连续两个标题单元格具有相同的 "Culture" 值，然后对于后续两个标题单元格具有相同的 "Services" 值。

　　不幸的是，问题远不止于此。索引位置 0 处的行中，前 3 列中的每一列都包含一个 NaN 值。索引位置 1 处的行中，最后 4 列中有 NaN 值。问题是 CSV 试图对多级行索引和多级列索引进行建模，但 read_csv 函数参数的默认参数无法识别它。幸运的是，可以通过设置几个 read_csv 参数来解决这个问题。

　　首先，必须告诉 Pandas 应把最左边的 3 列作为 DataFrame 的索引，可以通过向 index_col 参数传递一个数字列表来做到这一点，每个数字代表 DataFrame 索引中的列的索引(或数字位置)。索引从 0 开始计数，因此，前三列(未命名的列)的索引位置为 0、1 和 2。将 index_col 传递给包含多个值的列表时，Pandas 会自动为 DataFrame 创建一个 MultiIndex：

```
In  [12] neighborhoods = pd.read_csv(
            "neighborhoods.csv",
            index_col = [0, 1, 2]
         )

         neighborhoods.head()

Out [12]
```

			Culture	Culture.1	Services	Services.1
NaN	NaN	NaN	Restaurants	Museums	Police	Schools
State	City	Street	NaN	NaN	NaN	NaN
MO	Fisherbor...	244 Tracy...	C+	F	D-	A+
SD	Port Curt...	446 Cynth...	C-	B	B	D+
WV	Jimenezview	432 John ...	A	A+	F	B

　　接下来，需要告诉 Pandas 将哪些数据集的行用于 DataFrame 的标题。read_csv 函数假定将第一行作为标题。在这个数据集中，前两行都是标题。read_csv 函数的 header 参数可以用来自定义 DataFrame 标题，该参数接受表示 Pandas 应设置为列标题的行的整数列表。如果提供一个包含多个元素的列表，Pandas 将为列分配一个 MultiIndex。例如，将前两行(索引位置 0 和 1 处的行)设置为列标题：

```
In  [13] neighborhoods = pd.read_csv(
            "neighborhoods.csv",
            index_col = [0, 1, 2],
            header = [0, 1]
         )
```

```
neighborhoods.head()
```

Out [13]

			Restaurants	Culture Museums	Services Police	Schools
State	City	Street				
MO	Fisherborough	244 Tracy View	C+	F	D-	A+
SD	Port Curtisv...	446 Cynthia ...	C-	B	B	D+
WV	Jimenezview	432 John Common	A	A+	F	B
AK	Stevenshire	238 Andrew Rue	D-	A	A-	A
ND	New Joshuaport	877 Walter Neck	D+	C-	B	B

如前所述，该数据集将宜居性的 4 个特征(餐厅、博物馆、警察局和学校)分为两类(文化和服务)。当有一个包含较小子类别的父类别时，创建 MultiIndex 是启用快速切片的最佳方式。

下面使用一些熟悉的方法来观察输出如何随 MultiIndex DataFrame 变化，info 方法可以提供很好的帮助：

```
In  [14] neighborhoods.info()
```

Out [14]

```
<class 'pandas.core.frame.DataFrame'>
MultiIndex: 251 entries, ('MO', 'Fisherborough', '244 Tracy View') to ('NE',
'South Kennethmouth', '346 Wallace Pass')
Data columns (total 4 columns):
 #   Column                  Non-Null Count   Dtype
---  ------                  --------------   -----
 0   (Culture, Restaurants)  251 non-null     object
 1   (Culture, Museums)      251 non-null     object
 2   (Services, Police)      251 non-null     object
 3   (Services, Schools)     251 non-null     object
dtypes: object(4)
memory use: 27.2+ KB
```

请注意，Pandas 将每一列的名称输出为两个元素的元组，例如(Culture,Restaurants)。同样，Pandas 将每一行的标签存储为一个三元素元组，例如('MO','Fisherborough','244TracyView')。

下面使用熟悉的索引属性访问行的 MultiIndex 对象，通过输出结果查看保存每一行值的元组：

```
In  [15] neighborhoods.index
```

```
Out [15] MultiIndex([
           ('MO',        'Fisherborough',       '244 Tracy View'),
           ('SD',    'Port Curtisville',       '446 Cynthia Inlet'),
           ('WV',        'Jimenezview',        '432 John Common'),
           ('AK',        'Stevenshire',        '238 Andrew Rue'),
           ('ND',     'New Joshuaport',        '877 Walter Neck'),
           ('ID',        'Wellsville',   '696 Weber Stravenue'),
           ('TN',         'Jodiburgh',    '285 Justin Corners'),
           ('DC',   'Lake Christopher',   '607 Montoya Harbors'),
           ('OH',         'Port Mike',       '041 Michael Neck'),
           ('ND',        'Hardyburgh', '550 Gilmore Mountains'),
           ...
           ('AK', 'South Nicholasshire',     '114 Jones Garden'),
```

```
       ('IA',       'Port Willieport',  '320 Jennifer Mission'),
       ('ME',             'Port Linda',       '692 Hill Glens'),
       ('KS',             'Kaylamouth',      '483 Freeman Via'),
       ('WA',        'Port Shawnfort',    '691 Winters Bridge'),
       ('MI',          'North Matthew',      '055 Clayton Isle'),
       ('MT',                'Chadton',    '601 Richards Road'),
       ('SC',              'Diazmouth',   '385 Robin Harbors'),
       ('VA',             'Laurentown',   '255 Gonzalez Land'),
       ('NE',    'South Kennethmouth',      '346 Wallace Pass')],
      names=['State', 'City', 'Street'], length=251)
```

可以使用 columns 属性访问列的 MultiIndex 对象，也可以使用元组来存储嵌套的列标签：

```
In  [16] neighborhoods.columns

Out [16] MultiIndex([( 'Culture', 'Restaurants'),
           ( 'Culture',     'Museums'),
           ('Services',      'Police'),
           ('Services',     'Schools')],
          )
```

从原理上讲，Pandas 由多个 Index 对象组成一个 MultiIndex。导入数据集时，Pandas 利用 CSV 标题为每个索引分配一个名称，可以使用 MultiIndex 对象的 names 属性访问索引名称列表。State、City 和 Street 成为索引的三个 CSV 列的名称：

```
In  [17] neighborhoods.index.names

Out [17] FrozenList(['State', 'City', 'Street'])
```

Pandas 为 MultiIndex 中的每个嵌套级别分配一个顺序编号。在当前的 neighborhoods DataFrame 中：

- State 级别的索引位置为 0。
- City 级别的索引位置为 1。
- Street 级别的索引位置为 2。

get_level_values 方法可以在 MultiIndex 的给定级别中提取 Index 对象。级别的索引位置或级别的名称可以传递给方法的第一个也是唯一的参数——level：

```
In  [18] # The two lines below are equivalent
         neighborhoods.index.get_level_values(1)
         neighborhoods.index.get_level_values("City")

Out [18] Index(['Fisherborough', 'Port Curtisville', 'Jimenezview',
                'Stevenshire', 'New Joshuaport', 'Wellsville', 'Jodiburgh',
                'Lake Christopher', 'Port Mike', 'Hardyburgh',
                ...
                'South Nicholasshire', 'Port Willieport', 'Port Linda',
                'Kaylamouth', 'Port Shawnfort', 'North Matthew', 'Chadton',
                'Diazmouth', 'Laurentown', 'South Kennethmouth'],
               dtype='object', name='City', length=251)
```

列的 MultiIndex 级别没有任何名称，因为 CSV 没有提供任何名称：

```
In  [19] neighborhoods.columns.names
```

```
Out [19] FrozenList([None, None])
```

为了解决这个问题，可以使用columns属性访问列的MultiIndex，然后为MultiIndex对象的names属性分配一个新的列名列表。"Category"和"Subcategory"在这里是两个比较合适的名称：

```
In  [20] neighborhoods.columns.names = ["Category", "Subcategory"]
         neighborhoods.columns.names
```

```
Out [20] FrozenList(['Category', 'Subcategory'])
```

级别的名称将出现在输出中列标题的左侧。下面调用 head 方法来查看数据集的变化：

```
In  [21] neighborhoods.head(3)
```

```
Out [21]
```

Category			Culture		Services		
Subcategory			Restaurants	Museums	Police	Schools
State	City	Street				
MO	Fisherbor...	244 Tracy...	C+	F	D-	A+
SD	Port Curt...	446 Cynth...	C-	B	B	D+
WV	Jimenezview	432 John ...	A	A+	F	B

现在已经为级别分配了名称，可以使用get_level_values方法从列的MultiIndex中检索所有索引。请记住，可以将列的索引位置或其名称传递给方法：

```
In  [22] # The two lines below are equivalent
         neighborhoods.columns.get_level_values(0)
         neighborhoods.columns.get_level_values("Category")
```

```
Out [22] Index(['Culture', 'Culture', 'Services', 'Services'],
         dtype='object', name='Category')
```

由数据集派生出的新对象将继承 MultiIndex。索引可以根据需要来切换轴，比如 DataFrame 的 nunique 方法返回一个带有每列唯一值计数的 Series。如果在 neighborhoods 中调用 nunique 方法，DataFrame 的列 MultiIndex 将交换轴，并在结果 Series 中作为行的 MultiIndex：

```
In  [23] neighborhoods.head(1)
```

```
Out [23]
```

Category			Culture		Services		
Subcategory			Restaurants	Museums	Police	Schools
State	City	Street				
AK	Rowlandchester	386 Rebecca ...	C-	A-	A+	C

```
In  [24] neighborhoods.nunique()
```

```
Out [24] Culture    Restaurants    13
                    Museums        13
         Services   Police         13
                    Schools        13
         dtype: int64
```

MultiIndex Series 说明 Pandas 在 4 列的每一列中找到了多少唯一值。在本例，这些值是相等的，因为所有 4 列都包含 13 个可能的等级(A+~F)。

7.3 对 MultiIndex 进行排序

Pandas 在有序集合中找到值的速度比在混乱集合中要快得多。这好比在字典中搜索一个单词，当单词按字母顺序排序而不是随机排序时，更容易找到想要的单词。因此，最好在从 DataFrame 中选择任何行和列之前对索引进行排序。

第 4 章介绍了对 DataFrame 进行排序的 sort_index 方法。当在 MultiIndex DataFrame 上调用该方法时，Pandas 会按升序对所有级别，并从外到内进行排序。在下一个示例中，Pandas 首先对 State 级别的值进行排序，然后是 City 级别的值，最后是 Street 级别的值：

```
In  [25] neighborhoods.sort_index()

Out [25]
```

| Category | | | Culture | | Services | |
| Subcategory | | | Restaurants | Museums | Police | Schools |
State	City	Street				
AK	Rowlandchester	386 Rebecca ...	C-	A-	A+	C
	Scottstad	082 Leblanc ...	D	C-	D	B+
		114 Jones Ga...	D-	D-	D	D
	Stevenshire	238 Andrew Rue	D-	A	A-	A
AL	Clarkland	430 Douglas ...	A	F	C+	B+
...	...	...	...	...	...	...
WY	Lake Nicole	754 Weaver T...	B	D-	B	D
		933 Jennifer...	C	A+	A-	C
	Martintown	013 Bell Mills	C-	D	A-	BPort
	Jason	624 Faulkner...	A-	F	C+	C+
	Reneeshire	717 Patel Sq...	B	B+	D	A

251 rows × 4 columns

在输出的内容中，首先，以 State 级别为目标，将值 "AK" 排在 "AL" 之前；然后，在 "AK" 州内，将 "Rowlandchester" 城市排在 "Scottstad" 之前；最后，将相同的逻辑应用于最后一层 Street。

sort_values 方法包括一个 ascending 参数，可以对这个参数设置一个布尔型的值，从而将一致的排序顺序应用于所有 MultiIndex 级别。下一个示例提供了一个 False 参数值，首先将按字母倒序排列 State 值，然后按字母倒序排列 City 值，最后按字母倒序排列 Street 值：

```
In  [26] neighborhoods.sort_index(ascending = False).head()

Out [26]
```

| Category | | | Culture | | Services | |
| Subcategory | | | Restaurants | Museums | Police | Schools |
State	City	Street				
WY	Reneeshire	717 Patel Sq...	B	B+	D	A
	Port Jason	624 Faulkner...	A-	F	C+	C+
	Martintown	013 Bell Mills	C-	D	A-	B
	Lake Nicole	933 Jennifer...	C	A+	A-	C

| | | 754 Weaver T... | B | D- | B | D |

假设想要改变不同级别的排序顺序，可以将布尔值列表传递给 ascending 参数。每个布尔值对应一个 MultiIndex 级别的排序顺序，从最外层开始向内进行。例如，[True,False,True]的参数将按升序对 State 级别排序，按降序对 City 级别排序，按升序对 Street 级别排序：

```
In  [27] neighborhoods.sort_index(ascending = [True, False, True]).head()

Out [27]
```

Category			Culture		Services	
Subcategory			Restaurants	Museums	Police	Schools
State	City	Street				
AK	Stevenshire	238 Andrew Rue	D-	A	A-	A
	Scottstad	082 Leblanc ...	D	C-	D	B+
		114 Jones Ga...	D-	D-	D	D
	Rowlandchester	386 Rebecca ...	C-	A-	A+	C
AL	Vegaside	191 Mindy Me...	B+	A-	A+	D+

Pandas 允许自行对 MultiIndex 级别进行排序。假设要按第二个 MultiIndex 级别——City 中的值对行记录进行排序，可以将级别的索引位置或其名称传递给 sort_index 方法的 level 参数，Pandas 在排序时会忽略剩余的级别：

```
In  [28] # The two lines below are equivalent
         neighborhoods.sort_index(level = 1)
         neighborhoods.sort_index(level = "City")

Out [28]
```

Category			Culture		Services	
Subcategory			Restaurants	Museums	Police	Schools
State	City	Street				
AR	Allisonland	124 Diaz Brooks	C-	A+	F	C+
GA	Amyburgh	941 Brian Ex...	B	B	D-	C+
IA	Amyburgh	163 Heather ...	F	D	A+	A
ID	Andrewshire	952 Ellis Drive	C+	A-	C+	A
UT	Baileyfort	919 Stewart ...	D+	C+	A	C
...	...	...	...	...	...	...
NC	West Scott	348 Jack Branch	A-	D-	A-	A
SD	West Scott	139 Hardy Vista	C+	A-	D+	B
IN	Wilsonborough	066 Carr Road	A+	C-	B	F
NC	Wilsonshire	871 Christop...	B+	B	D+	F
NV	Wilsonshire	542 Jessica ...	A	A+	C-	C+

251 rows × 4 columns

level 参数还接受级别列表。下一个示例首先对 City 级别的值进行排序，然后对 Street 级别的值排序，但 State 级别的值根本不影响排序结果：

```
In  [29] # The two lines below are equivalent
         neighborhoods.sort_index(level = [1, 2]).head()
         neighborhoods.sort_index(level = ["City", "Street"]).head()
```

Out [29]

Category			Culture		Services	
Subcategory			Restaurants	Museums	Police	Schools
State	City	Street				
AR	Allisonland	124 Diaz Brooks	C-	A+	F	C+
IA	Amyburgh	163 Heather ...	F	D	A+	A
GA	Amyburgh	941 Brian Ex...	B	B	D-	C+
ID	Andrewshire	952 Ellis Drive	C+	A-	C+	A
VT	Baileyfort	831 Norma Cove	B	D+	A+	D+

Pandas 允许同时使用 ascending 和 level 参数。请注意，在前面的示例中，Pandas 按字母顺序(升序)对 Amyburgh 市的两个 Street 值("163 Heather Neck"和"941 Brian Expressway")进行了排序。下一个示例按升序对 City 级别和按降序对 Street 级别进行排序，从而交换 Amyburgh 市的两个 Street 值的位置：

```
In  [30] neighborhoods.sort_index(
             level = ["City", "Street"], ascending = [True, False]
         ).head()
```

Out [30]

Category			Culture		Services	
Subcategory			Restaurants	Museums	Police	Schools
State	City	Street				
AR	Allisonland	124 Diaz Brooks	C-	A+	F	C+
GA	Amyburgh	941 Brian Ex...	B	B	D-	C+
IA	Amyburgh	163 Heather ...	F	D	A+	A
ID	Andrewshire	952 Ellis Drive	C+	A-	C+	A
UT	Baileyfort	919 Stewart ...	D+	C+	A	C

向 sort_index 方法提供一个 axis 参数也可以用来对列的 MultiIndex 进行排序。参数的默认值为 0，表示行索引。如果要对列进行排序，我们可以传递数字 1 或字符串"columns"。在下一个示例中，Pandas 首先对 Category 级别进行排序，然后对 Subcategory 级别进行排序。Culture 的值先于 Services。在 Culture 中，Restaurants 在 Museums 之前。在 Services 中，Police 在 Schools 之前：

```
In  [31] # The two lines below are equivalent
         neighborhoods.sort_index(axis = 1).head(3)
         neighborhoods.sort_index(axis = "columns").head(3)
```

Out [31]

Category			Culture		Services	
Subcategory			Museums	Restaurants	Police	Schools
State	City	Street				
MO	Fisherborough	244 Tracy View	F	C+	D-	A+
SD	Port Curtisv...	446 Cynthia ...	B	C-	B	D+
WV	Jimenezview	432 John Common	A+	A	F	B

将 level 和 ascending 参数与 axis 参数结合起来可以进一步自定义列的排序顺序。下一个示例按降序对 Subcategory 级别的值进行排序，Pandas 会忽略 Category 级别中的值。Subcategory("Schools", "Restaurants", "Police"和 "Museums")的反向字母顺序迫使 Category 级别的列标题在视觉上分裂。因

此，会多次输出 Services 和 Culture 列标题：

```
In  [32] neighborhoods.sort_index(
             axis = 1, level = "Subcategory", ascending = False
         ).head(3)

Out [32]
```

Category			Services	Culture	Services	Culture
Subcategory			Schools	Restaurants	Police	Museums
State City		Street				
MO	Fisherborough	244 Tracy View	A+	C+	D-	F
SD	Port Curtisv...	446 Cynthia ...	D+	C-	B	B
WV	Jimenezview	432 John Common	B	A	F	A+

7.4 节将介绍如何使用熟悉的访问器属性(例如 loc 和 iloc)从 MultiIndex DataFrame 中提取行和列。如前所述，在查找任何行记录之前，对索引进行排序将加快查找的速度。例如，按升序对 MultiIndex 级别进行排序，并覆盖 neighborhoods DataFrame：

```
In  [33] neighborhoods = neighborhoods.sort_index(ascending = True)
```

结果如下：

```
In  [34] neighborhoods.head(3)

Out [34]
```

Category			Culture	Services		
Subcategory			Restaurants	Museums	Police	Schools
State City		Street				
AK	Rowlandchester	386 Rebecca ...	C-	A-	A+	C
	Scottstad	082 Leblanc ...	D	C-	D	B+
		114 Jones Ga...	D-	D-	D	D

观察上面的结果可以发现，已经对 MultiIndex 中的每个级别进行了排序。

7.4　通过 MultiIndex 提取列或行

当涉及多个级别时，提取 DataFrame 行和列会变得很棘手。在编写任何代码之前要考虑的关键问题是想要提取什么内容。

第 4 章介绍了从 DataFrame 中选择列的方括号语法。以下代码可以创建一个包含两行两列的 DataFrame：

```
In  [35] data = [
             [1, 2],
             [3, 4]
         ]

         df = pd.DataFrame(
           data = data, index = ["A", "B"], columns = ["X", "Y"]
         )
```

```
          df
Out [35]

    X   Y
A   1   2
B   3   4
```

通过方括号语法从 DataFrame 中提取一列作为 Series：

```
In  [36] df["X"]

Out [36] A   1
         B   3
         Name: X, dtype: int64
```

DataFrame 的 4 列里面的每一列都需要两个标识符的组合：Category 和 Subcategory。思考一下，如果只使用一个标识符会发生什么？

7.4.1　提取一列或多列

如果在方括号中传递单个值，Pandas 将在列级别的 MultiIndex 的最外层查找它。例如搜索 "Services"，这是 Category 级别中的有效值：

```
In  [37] neighborhoods["Services"]

Out [37]
```

Subcategory			Police	Schools
State	City	Street		
AK	Rowlandchester	386 Rebecca Cove	A+	C
	Scottstad	082 Leblanc Freeway	D	B+
		114 Jones Garden	D	D
	Stevenshire	238 Andrew Rue	A-	A
AL	Clarkland	430 Douglas Mission	C+	B+
...	... ...	...	...	...
WY	Lake Nicole	754 Weaver Turnpike	B	D
		933 Jennifer Burg	A-	C
	Martintown	013 Bell Mills	A-	B
	Port Jason	624 Faulkner Orchard	C+	C+
	Reneeshire	717 Patel Square	D	A

```
251 rows × 2 columns
```

请注意，新的 DataFrame 没有 Category 级别，它有一个带有两个值的普通索引："Police" 和 "Schools"，不再需要 MultiIndex。这个 DataFrame 中有两列属于 Services 值的子类别。Category 级别不再有任何值得列出的变化。

如果给出的值不存在于最外层的列的 MultiIndex 中，Pandas 将引发一个 KeyError 异常：

```
In  [38] neighborhoods["Schools"]

-----------------------------------------------------------------------
KeyError                            Traceback (most recent call last)
```

```
KeyError: 'Schools'
```

如果想要一个特定的 Category 中的一个子类别呢？要在列的 MultiIndex 中指定跨多个级别的值，可以使用元组来传递它们。例如，将 Category 级别的值设置为 "Services"，将 Subcategory 级别的值设置为 "Schools"：

```
In  [39] neighborhoods[("Services", "Schools")]

Out [39] State     City              Street
         AK        Rowlandchester    386 Rebecca Cove       C
                   Scottstad         082 Leblanc Freeway   B+
                                     114 Jones Garden       D
                   Stevenshire       238 Andrew Rue        AA-
         AL        Clarkland         430 Douglas Mission   B+
                                                            ..
         WY        Lake Nicole       754 Weaver Turnpike    D
                                     933 Jennifer Burg      C
                   Martintown        013 Bell Mills        B-
                   Port Jason        624 Faulkner Orchard  C+
                   Reneeshire        717 Patel Square       A
         Name: (Services, Schools), Length: 251, dtype: object
```

该方法返回一个没有列索引的 Series。同样，为 MultiIndex 级别提供值时，该级别将没有继续存在的必要。此处明确告诉 Pandas 在 Category 和 Subcategory 级别中要定位哪些值，因此 Pandas 从列索引中删除了这两个级别。因为("Services","Schools")组合产生了单列数据，所以 Pandas 返回了一个 Series 对象。

要提取多个 DataFrame 列，需要在方括号中使用元组的列表。每个元组设定一个要获取的列。列表中元组的顺序设置了结果 DataFrame 中列的顺序。例如，从 neighborhoods 中提取两列：

```
In  [40] neighborhoods[[("Services", "Schools"), ("Culture", "Museums")]]
```

```
Out [40]
Category                                           Services   Culture
Subcategory                                         Schools   Museums
State     City              Street
AK        Rowlandchester    386 Rebecca Cove            C        A-
          Scottstad         082 Leblanc Freeway        B+        C-
                            114 Jones Garden            D         D
          Stevenshire       238 Andrew Rue             A-         A
AL        Clarkland         430 Douglas Mission        B+         F
...       ...               ...                        ...       ...
WY        Lake Nicole       754 Weaver Turnpike         D        D-
                            933 Jennifer Burg           C        A+
          Martintown        013 Bell Mills             B-         D
          Port Jason        624 Faulkner Orchard       C+         F
          Reneeshire        717 Patel Square            A        B+

251 rows × 2 columns
```

当涉及多个括号和方括号时，语法往往会变得混乱并容易出错。可以通过将列表分配给一个变量，并将其元组通过多行显示来简化代码以提高代码的可读性：

```
In  [41] columns = [
```

```
        ("Services", "Schools"),
        ("Culture", "Museums")
    ]

    neighborhoods[columns]

Out [41]
```

Category			Services	Culture
Subcategory			Schools	Museums
State	City	Street		
AK	Rowlandchester	386 Rebecca Cove	C	A
	Scottstad	082 Leblanc Freeway	B+	C-
		114 Jones Garden	D	D
	Stevenshire	238 Andrew Rue	A-	A
AL	Clarkland	430 Douglas Mission	B+	F
...	...	...	...	...	...
WY	Lake Nicole	754 Weaver Turnpike	D	D-
		933 Jennifer Burg	C	A+
	Martintown	013 Bell Mills	B-	D
	Port Jason	624 Faulkner Orchard	C+	F
	Reneeshire	717 Patel Square	A	B+

251 rows × 2 columns

前两个示例实现了相同的结果，但是上面这段代码可读性更高，它的语法清楚地标识了每个元组的开始和结束位置。

7.4.2　使用 loc 提取一行或多行

第 4 章介绍了用于从 DataFrame 中选择行和列的 loc 和 iloc 访问器。loc 访问器按索引标签提取数据，而 iloc 访问器按索引位置提取数据。下面的示例使用 7.4.1 节中声明的 df DataFrame：

```
In  [42] df

Out [42]
```

	X	Y
A	1	2
B	3	4

下一个示例使用 loc 选择索引标签为 "A" 的行：

```
In  [43] df.loc["A"]

Out [43] X  1
         Y  2
         Name: A, dtype: int64
```

下一个示例使用 iloc 选择索引位置 1 处的行：

```
In  [44] df.iloc[1]

Out [44] X  3
```

```
       Y  4
       Name: B, dtype: int64
```

可以使用 loc 和 iloc 访问器从带有 MultiIndex 的 DataFrame 中提取行，下面分步骤实现这种行记录的提取。

在 neighborhoods DataFrame 中，MultiIndex 有三个级别：State、City 和 Address。如果知道每个级别的目标值，就可以将它们写在方括号内的元组中。为一个级别提供一个值时，不需要该级别存在于结果中。下一个示例为 State 级别提供 "TX" 值，为 City 级别提供 "Kingchester" 值，为 Address 级别提供 "534 Gordon Falls" 值。Pandas 返回一个 Series 对象，其索引为 neighborhoods 中的列标题：

```
In  [45] neighborhoods.loc[("TX", "Kingchester", "534 Gordon Falls")]

Out [45] Category     Subcategory
         Culture      Restaurants         C
                      Museums             D+
         Services     Police              B
                      Schools             B
         Name: (TX, Kingchester, 534 Gordon Falls), dtype: object
```

如果在方括号中传递一个标签，Pandas 会在最外层的 MultiIndex 级别中查找它。下一个示例中，将 State 的值设定为 "CA"，State 是行的 MultiIndex 的第一级：

```
In  [46] neighborhoods.loc["CA"]

Out [46]
```

Category		Culture		Services	
Subcategory		**Restaurants**	**Museums**	**Police**	**Schools**
City	**Street**				
Dustinmouth	793 Cynthia ...	A-	A+	C-	A
North Jennifer	303 Alisha Road	D-	C+	C+	A+
Ryanfort	934 David Run	F	B+	F	D

Pandas 返回一个带有两级 MultiIndex 的 DataFrame。请注意，State 级别将不在结果中显示，因为给出的条件指定只显示特定 State 的记录，结果中所有三行记录都属于该级别。

通常，方括号的第二个参数表示要提取的列，也可以提供要在下一个 MultiIndex 级别中查找的值。下一个示例针对 State 值为 "CA" 且 City 值为 "Dustinmouth" 的行记录。同样，Pandas 返回一个少一个级别的 DataFrame。因为只剩下一层，Pandas 使用一个普通的 Index 对象来存储 Street 级别的行标签：

```
In  [47] neighborhoods.loc["CA", "Dustinmouth"]

Out [47]
```

Category	Culture		Services	
Subcategory	**Restaurants**	**Museums**	**Police**	**Schools**
Street				
793 Cynthia Square	A-	A+	C-	A

我们仍然可以使用 loc 的第二个参数来声明要提取的列。下一个示例将行的 MultiIndex 条件设定为 State 值为 "CA",并将列的 MultiIndex 条件设定为 Category 值等于 "Culture",然后根据这些条件提取记录:

```
In  [48] neighborhoods.loc["CA", "Culture"]

Out [48]
```

Subcategory		Restaurants	Museums
City	Street		
Dustinmouth	793 Cynthia Square	A-	A+
North Jennifer	303 Alisha Road	D-	C+
Ryanfort	934 David Run	F	B+

前两个示例中的语法并不理想,因为有歧义。loc 的第二个参数可以表示来自行的 MultiIndex 的第二级的值,也可以表示来自列的 MultiIndex 的第一级的值。

Pandas 文档[1]建议采用以下索引策略,从而避免不确定性:将第一个参数设置为 loc 用于行索引标签,将第二个参数用于列索引标签,将给定索引的所有参数包装在一个元组中。按照这个标准,应该将行级别的值放在一个元组中,将列级别的值放在另一个元组中。访问 State 值为 "CA" 且 City 值为 "Dustinmouth" 的行的推荐方法如下所示:

```
In  [49] neighborhoods.loc[("CA", "Dustinmouth")]

Out [49]
```

Category	Culture		Services	
Subcategory	Restaurants	Museums	Police	Schools
Street				
793 Cynthia Square	A-	A+	C-	A

这种语法更直接、更好理解,它允许 loc 的第二个参数始终表示要定位的列的索引标签。下一个示例要在一个元组中传递 "Services",需要注意的是,单元素元组需要一个逗号才能让 Python 将其识别为元组:

```
In  [50] neighborhoods.loc[("CA", "Dustinmouth"), ("Services",)]

Out [50]
```

Subcategory	Police	Schools
Street		
793 Cynthia Square	C-	A

另外,Pandas 会区分访问器的列表参数和元组参数,使用列表来存储多个键,使用元组来存储一个具有多个级别的组合键。

可以将元组作为第二个参数传递给 loc,从而提供列的 MultiIndex 中的级别值。下一个示例要提取的数据需要满足如下条件:

● 在行级别的 MultiIndex 设定 "CA" 和 "Dustinmouth"。

---

1 请参阅 "Advanced indexing with hierarchical index",http://mng.bz/5WJO。

- 在列级别的 MultiIndex 设定 "Services" 和 "Schools"。

在单个元组中放置 "Services" 和 "Schools" 将告诉 Pandas 将它们视为构成单个标签的组件。"Services" 是 Category 级别的值，"Schools" 是 Subcategory 级别的值：

```
In  [51] neighborhoods.loc[("CA", "Dustinmouth"), ("Services", "Schools")]

Out [51] Street
         793 Cynthia Square      A
         Name: (Services, Schools), dtype: object
```

选择连续行如何实现？可以使用 Python 的列表切片语法，在起点和终点之间放置一个冒号。下一个代码示例将获取 State 值介于 "NE" 和 "NH" 之间的所有连续行，在 Pandas 切片中，端点(冒号后面的值)包含在结果当中：

```
In  [52] neighborhoods["NE":"NH"]

Out [52]
```

Category			Culture	Services		
Subcategory			Restaurants	Museums	Police	Schools
State	City	Street				
NE	Barryborough	460 Anna Tunnel	A+	A+	B	A
	Shawnchester	802 Cook Cliff	D-	D+	D	A
	South Kennet...	346 Wallace ...	C-	B-	A	A-
	South Nathan	821 Jake Fork	C+	D	D+	A
NH	Courtneyfort	697 Spencer ...	A+	A+	C+	A+
	East Deborah...	271 Ryan Mount	B	C	D+	B-
	Ingramton	430 Calvin U...	C+	D+	C	C-
	CNorth Latoya	603 Clark Mount	D-	A-	B+	B
	South Tara	559 Michael ...	C-	C-	F	B

列表切片语法与元组参数可以结合起来。下一个示例提取满足如下条件的所有行：

- 在 State 级别，值从 "NE" 开始。在 City 级别，值从 "Shawnchester" 开始。
- 在 State 级别，值获取到 "NH"。在 City 级别，值获取到 "North Latoya"。

```
In  [53] neighborhoods.loc[("NE", "Shawnchester"):("NH", "North Latoya")]

Out [53]
```

Category			Culture	Services		
Subcategory			Restaurants	Museums	Police	Schools
State	City	Street				
NE	Shawnchester	802 Cook Cliff	D-	D+	D	A
	South Kennet...	346 Wallace ...	C-	B-	A	A
	South Nathan	821 Jake Fork	C+	D	D+	A
NH	Courtneyfort	697 Spencer ...	A+	A+	C+	A+
	East Deborah...	271 Ryan Mount	B	C	D+	B
	Ingramton	430 Calvin U...	C+	D+	C	C
	North Latoya	603 Clark Mount	D-	A-	B+	B

使用这种语法时需要小心，缺失的括号或逗号都会引发异常。可以通过将元组分配给具有描述性的变量，并将其分成更小的部分来简化代码。下一个示例返回相同的结果集，但更易于阅读：

```
In  [54] start = ("NE", "Shawnchester")
         end = ("NH", "North Latoya")
         neighborhoods.loc[start:end]
```

Out [54]

Category			Culture		Services	
Subcategory			Restaurants	Museums	Police	Schools
State	City	Street				
NE	Shawnchester	802 Cook Cliff	D-	D+	D	A
	South Kennet...	346 Wallace ...	C-	B-	A	A
	South Nathan	821 Jake Fork	C+	D	D+	A
	NH Courtneyfort	697 Spencer ...	A+	A+	C+	A+
	East Deborah...	271 Ryan Mount	B	C	D+	B
	Ingramton	430 Calvin U...	C+	D+	C	C
	North Latoya	603 Clark Mount	D-	A-	B+	B

在 Pandas 中，不必为每个级别提供所有的元组值。下一个示例中，第二个元组中不包含 City 级别的值：

```
In  [55] neighborhoods.loc[("NE", "Shawnchester"):("NH")]
```

Out [55]

Category			Culture		Services	
Subcategory			Restaurants	Museums	Police	Schools
State	City	Street				
NE	Shawnchester	802 Cook Cliff	D-	D+	D	A
	South Kennet...	346 Wallace ...	C-	B-	A	A
	South Nathan	821 Jake Fork	C+	D	D+	A
NH	Courtneyfort	697 Spencer ...	A+	A+	C+	A+
	East Deborah...	271 Ryan Mount	B	C	D+	B
	Ingramton	430 Calvin U...	C+	D+	C	C
	North Latoya	603 Clark Mount	D-	A-	B+	B
	South Tara	559 Michael ...	C-	C-	F	B

Pandas 从("NE","Shawnchester")开始提取行，一直提取到 State 的值为"NH"为止。

7.4.3 使用 iloc 提取一行或多行

iloc 访问器根据索引位置提取行和列。下面的例子将复习第 4 章学习的内容，将索引位置传递给 iloc 来提取单行记录：

```
In  [56] neighborhoods.iloc[25]
```

```
Out [56] Category       Subcategory
         Culture        Restaurants    A+
                        Museums         A
         Services       Police         A+
                        Schools        C+
         Name: (CT, East Jessicaland, 208 Todd Knolls), dtype: object
```

在 Pandas 中，可以向 iloc 传递两个参数，分别表示行索引和列索引。下一个示例将提取行索引位置为 25 且列索引位置为 2 的记录：

```
In  [57] neighborhoods.iloc[25, 2]

Out [57] 'A+'
```

通过将它们的索引位置包装在一个列表中来提取多个行：

```
In  [58] neighborhoods.iloc[[25, 30]]

Out [58]
```

| Category | | | Culture | Services | | |
| Subcategory | | | Restaurants | Museums | Police | Schools |
State	City	Street				
CT	East Jessica...	208 Todd Knolls	A+	A	A+	C+
DC	East Lisaview	910 Sandy Ramp	A-	A+	B	B

在切片方面，loc 和 iloc 有很大的不同。使用 iloc 进行索引切片时，端点是不包含的。在前面的示例中，街道为 "910 Sandy Ramp" 的记录的索引位置为 30。下一个示例提供 30 作为 iloc 端点，Pandas 会向上提取到该索引但不包含它：

```
In  [59] neighborhoods.iloc[25:30]

Out [59]
```

| Category | | | Culture | Services | | |
| Subcategory | | | Restaurants | Museums | Police | Schools |
State	City	Street				
CT	East Jessica...	208 Todd Knolls	A+	A	A+	C+
	New Adrianhaven	048 Brian Cove	A-	C+	A+	D
	Port Mike	410 Keith Lodge	D-	A	B+	D
	Sethstad	139 Bailey G...	C	C-	C+	A+
DC	East Jessica	149 Norman C...	A-	C-	C+	A

列切片遵循相同的原则。在下一个示例中，将列从索引位置 1 开始提取直到索引位置 3(不包括)：

```
In  [60] neighborhoods.iloc[25:30, 1:3]

Out [60]
```

| Category | | | Culture | Services |
| Subcategory | | | Museums | Police |
State	City	Street		
CT	East Jessica...	208 Todd Knolls	A	A+
	New Adrianhaven	048 Brian Cove	C+	A+
	Port Mike	410 Keith Lodge	A	B+
	Sethstad	139 Bailey G...	C-	C+
DC	East Jessica	149 Norman C...	C-	C+

Pandas 还允许使用负数进行切片。下一个示例从倒数第四行开始提取行，从倒数第二列开始提取列：

```
In  [61] neighborhoods.iloc[-4:, -2:]
```

```
Out [61]
```

Category			Services	
Subcategory			Police	Schools
State	City	Street		
WY	Lake Nicole	933 Jennifer...	A-	C
	Martintown	013 Bell Mills	A-	B
	Port Jason	624 Faulkner...	C+	C+
	Reneeshire	717 Patel Sq...	D	A

　　Pandas 为每个 DataFrame 行分配一个索引位置,而不是为每个给定索引级别设置一个值。因此,无法使用 iloc 跨连续的 MultiIndex 级别进行数据访问。此限制是 Pandas 开发团队有意设计的,正如开发人员 Jeff Reback 所说, iloc 是 "完全不考虑 DataFrame 结构的严格位置索引器" [2]。

7.5　交叉选择

　　xs 方法允许通过为一个 MultiIndex 级别提供值来提取行记录,向该方法传递一个带有要查找的值的 key 参数,将 level 参数传递给数字位置或要在其中查找值的索引级别的名称。例如,假设想要查找城市 Lake Nicole 中的所有地址,而不管 State 或 Street 是怎样的数据。City 是 MultiIndex 中的第二个级别,它在级别层次结构中的索引位置为 1:

```
In  [62] # The two lines below are equivalent
         neighborhoods.xs(key = "Lake Nicole", level = 1)
         neighborhoods.xs(key = "Lake Nicole", level = "City")

Out [62]
```

Category		Culture		Services		
Subcategory		Restaurants		Museums	Police	Schools
State	Street					
OR	650 Angela Track	D		C-	D	F
WY	754 Weaver Turnpike	B		D-	B	D
	933 Jennifer Burg	C		A+	A-	C

　　Lake Nicole 对应两个州中的 3 个地址。请注意,Pandas 从新 DataFrame 的 MultiIndex 中删除了 City 级别。因为 City 值是固定的("LakeNicole"),因此 Pandas 不再需要包含它。

　　可以将 axis 参数设定为 "columns",从而对列进行同样的数据提取。下一个示例在列的 MultiIndex 的 Subcategory 级别中选择 key 为 "Museums" 的列,只有一列符合该描述:

```
In  [63] neighborhoods.xs(
             axis = "columns", key = "Museums", level = "Subcategory"
         ).head()

Out [63]
```

---

2 请参阅 Jeff Reback, "Inconsistent behavior of loc and iloc for MultiIndex", https://github.com/pandas-dev/pandas/issues/15228。

```
Category                                        Culture
State   City               Street
AK      Rowlandchester     386 Rebecca Cove      A-
        Scottstad          082 Leblanc Freeway   C-
                           114 Jones Garden      D-
        Stevenshire        238 Andrew Rue        A
AL      Clarkland          430 Douglas Mission   F
```

请注意，返回的 DataFrame 中不存在 Subcategory 级别，但 Category 级别仍然存在。Pandas 包含它是因为 Category 级别仍有可能发生变化(例如多个值)。从中间层提取值时，它们可以属于多个不同的顶级标签。

还可以为 xs 方法提供跨非连续 MultiIndex 级别的 key，通过一个元组来进行传递。假设想要 Street 值为"238 Andrew Rue"和 State 值为"AK"的行记录，但并不关心 City 的值。xs 方法可以轻松解决这个问题：

```
In  [64] # The two lines below are equivalent
         neighborhoods.xs(
             key = ("AK", "238 Andrew Rue"), level = ["State", "Street"]
         )

         neighborhoods.xs(
             key = ("AK", "238 Andrew Rue"), level = [0, 2]
         )

Out [64]
```

```
Category                    Culture            Services
Subcategory       Restaurants Museums      Police Schools
City
Stevenshire               D-        A           A-      A
```

仅在一个级别中定位值是 MultiIndex 的一项强大功能。

7.6　索引操作

本章的开头通过更改 read_csv 函数的参数，将 neighborhoods 数据集转换为当前的形状，Pandas 还允许操作现有 DataFrame 上的索引。让我们来看看具体是如何实现的。

7.6.1　重置索引

在 neighborhoods DataFrame 中，目前将 State 作为其最外层的 MultiIndex 级别，然后是 City 和 Street：

```
In  [65] neighborhoods.head()

Out [65]
```

```
Category                                 Culture            Services
Subcategory                          Restaurants   Museums   Police   Schools
```

State	City	Street				
AK	Rowlandchester	386 Rebecca Cove	C-	A-	A+	C
	Scottstad	082 Leblanc Fr...	D	C-	D	B+
		114 Jones Garden	D-	D-	D	D
	Stevenshire	238 Andrew Rue	D-	A	A-	A
AL	Clarkland	430 Douglas Mi...	A	F	C+	B+

reorder_levels 方法以指定的顺序排列 MultiIndex 级别，应将按所需顺序排序的级别列表传递给它的 order 参数。下一个示例交换了 City 和 State 级别的位置：

```
In  [66] new_order = ["City", "State", "Street"]
         neighborhoods.reorder_levels(order = new_order).head()

Out [66]
```

Category			Culture		Services	
Subcategory			Restaurants	Museums	Police	Schools
City	State	Street				
Rowlandchester	AK	386 Rebecca ...	C-	A-	A+	C
Scottstad	AK	082 Leblanc ...	D	C-	D	B+
		114 Jones Ga...	D-	D-	D	D
Stevenshire	AK	238 Andrew Rue	D-	A	A-	A
Clarkland	AL	430 Douglas ...	A	F	C+	B+

还可以向 order 参数传递一个整数列表，数字必须代表 MultiIndex 级别的当前索引位置。例如，如果希望 State 成为新 MultiIndex 中的第一个级别，必须在列表中以 1 开头——State 级别在当前 MultiIndex 中的索引位置。下一个代码示例返回与前一个代码示例相同的结果：

```
In  [67] neighborhoods.reorder_levels(order = [1, 0, 2]).head()

Out [67]
```

Category			Culture		Services	
Subcategory			Restaurants	Museums	Police	Schools
City	State	Street				
Rowlandchester	AK	386 Rebecca ...	C-	A-	A+	C
Scottstad	AK	082 Leblanc ...	D	C-	D	B+
		114 Jones Ga...	D-	D-	D	D
Stevenshire	AK	238 Andrew Rue	D-	A	A-	A
Clarkland	AL	430 Douglas ...	A	F	C+	B+

如果想摆脱索引，使用不同的列组合作为索引标签怎么办？reset_index 方法返回一个新的 DataFrame，它将以前的 MultiIndex 级别转换为列。Pandas 用它的标准数字替换了之前的 MultiIndex：

```
In  [68] neighborhoods.reset_index().tail()

Out [68]
```

Category	State	City	Street	Culture		Services	
Subcategory				Restaurants	Museums	Police	Schools
246	WY	Lake...	754 ...	B	D-	B	D
247	WY	Lake...	933 ...	C	A+	A-	C
248	WY	Mart...	013 ...	C-	D	A-	B
249	WY	Port...	624 ...	A-	F	C+	C+

| 250 | | WY | Rene... | 717 ... | B | B+ | D | A |

请注意，3 个新列(State、City 和 Street)成为 Category 中的值，Category 是列的 MultiIndex 的最外层。为了确保列之间的一致性，Pandas 为这 3 个新列分配一个空字符串作为 Subcategory 值。

可以将这 3 列添加到备用 MultiIndex 级别，将所需级别的索引位置或名称传递给 reset_index 方法的 col_level 参数。下一个示例将 State、City 和 Street 列集成到列的 MultiIndex 的 Subcategory 级别：

```
In  [69] # The two lines below are equivalent
         neighborhoods.reset_index(col_level = 1).tail()
         neighborhoods.reset_index(col_level = "Subcategory").tail()

Out [69]
```

| Category | | | | | Culture | | Services | |
Subcategory	State	City	Street	Restaurants		Museums	Police	Schools
246	WY	Lake...	754 ...		B	D-	B	D
247	WY	Lake...	933 ...		C	A+	A-	C
248	WY	Mart...	013 ...		C-	D	A-	B-
249	WY	Port...	624 ...		A-	F	C+	C+
250	WY	Rene...	717 ...		B	B+	D	A

现在，Pandas 将 Category 默认设置为空字符串，Category 是包含 State、City 和 Street 所属的 Subcategory 级别的父级别，可以通过将参数传递给 col_fill 参数来用选择的值替换空字符串。在下一个示例中，将 3 个新列分组到 Address 父级别下，现在外部 Category 级别包含 3 个不同的值 Address、Culture 和 Services：

```
In  [70] neighborhoods.reset_index(
             col_fill = "Address", col_level = "Subcategory"
         ).tail()

Out [70]
```

| Category | Address | | | | Culture | | Services | |
Subcategory	State	City	Street	Restaurants		Museums	Police	Schools
246	WY	Lake...	754 ...		B	D-	B	D
247	WY	Lake...	933 ...		C	A+	A-	C
248	WY	Mart...	013 ...		C-	D	A-	B-
249	WY	Port...	624 ...		A-	F	C+	C+
250	WY	Rene...	717 ...		B	B+	D	A

reset_index 的标准调用将所有索引级别转换为常规列。在 Pandes 中，还可以通过将索引级别的名称传递给 level 参数来移动单个索引级别。下一个示例将 Street 级别从 MultiIndex 移动到一个常规的 DataFrame 列：

```
In  [71] neighborhoods.reset_index(level = "Street").tail()

Out [71]
```

Category		Street	Culture	Services		
Subcategory			Restaurants	Museums	Police	Schools
State	City					

WY	Lake Nicole	754 Weaver Tur...	B	D-	B	D
	Lake Nicole	933 Jennifer Burg	C	A+	A-	C
	Martintown	013 Bell Mills	C-	D	A-	B-
	Port Jason	624 Faulkner O...	A-	F	C+	C+
	Reneeshire	717 Patel Square	B	B+	D	A

可以通过列表来传递多个索引级别，从而移动它们：

```
In  [72] neighborhoods.reset_index(level = ["Street", "City"]).tail()

Out [72]
```

Category	City	Street	Culture		Services	
Subcategory			Restaurants	Museums	Police	Schools
State						
WY	Lake Nicole	754 Weav...	B	D-	B	D
WY	Lake Nicole	933 Jenn...	C	A+	A-	C
WY	Martintown	013 Bell...	C-	D	A-	B
WY	Port Jason	624 Faul...	A-	F	C+	C+
WY	Reneeshire	717 Pate...	B	B+	D	A

如何从 MultiIndex 中删除一个级别？如果将 reset_index 方法的 drop 参数设置为 True，Pandas 将删除指定的级别，而不是将其添加到列中。下一个示例中，reset_index 删除了 Street 级别：

```
In  [73] neighborhoods.reset_index(level = "Street", drop = True).tail()

Out [73]
```

Category		Culture		Services		
Subcategory		Restaurants		Museums	Police	Schools
State	City					
WY	Lake Nicole	B		D-	B	D
	Lake Nicole	C		A+	A-	C
	Martintown	C-		D	A-	B
	Port Jason	A-		F	C+	C+
	Reneeshire	B		B+	D	A

为 7.6.2 节做准备，此处用新的 DataFrame 覆盖 neighborhoods 变量，从而使索引永久重置。该操作将所有 3 个索引级别移动到 DataFrame 中，成为新的列：

```
In  [74] neighborhoods = neighborhoods.reset_index()
```

现在，neighborhoods 中有 7 列，而仅在列轴上有 MultiIndex。

7.6.2　设置索引

重新查看 DataFrame 了解它的数据结构：

```
In  [75] neighborhoods.head(3)

Out [75]
```

Category	State	City	Street	Culture		Services	
Subcategory				Restaurants	Museums	Police	Schools

```
0                AK   Rowl...   386 ...        C-        A-        A+        C
1                AK   Scot...   082 ...        D         C-        D         B+
2                AK   Scot...   114 ...        D-        D-        D         D
```

set_index 方法将一个或多个 DataFrame 列设置为新的索引，可以将要使用的列传递给它的 keys 参数：

```
In  [76] neighborhoods.set_index(keys = "City").head()

Out [76]
```

Category			Street	Culture	Services		
Subcategory	State			Restaurants	Museums	Police	Schools
City							
Rowlandchester	AK		386 Rebecca...	C-	A-	A+	C
Scottstad	AK		082 Leblanc...	D	C-	D	B+
Scottstad	AK		114 Jones G...	D-	D-	D	D
Stevenshire	AK		238 Andrew Rue	D-	A	A-	A
Clarkland	AL		430 Douglas...	A	F	C+	B+

如果想将最后四列中的一列作为索引呢？下一个例子将一个元组传递给 keys 参数，该元组的值对应 MultiIndex 上的指定级别，比如 Culture 下的 Museums：

```
In  [77] neighborhoods.set_index(keys = ("Culture", "Museums")).head()

Out [77]
```

Category				Street	Culture	Services	
Subcategory	State	City			Restaurants	Police	Schools
(Cultur...							
A-		AK	Rowlan...	386 Re...	C-	A+	C
C-		AK	Scottstad	082 Le...	D	D	B+
D-		AK	Scottstad	114 Jo...	D-	D	D
A		AK	Steven...	238 An...	D-	A-	A
F		AL	Clarkland	430 Do...	A	C+	B+

为了在行轴上创建一个 MultiIndex，可以将一个包含多列的列表传递给 keys 参数：

```
In  [78] neighborhoods.set_index(keys = ["State", "City"]).head()

Out [78]
```

Category			Street	Culture	Services		
Subcategory				Restaurants	Museums	Police	Schools
State	City						
AK	Rowlandchester		386 Rebecca...	C-	A-	A+	C
	Scottstad		082 Leblanc...	D	C-	D	B+
	Scottstad		114 Jones G...	D-	D-	D	D
	Stevenshire		238 Andrew Rue	D-	A	A-	A
AL	Clarkland		430 Douglas...	A	F	C+	B+

　　正如在 Pandas 中经常看到的，有许多排列和组合来形成一个用于分析的数据集。定义 DataFrame 的索引时，哪个值与当前问题最相关？关键信息是什么？几条数据在本质上是联系在一起的吗？哪些数据点希望存储为行而不是列？行或列是否包含组或类别？对于其中的许多问题，MultiIndex 可

以为存储数据提供有效的解决方案。

7.7 代码挑战

通过代码挑战，可以练习本章中所学习的内容。

7.7.1 问题描述

investments.csv 数据集包含从 Crunchbase 网站收集的超过 27 000 条创业投资记录。每个初创公司都有一个名称、所属行业、运营状态、所属州，以及融资轮次：

```
In  [79] investments = pd.read_csv("investments.csv")
         investments.head()

Out [79]
```

	Name	Market	Status	State	Funding Rounds
0	#waywire	News	Acquired	NY	1
1	&TV Communications	Games	Operating	CA	2
2	-R- Ranch and Mine	Tourism	Operating	TX	2
3	004 Technologies	Software	Operating	IL	1
4	1-4 All	Software	Operating	NC	1

下面为这个 DataFrame 添加一个 MultiIndex，可以使用 nunique 方法识别每列中唯一值的数量。具有少量唯一项的列通常代表分类数据，并且是索引级别的较好候选项：

```
In  [80] investments.nunique()

Out [80] Name            27763
         Market            693
         Status              3
         State              61
         Funding Rounds     16
         dtype: int64
```

创建一个包含 Status、FundingRounds 和 State 列的三级 MultiIndex，将对列进行排序，以便将具有最少值的列放在前面。一个级别中的唯一值越少，Pandas 提取其行的速度就越快。下一个示例中，还将对 DataFrame 索引进行排序以加快查找速度：

```
In  [81] investments = investments.set_index(
             keys = ["Status", "Funding Rounds", "State"]
         ).sort_index()
```

该数据集如下所示：

```
In  [82] investments.head()

Out [82]
```

			Name	Market
Status	Funding Rounds	State		
Acquired	1	AB	Hallpass Media	Games
		AL	EnteGreat	Enterprise Soft...
		AL	Onward Behaviora...	Biotechnology
		AL	Proxsys	Biotechnology
		AZ	Envox Group	Public Relations

本节的挑战如下：

(1) 提取 Status 为 “Closed” 的所有行。

(2) 提取 Status 为 “Acquired” 和进行了 10 轮融资的所有行。

(3) 提取 Status 为 “Operating”，经过 6 轮融资，并且 State 为 “NJ” 的所有行。

(4) 提取 Status 为 “Closed” 并完成 8 轮融资的所有行，仅输出 Name 列的信息。

(5) 提取 State 为 “NJ” 的所有行，不管状态和融资轮次为何值。

(6) 将 MultiIndex 级别作为列，重新合并到 DataFrame 中。

7.7.2　解决方案

(1) 要提取状态为 “Closed” 的所有行，可以使用 loc 访问器。传递一个具有单个值 “Closed” 的元组，请记住，单元素元组需要使用逗号：

```
In  [83] investments.loc[("Closed",)].head()

Out [83]
```

		Name	Market
Funding Rounds	State		
1	AB	Cardinal Media Technologies	Social Network Media
	AB	Easy Bill Online	Tracking
	AB	Globel Direct	Public Relations
	AB	Ph03nix New Media	Games
	AL	Naubo	News

(2) 提取符合两个条件的行：Status 的值为 “Acquired” 并且 Funding Rounds 的值为 10。Status 和 Funding Rounds 是 MultiIndex 中的连续级别，可以将具有正确值的元组传递给 loc 访问器：

```
In  [84] investments.loc[("Acquired", 10)]

Out [84]
```

	Name	Market
State		
NY	Genesis Networks	Web Hosting
TX	ACTIVE Network	Software

(3) 可以使用与前两个问题相同的解决方案。此处提供一个包含 3 个值的元组，每个 MultiIndex 级别对应一个值：

```
In  [85] investments.loc[("Operating", 6, "NJ")]

Out [85]
```

			Name	Market
Status	**Funding Rounds**	**State**		
Operating 6		NJ	Agile Therapeutics	Biotechnology
		NJ	Agilence	Retail Technology
		NJ	Edge Therapeutics	Biotechnology
		NJ	Nistica	Web Hosting

(4) 要提取 DataFrame 列，可以设置 loc 访问器的第二个参数。此处将传递一个带有 Name 列的单元素元组，第一个参数仍然是包含 Status 和 Funding Rounds 级别的值：

```
In  [86] investments.loc[("Closed", 8), ("Name",)]
```

```
Out [86]
```

	Name
State	
CA	CipherMax
CA	Dilithium Networks
CA	Moblyng
CA	SolFocus
CA	Solyndra
FL	Extreme Enterprises
GA	MedShape
NC	Biolex Therapeutics
WA	Cozi Group

(5) 在 State 级别提取值为 "NJ" 的行可以使用 xs 方法，将级别的索引位置或级别的名称传递给 level 参数：

```
In  [87] # The two lines below are equivalent
         investments.xs(key = "NJ", level = 2).head()
         investments.xs(key = "NJ", level = "State").head()
```

```
Out [87]
```

		Name	Market
Status	**Funding Rounds**		
Acquired	1	AkaRx	Biotechnology
	1	Aptalis Pharma	Biotechnology
	1	Cadent	Software
	1	Cancer Genetics	Health And Wellness
	1	Clacendix	E-Commerce

(6) 将 MultiIndex 级别作为列重新合并到 DataFrame 中可以调用 reset_index 方法来重新合并索引级别，并覆盖 investments DataFrame，从而使更改永久化：

```
In  [88] investments = investments.reset_index()
         investments.head()
```

```
Out [88]
```

	Status	Funding Rounds	State	Name	Market
0	Acquired	1	AB	Hallpass Media	Games
1	Acquired	1	AL	EnteGreat	Enterprise Software
2	Acquired	1	AL	Onward Behaviora...	Biotechnology

```
3 Acquired              1     AL          Proxsys           Biotechnology
4 Acquired              1     AZ       Envox Group        Public Relations
```

至此，已经完成本章的代码挑战。

7.8　本章小结

- MultiIndex 是由多个级别组成的索引。
- MultiIndex 使用值的元组来存储其标签。
- DataFrame 可以在其行轴和列轴上存储 MultiIndex。
- 可以通过 sort_index 方法对 MultiIndex 级别进行排序。Pandas 可以对单独索引级别或一组索引级别进行排序。
- 基于标签的 loc 和基于位置的 iloc 访问器需要额外的参数来提取行和列。
- 可以将元组传递给 loc 和 iloc 访问器以避免歧义。
- reset_index 方法可以将索引级别转换为 DataFrame 的列。
- 向 set_index 方法传递包含一列的列表，以从现有的 DataFrame 列构建 MultiIndex。

第 *8* 章

数据集的重塑和透视

本章主要内容
- 对宽数据和窄数据进行比较
- 由 DataFrame 生成数据透视表
- 使用 sum、average、count 等函数对值进行聚合
- 对 DataFrame 索引级别进行堆叠和取消堆叠
- 分解 DataFrame

数据集的格式有时可能不适合进行数据分析,例如特定的列、行或单元格可能会出现某些问题。数据集的列可能出现错误的数据类型,行可能存在缺失值,单元格可能存在不正确的字符大小写问题。也可能出现数据集超出某种数据结构可以承载的最大范围的情况,或者数据集以一种便于提取单行,但难以聚合数据的格式存储其值。

"重塑"一个数据集意味着将其处理成满足数据分析需求的结构。重塑为数据分析提供了一个新的视图或视角,这一技能至关重要。一项研究表明,80%的数据分析工作都需要清理数据,并将其转换成合适的结构[1]。

本章将探索如何使用 Pandas 将数据集重塑成我们想要的结构。首先,研究如何通过简洁的数据透视表来生成更大的数据集。然后,介绍如何拆分聚合的数据集。

8.1　宽数据和窄数据

首先简要地讨论一下数据集的结构。数据集可以采用宽格式或窄格式来存储其值。窄数据集也称为长数据集或高数据集。向数据集添加更多值时,宽数据集和窄数据集的名称反映了数据集扩展的方向。对于宽数据集,数据越多,数据集越宽;对于窄数据集,数据越多,数据集越长或者越高。

以下数据集包含两个城市在两天的温度数据:

1　参见 Hadley Wickham,"Tidy Data","Journal of Statistical Software",https:// vita.hadd.co .nz/papers/ Tidy - Data .pdf。

	Weekday	Miami	New York
0	Monday	100	65
1	Tuesday	105	70

通过观察，大家也许会认为这个数据集中的变量是日期和温度，其实还有一个隐藏的变量，这个变量就是位于列名称中的城市。Miami 和 New York 标题不描述它们所在列存储的数据，也就是说，100 不是 Miami 的一种类型，就像 Monday 不是 Weekday 的一种类型一样。数据集通过存储在列标题中的城市名称隐藏了变化的 Cities 变量。该数据集属于宽数据集。宽数据集在水平方向进行扩展。

假设要引入另外两个城市的温度数据，则必须增加两列来存储这两个城市的温度数据。注意数据集的扩展方向，数据集会变宽，而不是变高：

	Weekday	Miami	New York	Chicago	San Francisco
0	Monday	100	65	50	60
1	Tuesday	105	70	58	62

横向扩展是一种糟糕的方法吗？不一定。宽数据集非常适合查看总体情况——如果我们关心的是周一和周二的温度，那么宽数据集很容易阅读和理解。但宽数据集也有其缺点，随着添加的列越来越多，数据集变得越来越难以处理。假设编写了代码来计算所有日期的平均温度，温度存储在 4 列中。如果新添加一个城市列，必须改变计算逻辑从而将它包含在内。这种设计灵活性较差。

窄数据集在垂直方向上扩展。窄格式的数据集使操作现有数据和添加新记录变得更加容易。窄数据集中，每个变量都被分配到一列中，例如：

	Weekday	City	Temperature
0	Monday	Miami	100
1	Monday	New York	65
2	Tuesday	Miami	105
3	Tuesday	New York	70

如果要增加两个城市的温度，则将添加行而不是列，数据集会变得更高，而不是更宽：

	Weekday	City	Temperature
0	Monday	Miami	100
1	Monday	New York	65
2	Monday	Chicago	50
3	Monday	San Francisco	60
4	Tuesday	Miami	105
5	Tuesday	New York	70
6	Tuesday	Chicago	58
7	Tuesday	San Francisco	62

通过 Monday 更容易找到某个城市的温度吗？事实并不是这样，因为现在数据分散在 4 行中。但是计算平均温度更容易，因为已将温度值分配到单列中。即使添加更多的行，平均温度的计算逻辑仍保持不变。

为数据集使用的最优存储格式取决于我们试图从这个数据集了解什么信息。Pandas 提供了将 DataFrame 从窄格式转换为宽格式和从宽格式转换为窄格式的工具，本章的其余部分将介绍如何应用这两种转换。

8.2 由 DataFrame 创建数据透视表

数据集 sales_by_employee.csv 是一个虚拟公司的商业交易列表。每行包括销售日期、销售人员姓名、客户，以及交易的收入和花费数据：

```
In [1] import pandas as pd

In [2] pd.read_csv("sales_by_employee.csv").head()

Out [2]
```

	Date	Name	Customer	Revenue	Expenses
0	1/1/20	Oscar	Logistics XYZ	5250	531
1	1/1/20	Oscar	Money Corp.	4406	661
2	1/2/20	Oscar	PaperMaven	8661 1	401
3	1/3/20	Oscar	PaperGenius	7075	906
4	1/4/20	Oscar	Paper Pound	2524	1767

为了方便操作，使用 read_csv 函数的 parse_dates 参数将 Date 列中的字符串转换为 datetime 对象。转换后的数据集看起来满足要求，可以将 DataFrame 分配给 sales 变量：

```
In [3] sales = pd.read_csv(
            "sales_by_employee.csv", parse_dates = ["Date"]
        )

        sales.tail()

Out [3]
```

	Date	Name	Customer	Revenue	Expenses
21	2020-01-01	Creed	Money Corp.	4430	548
22	2020-01-02	Creed	Average Paper Co.	8026	1906
23	2020-01-02	Creed	Average Paper Co.	5188	1768
24	2020-01-04	Creed	PaperMaven	3144	1314
25	2020-01-05	Creed	Money Corp.	938	1053

加载数据集后，下面介绍如何使用数据透视表来聚合数据集内的数据。

8.2.1 pivot_table 方法

数据透视表对数据集内的列值进行聚合，并使用其他列的值对结果进行分组。"聚合"一词描述了涉及多个值的汇总计算。聚合操作包括平均值、总和、中位数计算和计数操作。Pandas 中的数据透视表与 Microsoft Excel 中的数据透视表功能类似。

下面通过例子来进行讲解。多个销售人员在同一天完成了交易，并且同一销售人员在同一天完成了多笔交易。如果想按日期汇总收入，并查看每个销售人员对每日总收入的贡献率怎么办？可以按照以下 4 个步骤创建数据透视表：

(1) 选择要做聚合操作的列。

(2) 选择要应用于该列的聚合操作。

(3) 选择用于数据集分组的列。

(4) 确定是否将"分组"放置在行轴、列轴或两个轴上。

首先在现有的 sales DataFrame 上调用 pivot_table 方法。该方法的 index 参数用于设定数据透视表的索引标签。Pandas 将使用该列中的唯一值对结果进行分组。

下一个示例使用 Date 列的值作为数据透视表的索引标签。Date 列包含 5 个唯一日期，Pandas 将按照日期对数据进行聚合。默认情况下，Pandas 将对 sales 中所有的数字列执行平均值的聚合操作，此处数字列为 Expenses 和 Revenue：

```
In  [4] sales.pivot_table(index = "Date")

Out [4]
```

Date	Expenses	Revenue
2020-01-01	637.500000	4293.500000
2020-01-02	1244.400000	7303.000000
2020-01-03	1313.666667	4865.833333
2020-01-04	1450.600000	3948.000000
2020-01-05	1196.250000	4834.750000

pivot_table 方法返回一个常规的 DataFrame 对象，与之前的 DataFrame 不同的是，这个 DataFrame 是一个数据透视表。该表显示了按 Date 列中的 5 个唯一日期计算的平均花销和平均收入。

使用 aggfunc 参数声明聚合函数，它的默认参数是"mean"。以下代码输出与前面代码相同的结果：

```
In  [5] sales.pivot_table(index = "Date", aggfunc = "mean")

Out [5]
```

Date	Expenses	Revenue
2020-01-01	637.500000	4293.500000
2020-01-02	1244.400000	7303.000000
2020-01-03	1313.666667	4865.833333
2020-01-04	1450.600000	3948.000000
2020-01-05	1196.250000	4834.750000

修改一些方法参数以达到最初的目标：计算按照销售人员分组的每个日期的收入总和。首先将 aggfunc 参数设置为"sum"来计算 Expenses 列和 Revenue 列中的值：

```
In  [6] sales.pivot_table(index = "Date", aggfunc = "sum")

Out [6]
```

Date	Expenses	Revenue
2020-01-01	3825	25761
2020-01-02	6222	36515
2020-01-03	7882	29195
2020-01-04	7253	19740

```
2020-01-05              4785              19339
```

目前，我们只关心对 Revenue 列中的值求和。values 参数接受 Pandas 将要聚合的 DataFrame 列的名称。如果仅聚合一列的值，可以向参数传递一个带有列名的字符串：

```
In  [7] sales.pivot_table(
            index = "Date", values = "Revenue", aggfunc = "sum"
        )

Out [7]
```

	Revenue
Date	
2020-01-01	25761
2020-01-02	36515
2020-01-03	29195
2020-01-04	19740
2020-01-05	19339

如果对多列进行聚合，可以将 values 设置为由列名称组成的列表。

此时已经获得了按日期分组的收入总和。最后一步是计算每个销售人员对每日总销售额的贡献，推荐的方法是将每个销售人员的姓名放在单独的列中，即使用 Name 列的唯一值作为数据透视表中的列标题。下面在方法调用中添加一个 columns 参数，并将 "Name" 传递给它：

```
In  [8] sales.pivot_table(
            index = "Date",
            columns = "Name",
            values = "Revenue",
            aggfunc = "sum"
        )

Out [8]
```

Name	Creed	Dwight	Jim	Michael	Oscar
Date					
2020-01-01	4430.0	2639.0	1864.0	7172.0	9656.0
2020-01-02	13214.0	NaN	8278.0	6362.0	8661.0
2020-01-03	NaN	11912.0	4226.0	5982.0	7075.0
2020-01-04	3144.0	NaN	6155.0	7917.0	2524.0
2020-01-05	938.0	7771.0	NaN	7837.0	2793.0

现在得到了想要的结果，即按行轴上的日期和列轴上的销售人员分组的总收入。注意，数据集中存在 NaN 值，表示销售人员在给定日期没有收入值的记录。例如，Dwight 在 2020-01-02 这一天没有销售记录，而这一天其他 4 位销售人员是有销售记录的。Pandas 用 NaN 填充缺失的单元格。NaN 值的存在也会强制将整数转换为浮点数。

使用 fill_value 参数可以将所有数据透视表中的 NaN 值替换为特定值。例如，用 0 填充数据中的缺失值：

```
In  [9] sales.pivot_table(
            index = "Date",
            columns = "Name",
            values = "Revenue",
```

```
        aggfunc = "sum",
        fill_value = 0
    )
```

Out [9]

```
Name            Creed       Dwight      Jim     Michael     Oscar
Date
2020-01-01      4430        2639        1864    7172        9656
2020-01-02      13214       0           8278    6362        8661
2020-01-03      0           11912       4226    5982        7075
2020-01-04      3144        0           6155    7917        2524
2020-01-05      938         7771        0       7837        2793
```

若要查看日期和销售人员的每个组合的收入小计，可以将 True 传递给 margins 参数，从而添加每一行和每一列的小计：

```
In  [10] sales.pivot_table(
            index = "Date",
            columns = "Name",
            values = "Revenue",
            aggfunc = "sum",
            fill_value = 0,
            margins = True
        )
```

Out [10]

```
Name                    Creed   Dwight  Jim     Michael     Oscar       All
Date
2020-01-01 00:00:00     4430    2639    1864    7172        9656        25761
2020-01-02 00:00:00     13214   0       8278    6362        8661        36515
2020-01-03 00:00:00     0       11912   4226    5982        7075        29195
2020-01-04 00:00:00     3144    0       6155    7917        2524        19740
2020-01-05 00:00:00     938     7771    0       7837        2793        19339
All                     21726   22322   20523   35270       30709       130550
```

请注意，在行标签中包含 “All” 会更改日期的表示格式，现在日期列包括小时、分钟和秒数据。该列的数据类型需要同时支持日期和字符串索引标签。字符串是唯一可以表示日期或文本值的数据类型，因此，Pandas 将索引从日期的 DatetimeIndex 转换为字符串型的普通索引。将 datetime 对象转换为字符串表示形式时，Pandas 将在这种格式中包含时间，并且将时间设置为零时零分零秒。

margins_name 参数可以用来自定义小计标签。例如，将标签由 “All” 更改为 “Total”：

```
In  [11] sales.pivot_table(
            index = "Date",
            columns = "Name",
            values = "Revenue",
            aggfunc = "sum",
            fill_value = 0,
            margins = True,
            margins_name = "Total"
        )
```

Out [11]

Name	Creed	Dwight	Jim	Michael	Oscar	Total
Date						
2020-01-01 00:00:00	4430	2639	1864	7172	9656	25761
2020-01-02 00:00:00	13214	0	8278	6362	8661	36515
2020-01-03 00:00:00	0	11912	4226	5982	7075	29195
2020-01-04 00:00:00	3144	0	6155	7917	2524	19740
2020-01-05 00:00:00	938	7771	0	7837	2793	19339
Total	21726	22322	20523	35270	30709	130550

显然，Excel 用户会对上面的结果非常熟悉。

8.2.2 数据透视表的其他选项

数据透视表支持各种聚合操作。假设需要了解每天完成的交易数量，可以将 aggfunc 参数设定为"count"，从而计算每个日期和员工组合的销售计数：

```
In  [12] sales.pivot_table(
            index = "Date",
            columns = "Name",
            values = "Revenue",
            aggfunc = "count"
        )

Out [12]
```

Name	Creed	Dwight	Jim	Michael	Oscar
Date					
2020-01-01	1.0	1.0	1.0	1.0	2.0
2020-01-02	2.0	NaN	1.0	1.0	1.0
2020-01-03	NaN	3.0	1.0	1.0	1.0
2020-01-04	1.0	NaN	2.0	1.0	1.0
2020-01-05	1.0	1.0	NaN	1.0	1.0

结果中又出现了 NaN 值，该值表示该销售人员在给定日期没有销售记录。例如，Creed 在 2020 年 1 月 3 日没有完成任何销售，而 Dwight 完成了 3 笔销售。表 8-1 列出了 aggfunc 参数的一些附加选项。

表 8-1 aggfunc 参数的附加选项

参数	描述
max	分组中的最大值
min	分组中的最小值
std	分组中，值的标准差
median	分组中，值的中值(中点)
size	分组中，值的个数(相当于 count)

还可以将聚合函数列表传递给 pivot_table 函数的 aggfunc 参数。数据透视表将在列轴上创建一

个 MultiIndex，并将聚合标签显示在其最外层。例如，按日期的 Revenue 总和以及日期的 Revenue 计数进行聚合：

```
In   [13] sales.pivot_table(
                index = "Date",
                columns = "Name",
                values = "Revenue",
                aggfunc = ["sum", "count"],
                fill_value = 0
          )
```

Out [13]

	sum					count				
Name	Creed	Dwight	Jim	Michael	Oscar	Creed	Dwight	Jim	Michael	Oscar
Date										
2020-01-01	4430	2639	1864	7172	9656	1	1	1	1	2
2020-01-02	13214	0	8278	6362	8661	2	0	1	1	1
2020-01-03	0	11912	4226	5982	7075	0	3	1	1	1
2020-01-04	3144	0	6155	7917	2524	1	0	2	1	1
2020-01-05	938	7771	0	7837	2793	1	1	0	1	1

通过字典设定 aggfunc 参数的值，可以实现对不同的列使用不同的聚合函数。使用字典的键来设定 DataFrame 列，使用字典的值来设置聚合函数。例如，输出日期和销售人员的每个组合的最小 Revenue 值和最大 Expenses 值：

```
In   [14] sales.pivot_table(
                index = "Date",
                columns = "Name",
                values = ["Revenue", "Expenses"],
                fill_value = 0,
                aggfunc = { "Revenue": "min", "Expenses": "max" }
          )
```

Out [14]

	Expenses					Revenue				
Name	Creed	Dwight	Jim	Michael	Oscar	Creed	Dwight	Jim	Michael	Oscar
Date										
20...	548	368	1305	412	531	4430	2639	1864	7172	5250
20...	1768	0	462	685	1401	8026	0	8278	6362	8661
20...	0	758	1923	1772	906	0	4951	4226	5982	7075
20...	1314	0	426	1857	1767	3144	0	3868	7917	2524
20...	1053	1475	0	1633	624	938	7771	0	7837	2793

还可以将列的列表传递给 index 参数，从而在单个轴上显示多个分组。例如，在行轴上按销售人员和日期计算 Expenses 的总和，Pandas 返回一个带有两级 MultiIndex 的 DataFrame：

```
In   [15] sales.pivot_table(
                index = ["Name", "Date"], values = "Revenue", aggfunc = "sum"
          ).head(10)
```

Out [15]

```
               Revenue
Name   Date
Creed  2020-01-01     4430
       2020-01-02    13214
       2020-01-04     3144
       2020-01-05      938
Dwight 2020-01-01     2639
       2020-01-03    11912
       2020-01-05     7771
Jim    2020-01-01     1864
       2020-01-02     8278
       2020-01-03     4226
```

切换索引列表中字符串的顺序，从而重新排列数据透视表的 MultiIndex 中的级别，例如交换 Name 和 Date 的位置：

```
In  [16] sales.pivot_table(
             index = ["Date", "Name"], values = "Revenue", aggfunc = "sum"
         ).head(10)

Out [16]
```

```
                  Revenue
Date       Name
2020-01-01 Creed     4430
           Dwight    2639
           Jim       1864
           Michael   7172
           Oscar     9656
2020-01-02 Creed    13214
           Jim       8278
           Michael   6362
           Oscar     8661
2020-01-03 Dwight   11912
```

数据透视表首先对 Date 值进行组织和排序，然后对每个 Date 中的 Name 值进行组织和排序。

8.3 对索引级别进行堆叠和取消堆叠

sales 数据集的原始状态如下：

```
In  [17] sales.head()

Out [17]
```

```
    Date       Name        Customer       Revenue Expenses
0 2020-01-01  Oscar    Logistics XYZ        5250      531
1 2020-01-01  Oscar    Money Corp.          4406      661
2 2020-01-02  Oscar    PaperMaven           8661     1401
3 2020-01-03  Oscar    PaperGenius          7075      906
4 2020-01-04  Oscar    Paper Pound          2524     1767
```

下面根据员工姓名和日期来调整 sales 数据集，并显示收入值。将日期放在列轴上，将销售人员的姓名放在行轴上：

```
In  [18] by_name_and_date = sales.pivot_table(
             index = "Name",
             columns = "Date",
             values = "Revenue",
             aggfunc = "sum"
         )

         by_name_and_date.head(2)

Out [18]
```

Date	2020-01-01	2020-01-02	2020-01-03	2020-01-04	2020-01-05
Name					
Creed	4430.0	13214.0	NaN	3144.0	938.0
Dwight	2639.0	NaN	11912.0	NaN	7771.0

有时，我们可能希望将索引级别从一个轴移到另一个轴，这种变化提供了不同的数据呈现方式，用户可以决定自己更喜欢哪种视图。

通过 stack 方法，可以将索引级别从列轴移到行轴。下一个示例将 Date 索引级别从列轴移到行轴。Pandas 创建一个 MultiIndex 来存储两个行级别：Name 和 Date。因为只剩下一列值，所以 Pandas 返回一个 Series：

```
In  [19] by_name_and_date.stack().head(7)

Out [19]

Name       Date
Creed      2020-01-01        4430.0
           2020-01-02       13214.0
           2020-01-04        3144.0
           2020-01-05         938.0
Dwight     2020-01-01        2639.0
           2020-01-03       11912.0
           2020-01-05        7771.0
dtype: float64
```

请注意，DataFrame 的 NaN 值不会显示在 Series 中。Pandas 在 by_name_and_date 数据透视表中使用 NaN 保留单元格，以保持行和列的结构完整性。这个 MultiIndex Series 将允许 Pandas 丢弃 NaN 值。

unstack 方法将索引级别从行轴移到列轴。例如以下数据透视表按客户和销售人员对收入 (revenue)进行分组，行轴有一个两级 MultiIndex，列轴有一个常规索引：

```
In  [20] sales_by_customer = sales.pivot_table(
             index = ["Customer", "Name"],
             values = "Revenue",
             aggfunc = "sum"
         )

         sales_by_customer.head()
```

Out [20]

Customer	Name	Revenue
Average Paper Co.	Creed	13214
	Jim 2287	
Best Paper Co.	Dwight	2703
	Michael	15754
Logistics XYZ	Dwight	9209

unstack 方法将行索引的最内层移到列索引：

In [21] sales_by_customer.unstack()

Out [21]

	Revenue				
Name	Creed	Dwight	Jim	Michael	Oscar
Customer					
Average Paper Co.	13214.0	NaN	2287.0	NaN	NaN
Best Paper Co.	NaN	2703.0	NaN	15754.0	NaN
Logistics XYZ	NaN	9209.0	NaN	7172.0	5250.0
Money Corp.	5368.0	NaN	8278.0	NaN	4406.0
Paper Pound	NaN	7771.0	4226.0	NaN	5317.0
PaperGenius	NaN	2639.0	1864.0	12344.0	7075.0
PaperMaven	3144.0	NaN	3868.0	NaN	8661.0

在新的 DataFrame 中，列轴有一个二级 MultiIndex，行轴有一个常规的一级索引。

8.4 融合数据集

数据透视表可以聚合数据集中的值。本节将介绍如何对聚合的数据集进行分解。

首先将 wide-versus-narrow 框架应用于 sales DataFrame，这是确定数据集是否为窄格式的一种有效策略：浏览一行值，并检查每个单元格的值是否是列标题所描述变量的单个测量值。下面示例显示了 sales 数据集内的一行数据：

In [22] sales.head(1)

Out [22]

	Date	Name	Customer	Revenue	Expenses
0	2020-01-01	Oscar	Logistics XYZ	5250	531

在前面的示例中，"2020-01-01"是 Date 列的值，"Oscar"是 Name 列的值，"Logistics XYZ"是 Customer 列的值，"5250"是 Revenue 列的值，"531"是 Expenses 列的值。sales DataFrame 是一个窄数据集的示例，每个行值代表给定变量的单个观察值，没有变量在多列中重复。

处理宽格式或窄格式的数据时，经常不得不在灵活性和可读性之间做出选择。以下示例将最后四列(Name、Customer、Revenue、Expenses)表示为单个 Category 列中的字段，但这并没有带来任何益处，因为这 4 个变量是互不相同且各自独立的。当数据以如下格式存储时，更难对数据进行聚合：

	Date	Category	Value
0	2020-01-01	Name	Oscar
1	2020-01-01	Customer	Logistics XYZ
2	2020-01-01	Revenue	5250
3	2020-01-01	Expenses	531

数据集 video_game_sales.csv 是超过 16 000 款视频游戏的区域销售列表, 每行包括游戏的名称, 以及在北美(NA)、欧洲(EU)、日本(JP)和其他(Other)地区销售的单位数量(单位为百万)：

```
In  [23] video_game_sales = pd.read_csv("video_game_sales.csv")
         video_game_sales.head()

Out [23]
```

	Name	NA	EU	JP	Other
0	Wii Sports	41.49	29.02	3.77	8.46
1	Super Mario Bros.	29.08	3.58	6.81	0.77
2	Mario Kart Wii	15.85	12.88	3.79	3.31
3	Wii Sports Resort	15.75	11.01	3.28	2.96
4	Pokemon Red/Poke...	11.27	8.89	10.22	1.00

同样, 下面遍历一个样本行, 并检查每个单元格是否包含正确的信息。video_game_sales 的第一行如下：

```
In  [24] video_game_sales.head(1)

Out [24]
```

	Name	NA	EU	JP	Other
0	Wii Sports	41.49	29.02	3.77	8.46

第一个单元格没有问题, "Wii Sports" 是 Name 列的一个示例。接下来的 4 个单元格有问题, 41.49 不是 NA 的类型或 NA 的度量。NA(北美)不是其值在整列中变化的变量。NA 列的真实变量数据是销售数字。NA 代表这些销售数字所在的地区——这是一个单独且不同的变量。

因此, video_game_sales 以宽格式存储其数据。4 列(NA、EU、JP 和 Other)存储相同的数据点：以百万为单位的销售量。如果添加更多的销售区域, 数据集将水平增长。如果可以将多个列标题分组到一个公共类别中, 表明数据集正在以宽格式存储其数据。

假设将值 "NA" "EU" "JP" 和 "Other" 移到新的 Region 列, 将前面的演示结果与以下演示结果进行比较：

	Name	Region	Sales
0	Wii Sports	NA	41.49
1	Wii Sports	EU	29.02
2	Wii Sports	JP	3.77
3	Wii Sports	Other	8.46

在某种程度上, 此处正在对 video_game_sales DataFrame 进行透视, 正在将数据的聚合汇总视图转换为每列存储一个可变信息片段的视图。

Pandas 使用 melt 方法来分解一个 DataFrame(数据分解是将一个宽数据集转换为一个窄数据集的过程)。该方法接受两个主要参数:

- id_vars 参数设置标识符列,宽数据集在该列聚合数据。Name 是 video_game_sales 中的标识符列。这个数据集汇总了每款电子游戏的销售额。
- value_vars 参数接受一(多)列,它的值将分解并存储在一个新列中。

下面从简单的例子开始,只分解 NA 列的值。在下一个示例中,Pandas 循环遍历每个 NA 列的值,并将其分配到新 DataFrame 的单独行中。Pandas 将以前的列名(NA)存储在一个新的 variable 列中:

```
In  [25] video_game_sales.melt(id_vars = "Name", value_vars = "NA").head()

Out [25]
```

	Name	variable	value
0	Wii Sports	NA	41.49
1	Super Mario Bros.	NA	29.08
2	Mario Kart Wii	NA	15.85
3	Wii Sports Resort	NA	15.75
4	Pokemon Red/Pokemon Blue	NA	11.27

接下来,分解 4 个区域销售列。例如,将 video_game_sales 的 4 个区域销售列的列表作为参数值,传递给 value_vars 参数:

```
In  [26] regional_sales_columns = ["NA", "EU", "JP", "Other"]
         video_game_sales.melt(
             id_vars = "Name", value_vars = regional_sales_columns
         )

Out [26]
```

	Name	variable	value
0	Wii Sports	NA	41.49
1	Super Mario Bros.	NA	29.08
2	Mario Kart Wii	NA	15.85
3	Wii Sports Resort	NA	15.75
4	Pokemon Red/Pokemon Blue	NA	11.27
...	...	...	...
66259	Woody Woodpecker in Crazy Castle 5	Other	0.00
66260	Men in Black II: Alien Escape	Other	0.00
66261	SCORE International Baja 1000: The Official Game	Other	0.00
66262	Know How 2	Other	0.00
66263	Spirits & Spells	Other	0.00

```
66264 rows × 3 columns
```

melt 方法返回一个包含 66264 行的 DataFrame。相比之下,原来的 video_game_sales 有 16566 行。新数据集长度是之前数据集的 4 倍,因为原 video_games_sales 数据集的每一行都变成 4 行新数据存储在新的 DataFrame 中。新的数据集存储如下信息:

- 16566 行数据是 NA(北美)区域的视频游戏销售数量数据。
- 16566 行数据是 EU(欧洲)区域的视频游戏销售数量数据。

- 16566 行数据是 JP(日本)区域的视频游戏销售数量数据。
- 16566 行数据是 Other(其他)区域的视频游戏销售数量数据。

variable 列包含来自 video_game_sales 的 4 个区域列名称。value 列包含来自这 4 个区域销售列的值。之前的输出结果显示视频游戏 "Woody Woodpecker in Crazy Castle 5" 在 video_game_sales 的 Other 列中的值为 0.00。

可以将参数传递给 var_name 和 value_name 来自定义分解的 DataFrame 的列名。例如，使用 Region 替换 variable 列的名称，使用 Sales 替换 value 列的名称：

```
In  [27] video_game_sales_by_region = video_game_sales.melt(
             id_vars = "Name",
             value_vars = regional_sales_columns,
             var_name = "Region",
             value_name = "Sales"
         )

         video_game_sales_by_region.head()
```

Out [27]

	Name	Region	Sales
0	Wii Sports	NA	41.49
1	Super Mario Bros.	NA	29.08
2	Mario Kart Wii	NA	15.85
3	Wii Sports Resort	NA	15.75
4	Pokemon Red/Pokemon Blue	NA	11.27

窄数据比宽数据更容易聚合。假设想要计算每个视频游戏在所有地区的销售额总和，通过分解后的数据集，可以使用 pivot_table 方法用几行代码完成这个任务：

```
In  [28] video_game_sales_by_region.pivot_table(
             index = "Name", values = "Sales", aggfunc = "sum"
         ).head()
```

Out [28]

	Sales
Name	
'98 Koshien	0.40
.hack//G.U. Vol.1//Rebirth	0.17
.hack//G.U. Vol.2//Reminisce	0.23
.hack//G.U. Vol.3//Redemption	0.17
.hack//Infection Part 1	1.26

数据集的狭窄形状简化了透视它的过程。

8.5　展开值列表

有时，数据集在同一个单元格中存储了多个值，可能需要对它进行分解，以便每一行存储一个值。比如 recipes.csv 是 3 个食谱的集合，每个食谱都有一个名称和一个成分列表，成分存储在一个由逗号分隔的字符串中：

```
In  [29] recipes = pd.read_csv("recipes.csv")
         recipes

Out [29]
```

	Recipe	Ingredients
0	Cashew Crusted Chicken	Apricot preserves, Dijon mustard, cu...
1	Tomato Basil Salmon	Salmon filets, basil, tomato, olive ...
2	Parmesan Cheese Chicken	Bread crumbs, Parmesan cheese, Itali...

第 6 章介绍了 str.split 方法，此方法使用分隔符将字符串拆分为一些子字符串，此处可以用逗号分隔每个成分字符串。在下一个示例中，Pandas 返回一个由列表组成的 Series，每个列表存储该行的对应成分：

```
In  [30] recipes["Ingredients"].str.split(",")

Out [30]

0    [Apricot preserves, Dijon mustard, curry pow...
1    [Salmon filets, basil, tomato, olive oil, ...
2    [Bread crumbs, Parmesan cheese, Italian seas...
Name: Ingredients, dtype: object
```

用新的 Ingredients(成分)列覆盖原来的 Ingredients(成分)列：

```
In  [31] recipes["Ingredients"] = recipes["Ingredients"].str.split(",")
         recipes

Out [31]
```

	Recipe	Ingredients
0	Cashew Crusted Chicken	[Apricot preserves, Dijon mustard, ...
1	Tomato Basil Salmon	[Salmon filets, basil, tomato, ol...
2	Parmesan Cheese Chicken	[Bread crumbs, Parmesan cheese, It...

如何将每个列表的值分布在多行中？explode 方法为 Series 中的每个列表元素创建一个单独的行。下面在 DataFrame 中调用该方法，并将带有列表的列作为参数传入其中：

```
In  [32] recipes.explode("Ingredients")

Out [32]
```

	Recipe	Ingredients
0	Cashew Crusted Chicken	Apricot preserves
0	Cashew Crusted Chicken	Dijon mustard
0	Cashew Crusted Chicken	curry powder
0	Cashew Crusted Chicken	chicken breasts
0	Cashew Crusted Chicken	cashews
1	Tomato Basil Salmon	Salmon filets
1	Tomato Basil Salmon	basil
1	Tomato Basil Salmon	tomato
1	Tomato Basil Salmon	olive oil
1	Tomato Basil Salmon	Parmesan cheese

```
2        Simply Parmesan Cheese              Bread crumbs
2        Simply Parmesan Cheese           Parmesan cheese
2        Simply Parmesan Cheese          Italian seasoning
2        Simply Parmesan Cheese                       egg
2        Simply Parmesan Cheese            chicken breasts
```

至此，每种成分已被分离到单独的行中。请注意，需要为 explode 方法提供带有列表的 Series，它才能正常工作。

8.6　代码挑战

通过代码挑战，可以练习本章中所学习的内容。

8.6.1　问题描述

本节中要用到两个数据集，其中 used_cars.csv 数据集是分类网站 Craigslist 上待售二手车的列表，每行包括汽车的制造商、生产年份、燃料类型、变速器类型和价格的相关信息：

```
In  [33] cars = pd.read_csv("used_cars.csv")
         cars.head()

Out [33]
```

	Manufacturer	Year	Fuel	Transmission	Price
0	Acura	2012	Gas	Automatic	10299
1	Jaguar	2011	Gas	Automatic	9500
2	Honda	2004	Gas	Automatic	3995
3	Chevrolet	2016	Gas	Automatic	41988
4	Kia	2015	Gas	Automatic	12995

minimum_wage.csv 数据集是美国最低工资的集合。该数据集有一个州列和多个代表具体年份的列：

```
In  [34] min_wage = pd.read_csv("minimum_wage.csv")
         min_wage.head()

Out [34]
```

	State	2010	2011	2012	2013	2014	2015	2016	2017
0	Alabama	0.00	0.00	0.00	0.00	0.00	0.00	0.00	0.00
1	Alaska	8.90	8.63	8.45	8.33	8.20	9.24	10.17	10.01
2	Arizona	8.33	8.18	8.34	8.38	8.36	8.50	8.40	10.22
3	Arkansas	7.18	6.96	6.82	6.72	6.61	7.92	8.35	8.68
4	California	9.19	8.91	8.72	8.60	9.52	9.51	10.43	10.22

本节需要解决的问题如下：

(1) 对汽车的价格进行汇总，在行轴上按燃料类型对结果进行分组。

(2) 汇总汽车的数量。在索引轴上按制造商对结果进行分组，在列轴上按变速器类型对结果进行分组，显示行和列的小计。

(3) 计算汽车价格的平均值。在索引轴上按年份和燃料类型对结果进行分组，在列轴上按变速器类型对结果进行分组。

(4) 对于问题(3)得到的 DataFrame，将变速器类型从列轴移到行轴。

(5) 将 min_wage 从宽格式转换为窄格式。换句话说，将原来 2010 年到 2017 年的 8 列转换成一列。

8.6.2 解决方案

(1) 调用 pivot_table 方法是将 Price 列中的值相加，并按燃料类型对结果进行分组的最优解决方案，可以使用该方法的 index 参数来设置数据透视表的索引标签。下面将参数设定为 "Fuel"，通过 aggfunc 参数将聚合操作设定为 "sum"：

```
In  [35] cars.pivot_table(
              values = "Price", index = "Fuel", aggfunc = "sum"
         )

Out [35]
```

	Price
Fuel	
Diesel	986177143
Electric	18502957
Gas	86203853926
Hybrid	44926064
Other	242096286

(2) 可以使用 pivot_table 方法按制造商和变速器类型对汽车的数量进行计数，使用 columns 参数将 Transmission(变速器)列的值设置为数据透视表的列标签。请注意，应向 margins 参数传递 True 值，从而显示行和列的小计：

```
In  [36] cars.pivot_table(
              values = "Price",
              index = "Manufacturer",
              columns = "Transmission",
              aggfunc = "count",
              margins = True
         ).tail()

Out [36]
```

Transmission	Automatic	Manual	Other	All
Manufacturer				
Tesla	179.0	NaN	59.0	238
Toyota	31480.0	1367.0	2134.0	34981
Volkswagen	7985.0	1286.0	236.0	9507
Volvo	2665.0	155.0	50.0	2870
All	398428.0	21005.0	21738.0	441171

(3) 要在数据透视表的行轴上按年份和燃料类型显示汽车平均价格，可以将字符串列表传递给 pivot_table 函数的 index 参数：

```
In  [37] cars.pivot_table(
            values = "Price",
            index = ["Year", "Fuel"],
            columns = ["Transmission"],
            aggfunc = "mean"
         )

Out [37]
```

Transmission		Automatic	Manual	Other
Year	Fuel			
2000	Diesel	11326.176962	14010.164021	11075.000000
	Electric	1500.000000	NaN	NaN
	Gas	4314.675996	6226.140327	3203.538462
	Hybrid	2600.000000	2400.000000	NaN
	Other	16014.918919	11361.952381	12984.642857
...	...	...	...	...
2020	Diesel	63272.595930	1.000000	1234.000000
	Electric	8015.166667	2200.000000	20247.500000
	Gas	34925.857933	36007.270833	20971.045455
	Hybrid	35753.200000	NaN	1234.000000
	Other	22210.306452	NaN	2725.925926

```
102 rows × 3 columns
```

下面将该数据透视表分配给问题(4)的 report 变量:

```
In  [38] report = cars.pivot_table(
            values = "Price",
            index = ["Year", "Fuel"],
            columns = ["Transmission"],
            aggfunc = "mean"
         )
```

(4) 可以使用 stack 方法将变速箱类型从列索引移到行索引，该方法返回一个 MultiIndex Series。该 Series 分为三个级别：年份、燃料类型和新添加的变速箱类型:

```
In  [39] report.stack()

Out [39]

Year  Fuel       Transmission
2000  Diesel     Automatic    11326.176962
                 Manual       14010.164021
                 Other        11075.000000
      Electric   Automatic     1500.000000
      Gas        Automatic     4314.675996
                                      ...
2020  Gas        Other        20971.045455
      Hybrid     Automatic    35753.200000
                 Other         1234.000000
      Other      Automatic    22210.306452
                 Other         2725.925926
Length: 274, dtype: float64
```

(5) 本题要将 min_wage 数据集由宽格式转换为窄格式。该数据集中有 8 列存储的是同一个变量：工资，可使用 melt 方法将其由宽格式转换为窄格式。将 State 列声明为标识符列，将 8 个年份列声明为 variable 列：

```
In  [40] year_columns = [
            "2010", "2011", "2012", "2013",
            "2014", "2015", "2016", "2017"
         ]

         min_wage.melt(id_vars = "State", value_vars = year_columns)

Out [40]
```

	State	variable	value
0	Alabama	2010	0.00
1	Alaska	2010	8.90
2	Arizona	2010	8.33
3	Arkansas	2010	7.18
4	California	2010	9.19
...	...	...	...
435	Virginia	2017	7.41
436	Washington	2017	11.24
437	West Virginia	2017	8.94
438	Wisconsin	2017	7.41
439	Wyoming	2017	5.26

440 rows × 3 columns

这里有一个额外的提示：可以从 melt 方法调用中删除 value_vars 参数，并且仍然能够获得相同的 DataFrame。默认情况下，Pandas 会融合除传递给 id_vars 参数的列之外的所有列的数据：

```
In  [41] min_wage.melt(id_vars = "State")

Out [41]
```

	State	variable	value
0	Alabama	2010	0.00
1	Alaska	2010	8.90
2	Arizona	2010	8.33
3	Arkansas	2010	7.18
4	California	2010	9.19
...	...	...	...
435	Virginia	2017	7.41
436	Washington	2017	11.24
437	West Virginia	2017	8.94
438	Wisconsin	2017	7.41
439	Wyoming	2017	5.26

440 rows × 3 columns

还可以使用 var_name 和 value_name 参数自定义列名。例如，使用 Year 和 Wage 可以更好地解释每列代表的内容：

```
In  [42] min_wage.melt(
```

```
                id_vars = "State", var_name = "Year", value_name = "Wage"
            )
```

Out [42]

	State	Year	Wage
0	Alabama	2010	0.00
1	Alaska	2010	8.90
2	Arizona	2010	8.33
3	Arkansas	2010	7.18
4	California	2010	9.19
...	...	...	...
435	Virginia	2017	7.41
436	Washington	2017	11.24
437	West Virginia	2017	8.94
438	Wisconsin	2017	7.41
439	Wyoming	2017	5.26

440 rows × 3 columns

至此，已经完成了本章的代码挑战。

8.7　本章小结

- 可以通过调用 pivot_table 方法聚合 DataFrame 的数据。
- 数据透视表的聚合操作包括求和、计数和平均值。
- 数据透视表的行标签和列标签可以自定义。
- 一列或多列的值可以作为数据透视表的索引标签。
- stack 方法可以将索引级别从列索引移到行索引。
- unstack 方法可以将索引级别从行索引移到列索引。
- melt 方法通过将聚合表的数据分布在各个行中，将宽数据集转换为窄数据集。
- explode 方法为列表中的每个元素创建一个单独的行记录，这个方法需要一个由列表组成的 Series。

第 *9* 章

GroupBy 对象

本章主要内容
- 调用 groupby 方法对 DataFrame 进行分组
- 从 GroupBy 对象的组中提取第一行和最后一行
- 对 GroupBy 组进行聚合操作
- 在 GroupBy 对象中迭代 DataFrame

Pandas 的 GroupBy 对象是一个存储容器,用于将 DataFrame 的行分组到"桶"中。GroupBy 对象提供了一组方法来聚合和分析集合中的每个独立组,允许提取每个组中特定索引位置的行,还提供了一种方便的方法来遍历这些组。GroupBy 对象包含很多功能,具体介绍如下。

9.1 从头开始创建 GroupBy 对象

创建一个新的 Jupyter Notebook 并导入 Pandas 库:

```
In  [1] import pandas as pd
```

本节将从一个小例子开始,并在第 9.2 节深入探讨更多技术细节。首先创建一个存储超市水果和蔬菜价格的 DataFrame:

```
In  [2] food_data = {
            "Item": ["Banana", "Cucumber", "Orange", "Tomato", "Watermelon"],
            "Type": ["Fruit", "Vegetable", "Fruit", "Vegetable", "Fruit"],
            "Price": [0.99, 1.25, 0.25, 0.33, 3.00]
        }

        supermarket = pd.DataFrame(data = food_data)

        supermarket

Out [2]
```

```
      Item        Type   Price
0     Banana      Fruit   0.99
1   Cucumber  Vegetable   1.25
2     Orange      Fruit   0.25
3     Tomato  Vegetable   0.33
4 Watermelon      Fruit   3.00
```

Type 列标识 Item 所属的组。supermarket 数据集中的 item 分为两类：fruits 和 vegetables。此处，组、桶和簇等术语表示同一个概念。在这些描述中，多行数据属于同一类别。

GroupBy 对象根据列中的相同值将 DataFrame 的行分配到多个组中。假设需要了解水果的平均价格和蔬菜的平均价格，可以将水果行和蔬菜行分配到不同的组中，这样执行计算会更加容易。

首先在 supermarket DataFrame 中调用 groupby 方法，需要将分组的列名称传递给该方法。在下一个示例中，调用该方法生成 Type 列，该方法返回一个前文没有介绍过的对象：DataFrameGroupBy。DataFrameGroupBy 对象与 DataFrame 是不同的对象类型：

```
In  [3] groups = supermarket.groupby("Type")
        groups

Out [3] <pandas.core.groupby.generic.DataFrameGroupBy object at
        0x114f2db90>
```

Type 列有两个唯一值，因此 GroupBy 对象将有两个组。get_group 方法接受一个组名，并返回一个带有相应行的 DataFrame。提取 Fruit 组中所有的行记录：

```
In  [4] groups.get_group("Fruit")

Out [4]
```

```
      Item   Type   Price
0     Banana  Fruit   0.99
2     Orange  Fruit   0.25
4 Watermelon  Fruit   3.00
```

提取 Vegetable 组中所有的行记录：

```
In  [5] groups.get_group("Vegetable")

Out [5]
```

```
      Item       Type   Price
1   Cucumber  Vegetable   1.25
3     Tomato  Vegetable   0.33
```

GroupBy 对象擅长聚合操作。最初的目标是计算超市中水果和蔬菜的平均价格，可以对分组结果调用 mean 方法来计算每个组内 item 的平均价格。例如，通过以下几行代码成功地拆分、聚合并分析了一个数据集：

```
In  [6] groups.mean()

Out [6]
```

```
            Price
Type
Fruit      1.413333
Vegetable  0.790000
```

本节主要介绍了基础知识，下面继续研究更复杂的数据集。

9.2 从数据集中创建 GroupBy 对象

"财富 1000 强"榜单中的公司是美国收入最高的 1000 家公司，该榜单每年由商业杂志《财富》更新。fortune1000.csv 文件是 2018 年"财富 1000 强"公司的数据集合。该数据集中，每行包括公司名称、收入、利润、员工人数、领域、行业等信息：

```
In  [7] fortune = pd.read_csv("fortune1000.csv")
        fortune
```

```
Out [7]
```

	Company	Revenues	Profits	Employees	Sector	Industry
0	Walmart	500343.0	9862.0	2300000	Retailing	General M...
1	Exxon Mobil	244363.0	19710.0	71200	Energy	Petroleum...
2	Berkshire...	242137.0	44940.0	377000	Financials	Insurance...
3	Apple	229234.0	48351.0	123000	Technology	Computers...
4	UnitedHea...	201159.0	10558.0	260000	Health Care	Health Ca...
...	...	...	...	...	...	...
995	SiteOne L...	1862.0	54.6	3664	Wholesalers	Wholesale...
996	Charles R...	1858.0	123.4	11800	Health Care	Health Ca...
997	CoreLogic	1851.0	152.2	5900	Business ...	Financial...
998	Ensign Group	1849.0	40.5	21301	Health Care	Health Ca...
999	HCP	1848.0	414.2	190	Financials	Real estate

```
1000 rows × 6 columns
```

一个领域(sector)可以有许多公司。例如，"Apple"和"Amazon.com"都属于"Technology"领域。

一个领域中有多个行业(industry)。例如，"Pipelines"和"Petroleum Refining"行业属于"Energy"领域。

Sector 列包含 21 个不同的领域。假设想要找到每个领域中所有公司的平均收入，在学习 GroupBy 对象之前，一般采用其他方法来解决这个问题。第 5 章学习了如何创建一个布尔型 Series 来从 DataFrame 中提取行的子集。例如，提取所有 Sector 值为"Retailing"的公司：

```
In  [8] in_retailing = fortune["Sector"] == "Retailing"
        retail_companies = fortune[in_retailing]
        retail_companies.head()
```

```
Out [8]
```

	Company	Revenues	Profits	Employees	Sector	Industry
0	Walmart	500343.0	9862.0	2300000	Retailing	General Mercha...
7	Amazon.com	177866.0	3033.0	566000	Retailing	Internet Servi...
14	Costco	129025.0	2679.0	182000	Retailing	General Mercha...
22	Home Depot	100904.0	8630.0	413000	Retailing	Specialty Reta...
38	Target	71879.0	2934.0	345000	Retailing	General Mercha...

可以使用方括号从子集中获得 Revenue 列的信息:

```
In  [9] retail_companies["Revenues"].head()

Out [9] 0           500343.0
        7           177866.0
        14          129025.0
        22          100904.0
        38           71879.0
        Name: Revenues, dtype: float64
```

最后，调用 Revenue 列的 mean 方法来计算 Retailing 领域的平均收入:

```
In  [10] retail_companies["Revenues"].mean()

Out [10] 21874.714285714286
```

上述代码适用于计算某一个领域的平均收入。但是，需要编写大量额外的代码，以便将相同的逻辑应用到 fortune 中的其他 20 个领域。这样的代码可伸缩性较弱。Python 虽然可以自动完成一些重复的工作，但是 GroupBy 对象提供了更好的开箱即用的解决方案。Pandas 开发人员已经解决了这个问题。

```
In  [11] sectors = fortune.groupby("Sector")
```

输出 sectors 变量，查看正在处理的对象是什么类型:

```
In  [12] sectors

Out [12] <pandas.core.groupby.generic.DataFrameGroupBy object at
         0x1235b1d10>
```

一个 DataFrameGroupBy 对象由一个或者多个 DataFrame 组成。在后台，对于 Sector 列中的所有 21 个值，Pandas 重复了 Retailing 领域的提取过程。

将 GroupBy 对象传入 Python 的内置 len 函数可以用来计算 sectors 中的组数:

```
In  [13] len(sectors)

Out [13] 21
```

sectors 的 GroupBy 对象有 21 个 DataFrame，这个数字等于 Sector 列中唯一值的数目，可以通过调用 nunique 方法来验证这一点:

```
In  [14] fortune["Sector"].nunique()

Out [14] 21
```

21 个领域分别是什么，每个领域有多少家公司? GroupBy 对象的 size 方法返回一个 Series，其中包含按字母顺序排列的组及其行数。以下输出结果说明，25 家公司的 Sector 值为 "Aerospace & Defense"，14 家公司的 Sector 值为 "Apparel"，以此类推:

```
In  [15] sectors.size()

Out [15] Sector
         Aerospace & Defense              25
```

```
Apparel                          14
Business Services                53
Chemicals                        33
Energy                          107
Engineering & Construction       27
Financials                      155
Food & Drug Stores               12
Food, Beverages & Tobacco        37
Health Care                      71
Hotels, Restaurants & Leisure    26
Household Products               28
Industrials                      49
Materials                        45
Media                            25
Motor Vehicles & Parts           19
Retailing                        77
Technology                      103
Telecommunications               10
Transportation                   40
Wholesalers                      44
dtype: int64
```

现在我们已经大致了解了 fortune 数据集中的数据，下面进一步探索利用 GroupBy 对象可以完成的工作。

9.3　GroupBy 对象的属性和方法

对 GroupBy 对象进行可视化的一种方法是将 21 个领域映射到属于每个领域的一组字典。groups 属性存储与这些组到行关联的字典，它的键是 sectors 的名称，它的值是 Index 对象，存储来自 fortune DataFrame 的行索引位置。该字典共有 21 个键值对，此处将以下输出限制为前两对，从而节省空间：

```
In  [16] sectors.groups

Out [16]

'Aerospace & Defense': Int64Index([ 26,  50,  58,  98, 117, 118, 207, 224,
                                   275, 380, 404, 406, 414, 540, 660,
                                   661, 806, 829, 884, 930, 954, 955,
                                   959, 975, 988], dtype='int64'),
'Apparel': Int64Index([88, 241, 331, 420, 432, 526, 529, 554, 587, 678,
                       766, 774, 835, 861], dtype='int64'),
```

观察输出结果，可以发现索引位置为 26、50、58、98 等所在的行在 fortune 的 Sector 列中的值为 "Aerospace&Defense"。

第 4 章介绍了 loc 访问器，用于通过索引标签提取 DataFrame 的行和列，它的第一个参数是行索引标签，第二个参数是列索引标签。下面提取一个来自 fortune 数据集的样本，从而确认 Pandas 将其放入正确的 Sector 组中。此处尝试选择索引位置 26，它应该是 "Aerospace & Defense" 组中的第一个索引位置：

```
In  [17] fortune.loc[26, "Sector"]
```

```
Out [17] 'Aerospace & Defense'
```

如果想在每个领域中找到表现最好的公司(按收入计算)怎么办？GroupBy 对象的 first 方法可以提取数据集中每个 Sector 列的第一行。因为 fortune DataFrame 是按收入排序的，所以每个 Industry 列中显示的第一个公司将是该行业中表现最好的公司。通过 first 方法，将得到一个由 21 行数据组成的 DataFrame(每个领域显示一家公司)：

```
In  [18] sectors.first()
```

```
Out [18]
```

	Company	Revenues	Profits	Employees	Industry
Sector					
Aerospace &...	Boeing	93392.0	8197.0	140800	Aerospace ...
Apparel	Nike	34350.0	4240.0	74400	Apparel
Business Se...	ManpowerGroup	21034.0	545.4	29000	Temporary ...
Chemicals	DowDuPont	62683.0	1460.0	98000	Chemicals
Energy	Exxon Mobil	244363.0	19710.0	71200	Petroleum ...
...	...	...	...	...	...
Retailing	Walmart	500343.0	9862.0	2300000	General Me...
Technology	Apple	229234.0	48351.0	123000	Computers,...
Telecommuni...	AT&T	160546.0	29450.0	254000	Telecommun...
Transportation	UPS	65872.0	4910.0	346415	Mail, Pack...
Wholesalers	McKesson	198533.0	5070.0	64500	Wholesaler...

同样，last 方法从数据集中提取每个领域最后一家公司。Pandas 按照它们在 DataFrame 中出现的顺序将行数据提取出来。由于 fortune 数据集按收入降序对公司进行排序，因此以下结果显示了每个领域收入最低的公司：

```
In  [19] sectors.last()
```

```
Out [19]
```

	Company	Revenues	Profits	Employees	Industry
Sector					
Aerospace &...	Aerojet Ro...	1877.0	-9.2	5157	Aerospace ...
Apparel	Wolverine ...	2350.0	0.3	3700	Apparel
Business Se...	CoreLogic	1851.0	152.2	5900	Financial ...
Chemicals	Stepan	1925.0	91.6	2096	Chemicals
Energy	Superior E...	1874.0	-205.9	6400	Oil and Ga...
...	...	...	...	...	...
Retailing	Childrens ...	1870.0	84.7	9800	Specialty ...
Technology	VeriFone S...	1871.0	-173.8	5600	Financial ...
Telecommuni...	Zayo Group...	2200.0	85.7	3794	Telecommun...
Transportation	Echo Globa...	1943.0	12.6	2453	Transporta...
Wholesalers	SiteOne La...	1862.0	54.6	3664	Wholesaler...

GroupBy 对象将索引位置分配给每个 Sector 组中的行。"Aerospace & Defense"领域的第一行在其组内的索引位置为 0。同样，"Apparel"领域中的第一行在其组内的索引位置也为 0。索引位置在组之间是相互独立的。

nth 方法可以提取其组内的给定索引位置的行。如果调用 nth 方法时给出参数 0，会得到每个领域中的第一家公司。下一个示例与 first 方法返回相同的结果：

```
In  [20] sectors.nth(0)

Out [20]
```

Sector	Company	Revenues	Profits	Employees	Industry
Aerospace &...	Boeing	93392.0	8197.0	140800	Aerospace ...
Apparel	Nike	34350.0	4240.0	74400	Apparel
Business Se...	ManpowerGroup	21034.0	545.4	29000	Temporary ...
Chemicals	DowDuPont	62683.0	1460.0	98000	Chemicals
Energy	Exxon Mobil	244363.0	19710.0	71200	Petroleum ...
...	...	...	...	...	...
Retailing	Walmart	500343.0	9862.0	2300000	General Me...
Technology	Apple	229234.0	48351.0	123000	Computers,...
Telecommuni...	AT&T	160546.0	29450.0	254000	Telecommun...
Transportation	UPS	65872.0	4910.0	346415	Mail, Pack...
Wholesalers	McKesson	198533.0	5070.0	64500	Wholesaler...

下一个示例将参数 3 传递给 nth 方法，以从 fortune DataFrame 的每个领域中提取第四行，结果为在其行业中按收入排名第四的 21 家公司：

```
In  [21] sectors.nth(3)

Out [21]
```

Sector	Company	Revenues	Profits	Employees	Industry
Aerospace &...	General Dy...	30973.0	2912.0	98600	Aerospace ...
Apparel	Ralph Lauren	6653.0	-99.3	18250	Apparel
Business Se...	Aramark	14604.0	373.9	215000	Diversifie...
Chemicals	Monsanto	14640.0	2260.0	21900	Chemicals
Energy	Valero Energy	88407.0	4065.0	10015	Petroleum ...
...	...	...	...	...	...
Retailing	Home Depot	100904.0	8630.0	413000	Specialty ...
Technology	IBM	79139.0	5753.0	397800	Informatio...
Telecommuni...	Charter Co...	41581.0	9895.0	94800	Telecommun...
Transportation	Delta Air ...	41244.0	3577.0	86564	Airlines
Wholesalers	Sysco	55371.0	1142.5	66500	Wholesaler...

请注意，"Apparel"领域的 Company 列的值为"Ralph Lauren"，可以通过过滤 fortune 中的"Apparel"行来确认输出是否正确。通过观察发现，"Ralph Lauren"确实排在第四位：

```
In  [22] fortune[fortune["Sector"] == "Apparel"].head()

Out [22]
```

	Company	Revenues	Profits	Employees	Sector	Industry
88	Nike	34350.0	4240.0	74400	Apparel	Apparel
241	VF	12400.0	614.9	69000	Apparel	Apparel
331	PVH	8915.0	537.8	28050	Apparel	Apparel
420	Ralph Lauren	6653.0	-99.3	18250	Apparel	Apparel
432	Hanesbrands	6478.0	61.9	67200	Apparel	Apparel

head 方法从每个组中提取多行。在下一个示例中，head(2)提取 fortune 中每个领域的前两行，结果得到一个包含 42 行(21 个唯一领域，每个领域显示两行)数据的 DataFrame。不要将 GroupBy 对象的 head 方法与 DataFrame 对象的 head 方法混淆：

```
In [23] sectors.head(2)

Out [23]
```

	Company	Revenues	Profits	Employees	Sector	Industry
0	Walmart	500343.0	9862.0	2300000	Retailing	General M...
1	Exxon Mobil	244363.0	19710.0	71200	Energy	Petroleum...
2	Berkshire...	242137.0	44940.0	377000	Financials	Insurance...
3	Apple	229234.0	48351.0	123000	Technology	Computers...
4	UnitedHea...	201159.0	10558.0	260000	Health Care	Health Ca...
...	...	...	...	...	...	...
160	Visa	18358.0	6699.0	15000	Business ...	Financial...
162	Kimberly-...	18259.0	2278.0	42000	Household...	Household...
163	AECOM	18203.0	339.4	87000	Engineeri...	Engineeri...
189	Sherwin-W...	14984.0	1772.3	52695	Chemicals	Chemicals
241	VF	12400.0	614.9	69000	Apparel	Apparel

同样，tail 方法提取每个组的最后一行。例如，tail(3)提取每个领域的最后三行，结果得到一个包含 63 行(21 个领域，每个领域显示 3 行)数据的 DataFrame：

```
In [24] sectors.tail(3)

Out [24]
```

	Company	Revenues	Profits	Employees	Sector	Industry
473	Windstrea...	5853.0	-2116.6	12979	Telecommu...	Telecommu...
520	Telephone...	5044.0	153.0	9900	Telecommu...	Telecommu...
667	Weis Markets	3467.0	98.4	23000	Food & D...	Food and ...
759	Hain Cele...	2853.0	67.4	7825	Food, Bev...	Food Cons...
774	Fossil Group	2788.0	-478.2	12300	Apparel	Apparel
...	...	...	...	...	...	...
995	SiteOne L...	1862.0	54.6	3664	Wholesalers	Wholesale...
996	Charles R...	1858.0	123.4	11800	Health Care	Health Ca...
997	CoreLogic	1851.0	152.2	5900	Business ...	Financial...
998	Ensign Group	1849.0	40.5	21301	Health Care	Health Ca...
999	HCP	1848.0	414.2	190	Financials	Real estate

```
63 rows × 6 columns
```

可以使用 get_group 方法来提取给定组中的所有行，该方法返回一个包含行的 DataFrame。下一个示例显示了"Energy"领域的所有公司：

```
In [25] sectors.get_group("Energy").head()

Out [25]
```

	Company	Revenues	Profits	Employees	Sector	Industry
1	Exxon Mobil	244363.0	19710.0	71200	Energy	Petroleum R...
12	Chevron	134533.0	9195.0	51900	Energy	Petroleum R...
27	Phillips 66	91568.0	5106.0	14600	Energy	Petroleum R...

30	Valero Energy	88407.0	4065.0	10015	Energy	Petroleum R...
40	Marathon Pe...	67610.0	3432.0	43800	Energy	Petroleum R...

现在已经了解了 GroupBy 对象的机制，下面讨论如何对每个嵌套组中的值进行聚合。

9.4 聚合操作

调用 GroupBy 对象的方法可以将聚合操作应用于每个嵌套组。例如，sum 方法将每个组中的列值相加。默认情况下，Pandas 将原始 DataFrame 中的所有数字列作为目标。在下一个示例中，将调用 sum 方法计算每个领域的所有数字列(Revenues、Profits 和 Employees)的值。

```
In  [26] sectors.sum().head(10)

Out [26]
```

Sector	Revenues	Profits	Employees
Aerospace & Defense	383835.0	26733.5	1010124
Apparel	101157.3	6350.7	355699
Business Services	316090.0	37179.2	1593999
Chemicals	251151.0	20475.0	474020
Energy	1543507.2	85369.6	981207
Engineering & Construction	172782.0	7121.0	420745
Financials	2442480.0	264253.5	3500119
Food & Drug Stores	405468.0	8440.3	1398074
Food, Beverages & Tobacco	510232.0	54902.5	1079316
Health Care	1507991.4	92791.1	2971189

由以上输出结果可得，"Aerospace & Defense"中的公司收入总和为 383835 美元。可以使用 get_group 方法检索嵌套的"Aerospace&Defense"DataFrame，定位其 Revenues 列，并使用 sum 方法计算其总和：

```
In  [27] sectors.get_group("Aerospace & Defense").head()

Out [27]
```

	Company	Revenues	Profits	Employees	Sector	Industry
26	Boeing	93392.0	8197.0	140800	Aerospace...	Aerospace...
50	United Te...	59837.0	4552.0	204700	Aerospace...	Aerospace...
58	Lockheed ...	51048.0	2002.0	100000	Aerospace...	Aerospace...
98	General D...	30973.0	2912.0	98600	Aerospace...	Aerospace...
117	Northrop ...	25803.0	2015.0	70000	Aerospace...	Aerospace...

```
In  [28] sectors.get_group("Aerospace & Defense").loc[:,"Revenues"].head()

Out [28] 26      93392.0
         50      59837.0
         58      51048.0
         98      30973.0
         117     25803.0
         Name: Revenues, dtype: float64
```

```
In  [29] sectors.get_group("Aerospace & Defense").loc[:, "Revenues"].sum()

Out [29] 383835.0
```

通过观察发现值是相等的。调用 sum 方法，Pandas 将计算逻辑应用于 sectors 这个 GroupBy 对象中的每个嵌套 DataFrame。此处用最少的代码对列的所有组执行了聚合分析。

GroupBy 对象支持许多其他聚合方法。下一个示例调用 mean 方法来计算每个部门的 Revenues、Profits 和 Employees 列的平均值。同样，Pandas 在其计算中仅包含数字列：

```
In  [30] sectors.mean().head()

Out [30]
```

	Revenues	Profits	Employees
Sector			
Aerospace & Defense	15353.400000	1069.340000	40404.960000
Apparel	7225.521429	453.621429	25407.071429
Business Services	5963.962264	701.494340	30075.452830
Chemicals	7610.636364	620.454545	14364.242424
Energy	14425.300935	805.373585	9170.158879

在 GroupBy 对象后的方括号内传递其名称可以用来定位单列，Pandas 返回一个新的 SeriesGroupBy 对象：

```
In  [31] sectors["Revenues"]

Out [31] <pandas.core.groupby.generic.SeriesGroupBy object at 0x114778210>
```

在底层，DataFrameGroupBy 对象存储了 SeriesGroupBy 对象的集合。SeriesGroupBy 对象可以对来自 fortune 的各列执行聚合操作，Pandas 将按 Sector 列的值组织结果。例如，按 Sector 列的值计算收入总和：

```
In  [32] sectors["Revenues"].sum().head()

Out [32] Sector
         Aerospace & Defense    383835.0
         Apparel                101157.3
         Business Services      316090.0
         Chemicals              251151.0
         Energy                1543507.2
         Name: Revenues, dtype: float64
```

例如，计算 Sector 列中每个值的平均员工人数：

```
In  [33] sectors["Employees"].mean().head()

Out [33] Sector
         Aerospace & Defense    40404.960000
         Apparel                25407.071429
         Business Services      30075.452830
         Chemicals              14364.242424
         Energy                  9170.158879
         Name: Employees, dtype: float64
```

max 方法返回给定列中的最大值。在下一个示例中，提取每个领域的最高利润值，"Aerospace & Defense"领域表现最佳的公司利润为 8197 美元：

```
In  [34] sectors["Profits"].max().head()

Out [34] Sector
         Aerospace & Defense     8197.0
         Apparel                 4240.0
         Business Services       6699.0
         Chemicals               3000.4
         Energy                 19710.0
         Name: Profits, dtype: float64
```

同样，min 方法返回给定列中的最小值。下一个示例显示每个领域的最少员工人数，"Aerospace & Defense"领域中的公司的最少员工人数为 5157 人：

```
In  [35] sectors["Employees"].min().head()

Out [35] Sector
         Aerospace & Defense     5157
         Apparel                 3700
         Business Services       2338
         Chemicals               1931
         Energy                   593
         Name: Employees, dtype: int64
```

agg 方法可以将多个聚合操作应用于不同的列，并接受字典作为其参数。在每个键值对中，键表示一个 DataFrame 列，值指定要应用于该列的聚合方法。例如，提取每个领域的最低收入、最高利润和平均员工人数：

```
In  [36] aggregations = {
             "Revenues": "min",
             "Profits": "max",
             "Employees": "mean"
         }

         sectors.agg(aggregations).head()

Out [36]
```

Sector	Revenues	Profits	Employees
Aerospace & Defense	1877.0	8197.0	40404.960000
Apparel	2350.0	4240.0	25407.071429
Business Services	1851.0	6699.0	30075.452830
Chemicals	1925.0	3000.4	14364.242424
Energy	1874.0	19710.0	9170.158879

Pandas 返回一个 DataFrame，其中聚合字典的键作为列标题。Sector 列的值仍然是索引标签。

9.5 将自定义操作应用于所有组

Pandas 可以对 GroupBy 对象中的每个嵌套组应用自定义操作。在 9.4 节中，使用了 GroupBy 对象的 max 方法来找到每个领域中收入最高的公司，本节假设原有数据集是无序的。

DataFrame 的 nlargest 方法提取给定列中有最大值的行。例如，返回 Profits 列中有最大值的 5 行数据：

```
In [37] fortune.nlargest(n = 5, columns = "Profits")

Out [37]
```

	Company	Revenues	Profits	Employees	Sector	Industry
3	Apple	229234.0	48351.0	123000	Technology	Computers...
2	Berkshire...	242137.0	44940.0	377000	Financials	Insurance...
15	Verizon	126034.0	30101.0	155400	Telecommu...	Telecommu...
8	AT&T	160546.0	29450.0	254000	Telecommu...	Telecommu...
19	JPMorgan ...	113899.0	24441.0	252539	Financials	Commercia...

如果可以在 Sector 的每个嵌套 DataFrame 上调用 nlargest 方法，就会得到想要的结果，即每个行业收入最高的公司。

此处可以使用 GroupBy 对象的 apply 方法，该方法需要一个函数作为参数。apply 方法为 GroupBy 对象中的每个组调用一次给出的函数，然后从函数调用中收集所有返回值，并将这些返回值组成一个新的 DataFrame。

首先，定义一个 get_largest_row 函数，它只接受一个参数：DataFrame。该函数将返回 Revenue 列中有最大值的 DataFrame 行。函数是动态的，它可以在任何 DataFrame 上执行相同逻辑，只要这个 DataFrame 有一个 Revenue 列：

```
In [38] def get_largest_row(df):
            return df.nlargest(1, "Revenues")
```

接下来，可以调用 apply 方法，并传入 get_largest_row 函数。Pandas 为每个 Sector 列的值调用一次 get_largest_row，并返回一个 DataFrame，其中包含该领域中收入最高的公司：

```
In [39] sectors.apply(get_largest_row).head()

Out [39]
```

Sector		Company	Revenues	Profits	Employees	Industry
Aerospace ...	26	Boeing	93392.0	8197.0	140800	Aerospace...
Apparel	88	Nike	34350.0	4240.0	74400	Apparel
Business S...	142	ManpowerG...	21034.0	545.4	29000	Temporary...
Chemicals	46	DowDuPont	62683.0	1460.0	98000	Chemicals
Energy	1	Exxon Mobil	244363.0	19710.0	71200	Petroleum...

利用 apply 方法，可以轻松地对有分组的对象应用自定义函数。

9.6 按多列分组

在 Pandas 中，可以使用来自多个 DataFrame 列的值创建一个 GroupBy 对象，实现按照多列对 DataFrame 进行分组。下一个示例将向 groupby 方法传递一个列表，其中包含两个字符串。Pandas 首先按 Sector 列的值对行进行分组，然后再按 Industry 列的值进行分组。请记住，Industry 值是 Sector 值的一个子类别：

```
In  [40] sector_and_industry = fortune.groupby(by = ["Sector", "Industry"])
```

GroupBy 对象的 size 方法返回一个 MultiIndexSeries，其中包含每个内部组的行数。这个 GroupBy 对象的长度为 82，这意味着在数据集中有 82 个不同的 Sector 值和 Industry 值的组合：

```
In  [41] sector_and_industry.size()

Out [41]
```

Sector	Industry	
Aerospace & Defense	Aerospace and Defense	25
Apparel	Apparel	14
Business Services	Advertising, marketing	2
	Diversified Outsourcing Services	14
	Education	2
		..
Transportation	Trucking, Truck Leasing	11
Wholesalers	Wholesalers: Diversified	24
	Wholesalers: Electronics and Office Equipment	8
	Wholesalers: Food and Grocery	6
	Wholesalers: Health Care	6

```
Length: 82, dtype: int64
```

get_group 方法需要使用一个元组来从 GroupBy 集合中提取嵌套的 DataFrame。例如，提取 Sector 值为 "Business Services"，并且 Industry 值为 "Education" 的行：

```
In  [42] sector_and_industry.get_group(("Business Services", "Education"))

Out [42]
```

	Company	Revenues	Profits	Employees	Sector	Industry
567	Laureate ...	4378.0	91.5	54500	Business ...	Education
810	Graham Ho...	2592.0	302.0	16153	Business ...	Education

对于所有聚合，Pandas 返回一个 MultiIndexDataFrame 和计算结果。下一个示例计算数据集中的 3 个数字列(Revenues、Profits 和 Employees)的总和，首先按 Sector 列的值进行分组，然后按每个 Sector 值的 Industry 值进行分组：

```
In  [43] sector_and_industry.sum().head()

Out [43]
```

		Revenues	Profits	Employees
Sector	Industry			
Aerospace & Defense	Aerospace and Def...	383835.0	26733.5	1010124

Apparel	Apparel	101157.3	6350.7	355699
Business Services	Advertising, mark...	23156.0	1667.4	127500
	Diversified Outso...	74175.0	5043.7	858600
	Education	6970.0	393.5	70653

可以使用与第 9.5 节中相同的语法来针对单列进行聚合。在 GroupBy 对象后面的方括号中设定列的名称，然后调用聚合方法。例如，计算每个 Sector/Industry 组合内公司的平均收入：

```
In  [44] sector_and_industry["Revenues"].mean().head(5)

Out [44]
```

Sector	Industry	
Aerospace & Defense	Aerospace and Defense	15353.400000
Apparel	Apparel	7225.521429
Business Services	Advertising, marketing	11578.000000
	Diversified Outsourcing Services	5298.214286
	Education	3485.000000

```
Name: Revenues, dtype: float64
```

总之，GroupBy 对象是用于拆分、组织和聚合 DataFrame 值的最佳数据结构。如果需要使用多列来对数据进行分组，应将列名称的列表传递给 groupby 方法。

9.7 代码挑战

本章代码挑战使用的数据集 grains.csv 是 80 种流行早餐谷物的列表，每行包括谷物的名称(Name)、制造商(Manufacturer)、类型(Type)、卡路里(Calories)、纤维含量(Fiber)和含糖量(Sugars)等数据。数据集如下：

```
In  [45] cereals = pd.read_csv("cereals.csv")
         cereals.head()

Out [45]
```

	Name	Manufacturer	Type	Calories	Fiber	Sugars
0	100% Bran	Nabisco	Cold	70	10.0	6
1	100% Natural Bran	Quaker Oats	Cold	120	2.0	8
2	All-Bran	Kellogg's	Cold	70	9.0	5
3	All-Bran with Ex...	Kellogg's	Cold	50	14.0	0
4	Almond Delight	Ralston Purina	Cold	110	1.0	8

9.7.1 问题描述

问题如下：

(1) 按照 Manufacturer 列的值对数据进行分组。

(2) 确定分组的总数，以及每组的谷物数量。

(3) 提取 Manufacturer 值为"Nabisco"的分组数据。

(4) 计算每个 Manufacture 值的 Calories、Fiber 和 Sugars 列中的平均值。

(5) 在每个 Manufacture 值的 Sugars 列中找到最大值。

(6) 在每个 Manufacture 值的 Fiber 列中找到最小值。

(7) 在新的 DataFrame 中提取每个 Manufacture 值的 Sugars 值最小的谷物。

9.7.2 解决方案

这些问题的解决方案如下。

(1) 要按 Manufacture 列的值对数据进行分组，可以在 cereals DataFrame 上调用 groupby 方法并传入 manufacture 作为参数。Pandas 将使用列的唯一值来进行分组：

```
In  [46] manufacturers = cereals.groupby("Manufacturer")
```

(2) 要查找组的总数，可以将 GroupBy 对象传递给 Python 的内置函数 len：

```
In  [47] len(manufacturers)

Out [47] 7
```

也可以通过 GroupBy 对象的 size 方法得到相同的结果，size 方法会返回一个 Series，其中包含每组的谷物数量，如下所示，一共 7 组：

```
In  [48] manufacturers.size()

Out [48] Manufacturer
         American Home Food Products        1
         General Mills                     22
         Kellogg's                         23
         Nabisco                            6
         Post                               9
         Quaker Oats                        8
         Ralston Purina                     8
         dtype: int64
```

(3) 要显示 "Nabisco" 组的记录，可以在 GroupBy 对象上调用 get_group 方法，Pandas 将返回包含 "Nabisco" 的行的嵌套 DataFrame：

```
In  [49] manufacturers.get_group("Nabisco")

Out [49]
```

	Name	Manufacturer	Type	Calories	Fiber	Sugars
0	100% Bran	Nabisco	Cold	70	10.0	6
20	Cream of Wheat (Quick)	Nabisco	Hot	100	1.0	0
63	Shredded Wheat	Nabisco	Cold	80	3.0	0
64	Shredded Wheat 'n'Bran	Nabisco	Cold	90	4.0	0
65	Shredded Wheat spoon ...	Nabisco	Cold	90	3.0	0
68	Strawberry Fruit Wheats	Nabisco	Cold	90	3.0	5

(4) 要计算 Calories、Fiber 和 Sugavs 列的平均值，可以对制造商的 GroupBy 对象调用 mean 方法。默认情况下，Pandas 将聚合数据集中的所有数字列：

```
In  [50] manufacturers.mean()
```

Out [50]

Manufacturer	Calories	Fiber	Sugars
American Home Food Products	100.000000	0.000000	3.000000
General Mills	111.363636	1.272727	7.954545
Kellogg's	108.695652	2.739130	7.565217
Nabisco	86.666667	4.000000	1.833333
Post	108.888889	2.777778	8.777778
Quaker Oats	95.000000	1.337500	5.250000
Ralston Purina	115.000000	1.875000	6.125000

（5）若要找出每个 Manufacturer 值的 Sugars 最大值，首先可以在 GroupBy 对象后使用方括号来确定要聚合哪一列的值，然后提供正确的聚合方法，本例使用 max 方法作为聚合方法：

```
In  [51] manufacturers["Sugars"].max()
```

```
Out [51] Manufacturer
         American Home Food Products    3
         General Mills                 14
         Kellogg's                     15
         Nabisco                        6
         Post                          15
         Quaker Oats                   12
         Ralston Purina                11
         Name: Sugars, dtype: int64
```

（6）为了找到每个 Manufacturer 值的 Fiber 最小值，可以将列设定为 Fiber 并调用 min 方法：

```
In  [52] manufacturers["Fiber"].min()
```

```
Out [52] Manufacturer
         American Home Food Products    0.0
         General Mills                  0.0
         Kellogg's                      0.0
         Nabisco                        1.0
         Post                           0.0
         Quaker Oats                    0.0
         Ralston Purina                 0.0
         Name: Fiber, dtype: float64
```

（7）若要确定每个 Manufacturer 值在 Sugars 列中值最小的谷物，可以通过使用 apply 方法和自定义函数来解决这个问题。minimum_sugar_row 函数使用 nsmallest 方法获取 Sugars 列中包含最小值的 DataFrame 行，然后使用 apply 方法在每个 GroupBy 组上调用自定义函数：

```
In  [53] def smallest_sugar_row(df):
             return df.nsmallest(1, "Sugars")
```

```
In  [54] manufacturers.apply(smallest_sugar_row)
```

Out [54]

		Name	Manufacturer	Type	Calories	Fiber	Sugars
Manufacturer							
American H...	43	Maypo	American ...	Hot	100	0.0	3
General Mills	11	Cheerios	General M...	Cold	110	2.0	0
Nabisco	20	Cream of ...	Nabisco	Hot	100	1.0	0
Post	33	Grape-Nuts	Post	Cold	110	3.0	3
Quaker Oats	57	Quaker Oa...	Quaker Oats	Hot	100	2.7	-1
Ralston Pu...	61	Rice Chex	Ralston P...	Cold	110	0.0	2

至此，已经完成了本章的代码挑战。

9.8 本章小结

- GroupBy 对象是 DataFrame 的容器。
- Pandas 通过使用跨一列或多列的值将行存储到 GroupBy DataFrame 中。
- first 和 last 方法返回每个 GroupBy 组的第一行和最后一行。原始 DataFrame 中的行顺序决定了每个组中的行顺序。
- head 和 tail 方法根据行在原始 DataFrame 中的位置，从 GroupBy 对象的每个组中提取头部或者尾部的多个行。
- nth 方法按其索引位置从每个 GroupBy 组中提取一行。
- Pandas 可以对 GroupBy 对象中的每个组执行聚合计算，例如求和、求平均值、求最大值和求最小值。
- agg 方法可以对不同的列应用不同的聚合操作。agg 方法接受字典作为其参数，其中字典的键为要聚合的列的名称，值为要进行的聚合操作。
- apply 方法可以在 GroupBy 对象的每个 DataFrame 上调用一个函数。

第 *10* 章
合并与连接

本章主要内容
- 在垂直轴和水平轴上连接 DataFrame
- 通过内连接、外连接和左连接对 DataFrame 进行合并
- 在 DataFrame 之间查找唯一值和相同的值
- 通过索引标签连接 DataFrame

随着业务逻辑变得越来越复杂,将所有数据存储在一个集合中变得越来越困难。为了解决这个问题,数据管理员将数据拆分到多个表中,然后将这些表相互关联,因此很容易识别它们之间的关系。

PostgreSQL、MySQL 或 Oracle 等都是常用数据库。关系数据库管理系统(RDBMS)遵循上一段中描述的范式。数据库由表组成,一张表保存一个领域模型的记录,表由行和列组成,一行存储一条记录的信息,列存储该记录的属性,表通过列键进行连接,可以认为表实际上等同于 Pandas 的 DataFrame。

下面举一个真实的例子,例如正在构建一个电子商务网站,并希望创建一个 Users 表(见表 10-1)来存储网站的注册用户。遵循关系数据库的约定,将为每条记录分配一个唯一的数字标识符,将值存储在 id 列中,id 列的值称为主键,因为它们是特定行的主要标识符。

表 10-1　Users 表

id	first_name	last_name	email	gender
1	Homer	Simpson	donutfan@simpson.com	Male
2	Bart	Simpson	troublemaker@simpson.com	Male

假设下一个目标是跟踪用户在网站上的订单,首先应创建一个 Orders 表(见表 10-2)来存储订单详细信息,例如商品名称和价格。如何将每个订单与下订单的用户联系起来呢?

表 10-2 Orders 表

id	item	price	quantity	user_id
1	Donut Box	4.99	4	1
2	Slingshot	19.99	1	2

为了建立两个表之间的关系，数据库管理员需要创建一个外键。外键是对另一个表中记录的引用。它被标记为外键，是因为该键存在于当前表的范围之外。

每个订单表行都将下订单的用户的 id 存储在 user_id 列中。因此，user_id 列可以被认为是外键，它的值是对另一个表 Users 表中记录的引用。根据两个表之间的关系，可以确定订单 1 是由 id 为 1 的用户 Homer Simpson 下的。

外键的优点是可以减少数据重复。例如，Orders 表不需要为每个订单复制用户的名字、姓氏和电子邮件，而只需要存储相应客户的编号。用户和订单的业务实体是分开存储的，但可以在必要时将它们连接起来。

需要合并表格时，可以使用 Pandas。Pandas 库擅长在垂直和水平方向上附加、连接、合并和组合 DataFrame。它可以识别 DataFrame 之间的唯一记录和共享记录，也可以执行内连接、外连接、左连接、右连接等 SQL 操作。在本章中，我们将探讨这些连接之间的差异，以及每种连接的适用情况。

10.1 本章使用的数据集

导入 Pandas 库并为其分配一个别名 pd：

```
In  [1] import pandas as pd
```

本章的数据集来自在线社交服务网站 Meetup，在该网站上，用户加入远足、文学和棋盘游戏等共同兴趣小组，小组组织者安排小组成员参加线上或者线下活动。网站中有多个数据模型，包括 groups、categories 和 cities 等。

meetup 目录包含本章所有数据集。首先导入 groups1.csv 和 groups2.csv 文件，这些文件包含 Meetup 注册群组的样本数据。每个组包括 ID、名称、关联的类别 ID 和关联的城市 ID 等信息。下面是 groups1 的数据内容：

```
In  [2] groups1 = pd.read_csv("meetup/groups1.csv")
        groups1.head()

Out [2]
```

```
      group_id                          name  category_id  city_id
0         6388          Alternative Health NYC           14    10001
1         6510       Alternative Energy Meetup            4    10001
2         8458              NYC Animal Rights           26    10001
3         8940   The New York City Anime Group           29    10001
4        10104              NYC Pit Bull Group           26    10001
```

下面导入 groups2.csv。请注意，两个 CSV 文件具有相同的 4 列。可以想象，group 数据以某种方式被拆分并存储在两个文件中，而不是一个文件中：

```
In  [3] groups2 = pd.read_csv("meetup/groups2.csv")
        groups2.head()

Out [3]
```

	group_id	name	category_id	city_id
0	18879327	BachataMania	5	10001
1	18880221	Photoshoot Chicago - Photography and ...	27	60601
2	18880426	Chicago Adult Push / Kick Scooter Gro...	31	60601
3	18880495	Chicago International Soccer Club	32	60601
4	18880695	Impact.tech San Francisco Meetup	2	94101

每组都有一个 category_id 外键，可以在 categories.csv 文件中找到有关类别的信息。此文件中的每一行都存储类别的 ID 和名称：

```
In  [4] categories = pd.read_csv("meetup/categories.csv")

        categories.head()

Out [4]
```

	category_id	category_name
0	1	Arts & Culture
1	3	Cars & Motorcycles
2	4	Community & Environment
3	5	Dancing
4	6	Education & Learning

每组还有一个 city_id 外键。city.csv 数据集存储城市信息。一个城市有一个唯一的 ID、名称、州和邮政编码。city 数据集中的信息如下：

```
In  [5] pd.read_csv("meetup/cities.csv").head()

Out [5]
```

	id	city	state	zip
0	7093	West New York	NJ	7093
1	10001	New York	NY	10001
2	13417	New York Mills	NY	13417
3	46312	East Chicago	IN	46312
4	56567	New York Mills	MN	56567

city 数据集有一个小问题，查看第一行中的 zip 值，7093 是无效的邮政编码，实际值是 07093，邮政编码可以是以 0 开头的。此处，Pandas 假设邮政编码是整数，因此会从值中去除前导零。为了解决这个问题，可以在 read_csv 函数中添加 dtype 参数。dtype 接受一个字典，其中键表示列的名称，值表示要分配给该列的数据类型。确保 Pandas 将 zip 列的值作为字符串导入：

```
In  [6] cities = pd.read_csv(
            "meetup/cities.csv", dtype = {"zip": "string"}
```

```
    )
    cities.head()
```

Out [6]

	id	city	state	zip
0	7093	West New York	NJ	07093
1	10001	New York	NY	10001
2	13417	New York Mills	NY	13417
3	46312	East Chicago	IN	46312
4	56567	New York Mills	MN	56567

现在可以继续后面的内容，总而言之，groups1 和 groups2 中的每个 group 都属于一个类别和一个城市。category_id 和 group_id 列存储外键。category_id 列的值映射到 categories 中的 category_id 列。city_id 列的值映射到 city 中的 id 列。将数据表加载到 Jupyter 中后，就可以开始将它们连接在一起了。

10.2　连接数据集

组合两个数据集的最简单方法是连接，即将一个 DataFrame 附加到另一个 DataFrame 的末尾。

groups1 和 groups2 的 DataFrame 都具有相同的 4 个列名，假设它们是一个更大的整体的两部分，现在想将它们的行组合成一个 DataFrame。Pandas 库的顶层有一个便捷的 concat 函数，可以将 DataFrame 列表传递给该函数的 objs 参数。Pandas 将按照这些 DataFrame 在 objs 列表中出现的顺序连接对象。例如，将 groups2 中的行连接到 groups1 的末尾：

In　[7] pd.concat(objs = [groups1, groups2])

Out [7]

	group_id	name	category_id	city_id
0	6388	Alternative Health NYC	14	10001
1	6510	Alternative Energy Meetup	4	10001
2	8458	NYC Animal Rights	26	10001
3	8940	The New York City Anime Group	29	10001
4	10104	NYC Pit Bull Group	26	10001
...	...	...	...	...
8326	26377464	Shinect	34	94101
8327	26377698	The art of getting what you want [...	14	94101
8328	26378067	Streeterville Running Group	9	60601
8329	26378128	Just Dance NYC	23	10001
8330	26378470	FREE Arabic Chicago Evanston North...	31	60601

16330 rows × 4 columns

连接后的 DataFrame 有 16330 行。你可能已经猜到了，它的长度等于 groups1 和 groups2 两个 DataFrame 的长度之和：

In　[8] len(groups1)

```
Out [8] 7999

In  [9] len(groups2)

Out [9] 8331

In  [10] len(groups1) + len(groups2)

Out [10] 16330
```

Pandas 保留了连接中两个 DataFrame 的原始索引标签，这就是连接后的 DataFrame 中最终索引位置为 8330 的原因，即使它有超过 16000 行。groups2 DataFrame 末尾的索引 8330。Pandas 并不关心 group1 和 groups2 中是否出现相同的索引编号。因此，连接后的 DataFrame 在索引上具有重复的索引标签。

可以向 concat 函数的 ignore_index 参数传递一个 True 值，从而使新生成的 DataFrame 有标准的数字索引。连接后的 DataFrame 将丢弃原始索引标签：

```
In  [11] pd.concat(objs = [groups1, groups2], ignore_index = True)

Out [11]
```

	group_id	name	category_id	city_id
0	6388	Alternative Health NYC	14	10001
1	6510	Alternative Energy Meetup	4	10001
2	8458	NYC Animal Rights	26	10001
3	8940	The New York City Anime Group	29	10001
4	10104	NYC Pit Bull Group	26	10001
...	...	...	...	...
16325	26377464	Shinect	34	94101
16326	26377698	The art of getting what you want ...	14	94101
16327	26378067	Streeterville Running Group	9	60601
16328	26378128	Just Dance NYC	23	10001
16329	26378470	FREE Arabic Chicago Evanston Nort...	31	60601

```
16330 rows × 4 columns
```

如果想要创建一个不重复的索引，同时保留每行数据来自哪个 DataFrame 怎么办？一个解决方案是添加一个 keys 参数并将一个字符串列表传递给它。Pandas 会将 keys 列表中的每个字符串与位于 objs 列表中相同索引位置的 DataFrame 相关联。keys 和 objs 列表的长度必须相等。

下一个示例为 groups1 DataFrame 分配 "G1" 作为键，为 groups2 DataFrame 分配 "G2" 作为键。concat 函数返回一个 MultiIndex DataFrame。MultiIndex 的第一级存储键和第二级存储键来自相应 DataFrame 的索引标签：

```
In  [12] pd.concat(objs = [groups1, groups2], keys = ["G1", "G2"])

Out [12]
```

	group_id	name	category_id	city_id
G1 0	6388	Alternative Health NYC	14	10001
1	6510	Alternative Energy Meetup	4	10001

```
     2              8458              NYC Animal Rights          26     10001
     3              8940     The New York City Anime Group       29     10001
     4             10104             NYC Pit Bull Group          26     10001
...  ...             ...                                  ...    ...       ...
G2 8326        26377464                        Shinect           34     94101
   8327        26377698     The art of getting what you wan...   14     94101
   8328        26378067     Streeterville Running Group           9     60601
   8329        26378128                  Just Dance NYC          23     10001
   8330        26378470     FREE Arabic Chicago Evanston No...   31     60601
```

16330 rows × 4 columns

可以通过访问 MultiIndex 第一级的 G1 或 G2 键来提取原始 DataFrame(有关在 MultiIndex DataFrame 上使用 loc 访问器的内容，请参阅第 7 章)。下面将连接后的 DataFrame 分配给 groups 变量:

```
In  [13] groups = pd.concat(objs = [groups1, groups2], ignore_index = True)
```

10.4 节将继续使用 groups 变量。

10.3 连接后的 DataFrame 中的缺失值

连接两个 DataFrame 时，Pandas 将 NaN 放置在数据集中无法匹配的行标签和列标签的交叉点处。考虑以下两个 DataFrame，它们都有一个 Football 列，但 sports_champions_A DataFrame 有一个独有的 Baseball 列，sports_champions_B DataFrame 有一个独有的 Hockey 列:

```
In  [14] sports_champions_A = pd.DataFrame(
             data = [
                 ["New England Patriots", "Houston Astros"],
                 ["Philadelphia Eagles", "Boston Red Sox"]
             ],
             columns = ["Football", "Baseball"],
             index = [2017, 2018]
         )

         sports_champions_A

Out [14]
```

	Football	Baseball
2017	New England Patriots	Houston Astros
2018	Philadelphia Eagles	Boston Red Sox

```
In  [15] sports_champions_B = pd.DataFrame(
             data = [
             ["New England Patriots", "St. Louis Blues"],
             ["Kansas City Chiefs", "Tampa Bay Lightning"]
             ],
             columns = ["Football", "Hockey"],
             index = [2019, 2020]
```

```
        )

        sports_champions_B
```

Out [15]

	Football	Hockey
2019	New England Patriots	St. Louis Blues
2020	Kansas City Chiefs	Tampa Bay Lightning

如果连接这两个 DataFrame，将在 Baseball 和 Hockey 列中生成缺失值。sports_champions_A DataFrame 的 Hockey 列中没有值，sports_champions_B DataFrame 的 Baseball 列中没有值：

```
In  [16] pd.concat(objs = [sports_champions_A, sports_champions_B])
```

Out [16]

	Football	Baseball	Hockey
2017	New England Patriots	Houston Astros	NaN
2018	Philadelphia Eagles	Boston Red Sox	NaN
2019	New England Patriots	NaN	St. Louis Blues
2020	Kansas City Chiefs	NaN	Tampa Bay Lightning

默认情况下，Pandas 在水平轴上连接行。有时，我们希望在垂直轴上追加行，比如 sports_champions_C DataFrame，它具有与 sports_champions_A(2017 和 2018)相同的两个索引标签，但有两个不同的列——Hockey 和 Basketball：

```
In  [17] sports_champions_C = pd.DataFrame(
            data = [
                ["Pittsburgh Penguins", "Golden State Warriors"],
                ["Washington Capitals", "Golden State Warriors"]
            ],
            columns = ["Hockey", "Basketball"],
            index = [2017, 2018]
        )

        sports_champions_C
```

Out [17]

	Hockey	Basketball
2017	Pittsburgh Penguins	Golden State Warriors
2018	Washington Capitals	Golden State Warriors

连接 sports_champions_A 和 sports_champions_C 时，Pandas 会将第二个 DataFrame 的行附加到第一个 DataFrame 的末尾。该过程创建重复的 2017 和 2018 索引标签：

```
In  [18] pd.concat(objs = [sports_champions_A, sports_champions_C])
```

Out [18]

	Football	Baseball	Hockey	Basketball
2017	New England P...	Houston Astros	NaN	NaN
2018	Philadelphia ...	Boston Red Sox	NaN	NaN

2017	NaN	NaN	Pittsburgh Pe...	Golden State ...
2018	NaN	NaN	Washington Ca...	Golden State ...

这个结果不是我们想要的,我们希望对齐重复的索引标签(2017 和 2018),从而使列中没有缺失值。

concat 函数有一个 axis 参数,可以向该参数传递 1 或"columns",从而在列轴上连接 DataFrame:

```
In  [19] # The two lines below are equivalent
        pd.concat(
            objs = [sports_champions_A, sports_champions_C],
            axis = 1
        )
        pd.concat(
            objs = [sports_champions_A, sports_champions_C],
            axis = "columns"
        )

Out [19]
```

	Football	**Baseball**	**Hockey**	**Basketball**
2017	New England P...	Houston Astros	Pittsburgh Pe...	Golden State ...
2018	Philadelphia ...	Boston Red Sox	Washington Ca...	Golden State ...

此时的结果才是我们想要的。

总之,concat 函数通过在水平轴或垂直轴上将一个 DataFrame 附加到另一个 DataFrame 的末尾来组合两个 DataFrame。通常,大家将这个过程描述为将两个数据集"黏合"在一起。

10.4　左连接

与将 DataFrame 进行串联相比,join 使用逻辑标准来确定要在两个数据集之间合并哪些行或列。例如,连接那些在两个数据集之间具有相同值的行。下面介绍了 3 种类型的连接:左连接、内连接和外连接。

左连接(left join)使用一个数据集中的键从另一个数据集中提取值,它相当于 Excel 中的 VLOOKUP 操作。当一个数据集作为分析的焦点时,左连接是最佳选择,可以引入第二个数据集以提供与主数据集相关的补充信息。如图 10-1 所示,将每个圆圈视为一个 DataFrame。左边的 DataFrame 是分析的重点。

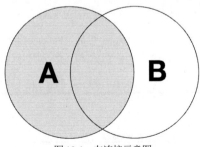

图 10-1　左连接示意图

快速回忆一下 groups 数据集中的内容:

```
In  [20] groups.head(3)

Out [20]
```

	group_id	name	category_id	city_id
0	6388	Alternative Health NYC	14	10001
1	6510	Alternative Energy Meetup	4	10001
2	8458	NYC Animal Rights	26	10001

category_id 列中的外键引用 categories 数据集中的 ID:

```
In  [21] categories.head(3)

Out [21]
```

	category_id	category_name
0	1	Arts & Culture
1	3	Cars & Motorcycles
2	4	Community & Environment

　　下面对 groups 执行左连接,从而添加每个组的类别信息。merge 方法可以用来把一个 DataFrame 合并到另一个 DataFrame 中,该方法的第一个参数(right)接受一个 DataFrame。图 10-1 中,右侧的 DataFrame 指的是右侧的圆圈,即第二个数据集。表示连接类型的字符串可以传递给方法的 how 参数,在下面的示例中,将传入 "left"。我们还必须告诉 Pandas 使用哪些列来匹配两个 DataFrame 之间的值。将 on 参数设定为 "category_id",只有当 DataFrame 之间的列名相同时,才能使用 on 参数。例如,groups 和 categories 两个 DataFrame 都有一个 category_id 列:

```
In  [22] groups.merge(categories, how = "left", on = "category_id").head()

Out [22]
```

	group_id	name	category_id	city_id	category_name
0	6388	Alternative Heal...	14	10001	Health & Wellbeing
1	6510	Alternative Ener...	4	10001	Community & Envi...
2	8458	NYC Animal Rights	26	10001	NaN
3	8940	The New York Cit...	29	10001	Sci-Fi & Fantasy
4	10104	NYC Pit Bull Group	26	10001	NaN

　　如上面结果所示,只要在 groups 中找到与 category_id 值匹配的记录,Pandas 就会获取 categories 表中的列。请注意,当 Pandas 在 categories 中找不到匹配的 category_id 时,它会在 categories 的 category_name 列中显示 NaN 值。我们可以在前一个输出的第 2 行和第 4 行看到这样的结果。

10.5　内连接

　　内连接(inner join)表示同时存在于两个 DataFrame 中的值。如图 10-2 所示,内连接位于两个圆圈中间的重叠部分。

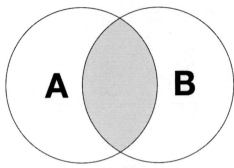

图10-2 内连接示意图

在内连接中，Pandas 排除了仅存在于第一个 DataFrame 和仅存在于第二个 DataFrame 中的值。首先回忆一下 groups 和 categories 这两个数据集：

```
In  [23] groups.head(3)

Out [23]
```

	group_id	name	category_id	city_id
0	6388	Alternative Health NYC	14	10001
1	6510	Alternative Energy Meetup	4	10001
2	8458	NYC Animal Rights	26	10001

```
In  [24] categories.head(3)

Out [24]
```

	category_id	category_name
0	1	Arts & Culture
1	3	Cars & Motorcycles
2	4	Community & Environment

下面确定两个数据集中共同存在的类别。从技术角度来看，我们再次希望在 category_id 列中定位两个 DataFrame 中具有相同值的行。这种情况下，在 groups 上还是在 categories 上调用 merge 方法并不重要。内连接标识两个数据集中的共同元素，无论怎样操作，结果都是一样的。例如，在 groups 上调用 merge 方法：

```
In  [25] groups.merge(categories, how = "inner", on = "category_id")

Out [25]
```

	group_id	name	category_id	city_id	category_name
0	6388	Alternative He...	14	10001	Health & Wellb...
1	54126	Energy Healers...	14	10001	Health & Wellb...
2	67776	Flourishing Li...	14	10001	Health & Wellb...
3	111855	Hypnosis & NLP...	14	10001	Health & Wellb...
4	129277	The Live Food ...	14	60601	Health & Wellb...
...	...	...	...	...	...
8032	25536270	New York Cucko...	17	10001	Lifestyle

8033	25795045	Pagans Paradis...	17	10001	Lifestyle
8034	25856573	Fuck Yeah Femm...	17	94101	Lifestyle
8035	26158102	Chicago Crossd...	17	60601	Lifestyle
8036	26219043	Corporate Goes...	17	10001	Lifestyle

8037 rows × 5 columns

　　合并后的 DataFrame 包括来自 groups 和 categories 两个 DataFrame 的所有列。category_id 列中的值同时存在于 groups 和 categories 中。category_id 列仅显示一次。此处不需要重复显示该列，因为 category_id 列的值对于内连接中的 groups 和 categories 是相同的。

　　下面对合并后的结果进行操作。合并后的 DataFrame 中的前 4 行的 category_id 为 14，可以在 groups 和 categories 两个 DataFrame 中过滤该 ID：

```
In [26] groups[groups["category_id"] == 14]

Out [26]
```

	group_id	name	category_id	city_id
0	6388	Alternative Health NYC	14	10001
52	54126	Energy Healers NYC	14	10001
78	67776	Flourishing Life Meetup	14	10001
121	111855	Hypnosis & NLP NYC - Update Your ...	14	10001
136	129277	The Live Food Chicago Community	14	60601
...	...	...	...	...
16174	26291539	The Transformation Project: Colla...	14	94101
16201	26299876	Cognitive Empathy, How To Transla...	14	10001
16248	26322976	Contemplative Practices Group	14	94101
16314	26366221	The art of getting what you want:...	14	94101
16326	26377698	The art of getting what you want ...	14	94101

870 rows × 4 columns

```
In [27] categories[categories["category_id"] == 14]

Out [27]
```

	category_id	category_name
8	14	Health & Wellbeing

　　合并后的 DataFrame 为两个 DataFrame 中的每个 group_id 匹配、创建一行记录。对于 group_id 为 14 来说，groups 中对应 870 行，categories 中对应 1 行。Pandas 将 groups 中的 870 行中的每一行与 categories 中的单行记录进行配对，并在合并后的 DataFrame 中创建总共 870 行记录。因为内连接会为每个值匹配、创建一个新行，所以合并后的 DataFrame 可能比原始 DataFrame 大得多。例如，如果有 3 个 ID 为 14 的类别，Pandas 将创建 2610(870×3)行记录。

10.6　外连接

　　外连接(outer join)将两个数据集的所有记录组合在一起。图 10-3 显示了外连接的结果。Pandas

包含所有值，无论它们属于其中一个数据集，还是同时属于两个数据集。

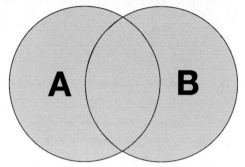

图 10-3 外连接示意图

首先回顾 groups 和 cities 数据集的内容：

```
In [28] groups.head(3)

Out [28]
```

	group_id	name	category_id	city_id
0	6388	Alternative Health NYC	14	10001
1	6510	Alternative Energy Meetup	4	10001
2	8458	NYC Animal Rights	26	10001

```
In [29] cities.head(3)

Out [29]
```

	id	city	state	zip
0	7093	West New York	NJ	07093
1	10001	New York	NY	10001
2	13417	New York Mills	NY	13417

下面用外连接合并 groups 和 cities 数据集，将获取所有城市：只存在于 groups 中的城市、只存在于 cities 中的城市，或者同时出现在 groups 和 cities 中的城市：

到目前为止，只使用相同的列名来合并数据集。当数据集之间的列名不同时，则必须将不同的参数传递给 merge 方法。merge 方法的 left_on 和 right_on 参数可以用来代替 on 参数。将左侧 DataFrame 中的列名传递给 left_on 参数，将右侧 DataFrame 中的列名传递给 right_on 参数。这里执行外连接，从而将 cities 信息合并到 groups DataFrame 中：

```
In [30] groups.merge(
            cities, how = "outer", left_on = "city_id", right_on = "id"
        )

Out [30]
```

	group_id	name	category_id	city_id	city	state	zip
0	6388.0	Altern...	14.0	10001.0	New York	NY	10001
1	6510.0	Altern...	4.0	10001.0	New York	NY	10001

2	8458.0	NYC An...	26.0	10001.0	New York	NY	10001
3	8940.0	The Ne...	29.0	10001.0	New York	NY	10001
4	10104.0	NYC Pi...	26.0	10001.0	New York	NY	10001
...	...	...	...	...	...	...	...
16329	243034...	Midwes...	34.0	60064.0	North ...	IL	60064
16330	NaN	NaN	NaN	NaN	New Yo...	NY	13417
16331	NaN	NaN	NaN	NaN	East C...	IN	46312
16332	NaN	NaN	NaN	NaN	New Yo...	MN	56567
16333	NaN	NaN	NaN	NaN	Chicag...	CA	95712

16334 rows × 8 columns

最终的 DataFrame 包含两个数据集中所有城市的 ID。如果 Pandas 在 city_id 和 id 列之间找到匹配的值，它会将来自两个 DataFrame 的列合并到一行中。我们可以在前五行中看到这样的示例。city_id 列存储了共有的 id。

如果一个 DataFrame 中存在另一个 DataFrame 中没有的值，Pandas 会在 city_id 列中放置一个 NaN 值。我们可以在数据集的末尾看到这些示例。无论 groups 或 cities 是否具有独特的价值，都会发生这种情况。

可以将 merge 方法的 indicator 参数设定为 True，从而显示一个值属于哪个 DataFrame。合并后的 DataFrame 将包含一个 _merge 列，该列值可以是 "both" "left_only" 或 "right_only"：

```
In [31] groups.merge(
            cities,
            how = "outer",
            left_on = "city_id",
            right_on = "id",
            indicator = True
        )
```

Out [31]

	group_id	name	category_id	city_id	city	state	zip	_merge
0	6388.0	Alt...	14.0	100...	New...	NY	10001	both
1	6510.0	Alt...	4.0	100...	New...	NY	10001	both
2	8458.0	NYC...	26.0	100...	New...	NY	10001	both
3	8940.0	The...	29.0	100...	New...	NY	10001	both
4	101...	NYC...	26.0	100...	New...	NY	10001	both
...								
16329	243...	Mid...	34.0	600...	Nor...	IL	60064	both
16330	NaN	NaN	NaN	NaN	New...	NY	13417	rig...
16331	NaN	NaN	NaN	NaN	Eas...	IN	46312	rig...
16332	NaN	NaN	NaN	NaN	New...	MN	56567	rig...
16333	NaN	NaN	NaN	NaN	Chi...	CA	95712	rig...

16334 rows × 9 columns

可以使用 _merge 列来过滤属于特定 DataFrame 的行。例如，在 _merge 列中提取值为 "right_only" 的行，换句话说，只提取城市 ID 存在于 cities 中的那些行，即右侧的 DataFrame：

```
In [32] outer_join = groups.merge(
            cities,
            how = "outer",
```

```
                left_on = "city_id",
                right_on = "id",
                indicator = True
        )

        in_right_only = outer_join["_merge"] == "right_only"

        outer_join[in_right_only].head()
```

Out [32]

	group_id	name	category_id	city_id	city	state	zip	_merge
16330	NaN	NaN	NaN	NaN	New Y...	NY	13417	right...
16331	NaN	NaN	NaN	NaN	East ...	IN	46312	right...
16332	NaN	NaN	NaN	NaN	New Y...	MN	56567	right...
16333	NaN	NaN	NaN	NaN	Chica...	CA	95712	right...

只需要几行代码，就可以轻松过滤每个数据集中特有的行。

10.7 合并索引标签

若想要连接的 DataFrame 将其主键存储在其索引中，可以在 cities 中调用 set_index 方法将其 id 列设置为其 DataFrame 的索引：

```
In  [33] cities.head(3)
```

Out [33]

	id	city	state	zip
0	7093	West New York	NJ	07093
1	10001	New York	NY	10001
2	13417	New York Mills	NY	13417

```
In  [34] cities = cities.set_index("id")

In  [35] cities.head(3)
```

Out [35]

id	city	state	zip
7093	West New York	NJ	07093
10001	New York	NY	10001
13417	New York Mills	NY	13417

再次使用左连接将 cities 合并到 groups 中。首先回忆一下 groups 的内容：

```
In  [36] groups.head(3)
```

Out [36]

	group id	name	category id	city id
0	6388	Alternative Health NYC	14	10001
1	6510	Alternative Energy Meetup	4	10001
2	8458	NYC Animal Rights	26	10001

现在要将 groups 中的 city_id 列值与 cities 的索引标签进行比较。调用 merge 方法时，将 how
参数设定为代表左连接的 "left"。left_on 参数表示在左侧的 DataFrame —— groups 中使用 city_id
列进行匹配。要在右侧的 DataFrame 的索引中查找匹配项，可以利用另一个参数 right_index，并将
其设置为 True，该参数设置在右侧的 DataFrame 索引中查找 city_id 的匹配项：

```
In  [37] groups.merge(
            cities,
            how = "left",
            left_on = "city_id",
            right_index = True
         )

Out [37]
```

	group_id	name	category_id	city_id	city	state	zip
0	6388	Alterna...	14	10001	New York	NY	10001
1	6510	Alterna...	4	10001	New York	NY	10001
2	8458	NYC Ani...	26	10001	New York	NY	10001
3	8940	The New...	29	10001	New York	NY	10001
4	10104	NYC Pit...	26	10001	New York	NY	10001
...	...	...	...	...	...	...	...
16325	26377464	Shinect	34	94101	San Fra...	CA	94101
16326	26377698	The art...	14	94101	San Fra...	CA	94101
16327	26378067	Streete...	9	60601	Chicago	IL	60290
16328	26378128	Just Da...	23	10001	New York	NY	10001
16329	26378470	FREE Ar...	31	60601	Chicago	IL	60290

16330 rows × 7 columns

该方法还支持 left_index 参数，向该参数传递一个 True 值将在左侧 DataFrame 的索引中查找匹
配项。左边的 DataFrame 即调用 merge 方法的 DataFrame。

10.8　代码挑战

通过本章的代码挑战，将更好地掌握本章介绍的内容。

这个代码挑战的数据来自一家虚构餐厅的销售额，week_1_sales.csv 和 week_2_sales.csv 文件包
含每周交易的列表。每个餐厅订单都包含下订单的客户的 ID 和他们购买的食品的 ID。下面是
week_1_sales 前五行的预览：

```
In  [38] pd.read_csv("restaurant/week_1_sales.csv").head()

Out [38]
```

	Customer ID	Food ID
0	537	9

```
1          97          4
2         658          1
3         202          2
4         155          9
```

week_2_sales 数据集具有相同的形状。下面导入两个CSV文件，并将它们分配给week1和week2
变量：

```
In  [39] week1 = pd.read_csv("restaurant/week_1_sales.csv")
         week2 = pd.read_csv("restaurant/week_2_sales.csv")
```

Customer ID 列包含引用 customers.csv 中 ID 列值的外键。customers.csv 中的每条记录都包含客
户的姓氏、名字、性别、公司和职业。使用 read_csv 函数导入该数据集，并使用 index_col 参数将
其 ID 列设置为 DataFrame 索引：

```
In  [40] pd.read_csv("restaurant/customers.csv", index_col = "ID").head()

Out [40]
```

	First Name	Last Name	Gender	Company	Occupation
ID					
1	Joseph	Perkins	Male	Dynazzy	Community Outreach Specialist
2	Jennifer	Alvarez	Female	DabZ	Senior Quality Engineer
3	Roger	Black	Male	Tagfeed	Account Executive
4	Steven	Evans	Male	Fatz	Registered Nurse
5	Judy	Morrison	Female	Demivee	Legal Assistant

```
In  [41] customers = pd.read_csv(
            "restaurant/customers.csv", index_col = "ID"
         )
```

在 week1 和 week2 两个 DataFrame 中还有另一列外键。Food ID 外键连接到 foods.csv 中的 ID
列。食品信息包括 ID、名称和价格。导入这个数据集时，将其 Food ID 列设置为 DataFrame 索引：

```
In  [42] pd.read_csv("restaurant/foods.csv", index_col = "Food ID")

Out [42]
```

	Food Item	Price
Food ID		
1	Sushi	3.99
2	Burrito	9.99
3	Taco	2.99
4	Quesadilla	4.25
5	Pizza	2.49
6	Pasta	13.99
7	Steak	24.99
8	Salad	11.25
9	Donut	0.99
10	Drink	1.75

```
In  [43] foods = pd.read_csv("restaurant/foods.csv", index_col = "Food ID")
```

导入数据集后，就可以开始练习了。

10.8.1　问题描述

本章的挑战问题如下。

(1) 将两周的销售数据连接到一个 DataFrame 中。为 week1 DataFrame 分配 "Week 1" 的键，为 week2 DataFrame 分配 "Week 2" 的键。

(2) 找到第一周和第二周都在餐厅吃饭的顾客。

(3) 找到第一周和第二周都在餐厅用餐，并每周选择相同食物的顾客。

提示：可以将列的列表传递给 on 参数，在多列上对数据集进行连接。

(4) 确定哪些客户仅在第一周或仅在第二周来餐厅用餐。

(5) week1 DataFrame 中的每一行都标示了购买食品的客户。对于每一行，从客户 DataFrame 中提取具体客户的信息。

10.8.2　解决方案

(1) 将两周的餐厅销售数据合并到一个 DataFrame 中，Pandas 顶层的 concat 函数提供了一个完美的解决方案，可以将两个 DataFrame 通过列表的方式传递给函数的 objs 参数。要为结果中的每个 DataFrame 分配 MultiIndex 级别，还将为 keys 参数提供一个带有级别标签的列表：

```
In  [44] pd.concat(objs = [week1, week2], keys = ["Week 1", "Week 2"])

Out [44]
```

		Customer ID	Food ID
Week 1	0	537	9
	1	97	4
	2	658	1
	3	202	2
	4	155	9
	...	...	...
Week 2	245	783	10
	246	556	10
	247	547	9
	248	252	9
	249	249	6

```
500 rows × 2 columns
```

(2) 要找出第一周和第二周都来餐厅用餐的顾客，从技术角度来看，需要找到同时出现在 week1 和 week2 两个 DataFrame 中的 Customer ID。此处可以使用内连接，在 week1 上调用 merge 方法，并将 week2 作为右边的 DataFrame 传入。将连接类型声明为 "inner"，并告诉 Pandas 在 Customer ID 列中查找相同的值：

```
In  [45] week1.merge(
             right = week2, how = "inner", on = "Customer ID"
         ).head()

Out [45]
```

	Customer ID	Food ID_x	Food ID_y
0	537	9	5
1	155	9	3
2	155	1	3
3	503	5	8
4	503	5	9

请记住，内连接显示了 week1 和 week2 两个 DataFrame 中客户 ID 的所有匹配项。因此，结果中有重复项(客户 155 和 503)。如果想删除重复项，可以调用第 5 章介绍的 drop_duplicates 方法：

```
In  [46] week1.merge(
             right = week2, how = "inner", on = "Customer ID"
         ).drop_duplicates(subset = ["Customer ID"]).head()

Out [46]
```

	Customer ID	Food ID_x	Food ID_y
0	537	9	5
1	155	9	3
3	503	5	8
5	550	6	7
6	101	7	4

(3) 若要找到第一周和第二周都光顾餐厅并选择相同食物的顾客，依旧可以使用内连接来解决这个问题。但是，这一次必须向 on 参数传递给一个包含两个列名的列表。Customer ID 和 Food ID 列中的值必须在 week1 和 week2 之间匹配：

```
In  [47] week1.merge(
             right = week2,
             how = "inner",
             on = ["Customer ID", "Food ID"]
         )

Out [47]
```

	Customer ID	Food ID
0	304	3
1	540	3
2	937	10
3	233	3
4	21	4
5	21	4
6	922	1
7	578	5
8	578	5s

(4) 要找出仅在第一周或仅在第二周来餐厅用餐的客户，一种解决方案是使用外连接，可以使用 Customer ID 列中的值来匹配两个 DataFrame 中的记录。此处将 indicator 参数设定为 True 值来添加一个_merge 列。Pandas 将显示客户 ID 是否仅存在于左表("left_only")、仅存在于右表("right_only")或存在于两个表("both")中：

```
In  [48] week1.merge(
            right = week2,
            how = "outer",
            on = "Customer ID",
            indicator = True
         ).head()
```

```
Out [48]
```

	Customer	ID Food	ID_x Food	ID_y _merge
0	537	9.0	5.0	both
1	97	4.0	NaN	left_only
2	658	1.0	NaN	left_only
3	202	2.0	NaN	left_only
4	155	9.0	3.0	both

（5）若要将客户信息提取到 week1 表中，左连接是最佳解决方案。在 week1 DataFrame 中调用 merge 方法，将 customers DataFrame 作为右侧的数据集传入，将 how 参数设定为"left"。

这个问题的棘手部分是 week1 DataFrame 将客户 ID 存储在其 Customer ID 列中，而 customers DataFrame 将它们存储在其索引标签中。为了解决这个问题，可以将 week1 DataFrame 的列名传递给 left_on 参数，并将 right_index 参数的值设定为 True：

```
In  [49] week1.merge(
            right = customers,
            how = "left",
            left_on = "Customer ID",
            right_index = True
         ).head()
```

```
Out [49]
```

	Customer ID	Food ID	First Name	Last Name	Gender	Company	Occupation
0	537	9	Cheryl	Carroll	Female	Zoombeat	Regist...
1	97	4	Amanda	Watkins	Female	Ozu	Accoun...
2	658	1	Patrick	Webb	Male	Browsebug	Commun...
3	202	2	Louis	Campbell	Male	Rhynoodle	Accoun...
4	155	9	Carolyn	Diaz	Female	Gigazoom	Databa...

至此，已经完成了本章的代码挑战。

10.9　本章小结

- 主键是数据集中记录的唯一标识符。
- 外键是对另一个数据集中记录的引用。
- concat 函数可以在水平轴或垂直轴上连接 DataFrame。
- merge 方法按照一些逻辑标准连接两个 DataFrame。
- 内连接获取两个 DataFrame 之间的公共值。对于任何匹配的记录，Pandas 会将右侧 DataFrame 中的所有列添加到左侧 DataFrame 中。

- 外连接合并两个 DataFrame。Pandas 将那些一个数据集中独有的数据和两个数据集共有的数据，都显示出来。

- 当列的值存在于左侧 DataFrame 中时，左连接从右 DataFrame 中提取列。该操作相当于 Excel 中的 VLOOKUP 函数。

- 当第二个 DataFrame 包含想附加到主 DataFrame 的补充信息时，左连接是理想的选择。

第 *11* 章

处理日期和时间

本章主要内容

- 将字符串 Series 转换为日期时间型数据
- 从 datetime 对象中检索日期和时间信息
- 对日期按周、月、季度等进行舍入操作
- 对日期时间型数据进行加减运算

datetime 是一种存储日期和时间的数据类型,它可以对特定日期(如 2021 年 10 月 4 日)、特定时间(如上午 11:50)或两者的结合(如 2021 年 10 月 4 日上午 11:50)进行建模。日期时间型数据很有价值,因为它允许人们跟踪时间趋势:金融分析师可以利用日期时间型数据来确定股票在工作日的最佳表现;餐馆老板可能会利用它们来确定顾客光顾餐馆的高峰时间;运营经理可以使用它们来识别在生产中造成瓶颈的流程,数据集内的时间通常会帮助找出原因。

本章将复习 Python 内置的 datetime 对象,并了解 Pandas 如何使用 Timestamp 和 Timedelta 对象来增强时间处理。我们还将学习如何使用 Pandas 将字符串转换为日期、添加和减去时间偏移量、计算持续时间等。现在开始"时间"之旅吧。

11.1   引入 Timestamp 对象

模块是一个带有 Python 代码的文件。Python 的标准库包含了 250 多个模块,为解决数据库连接、数学和测试等常见问题提供了非常成熟的解决方案。标准库的存在使得开发人员可以专注于编写软件的核心内容,而不需要安装额外的依赖项。人们常说 Python 自带"电池",就像玩具一样,这种语言"开箱即用"。

11.1.1   Python 如何处理日期时间型数据

为了减少内存消耗,Python 默认不自动加载其标准库模块,所以必须将任何需要使用的模块显式导入到项目中。与外部包(例如 Pandas)一样,可以使用 import 关键字导入模块并使用 as 关键字为其分配别名。本章主要使用标准库的 datetime 模块,它存储用于处理日期和时间的类。dt 是 datetime 模块的流行别名。下面启动一个新的 Jupyter Notebook 并将 datetime 与 Pandas 库一起导入:

```
In  [1] import datetime as dt
        import pandas as pd
```

首先回顾一下模块中的 4 个类: date、time、datetime 和 timedelta。(有关类和对象的更多详细信息,请参见附录 B。)

date 对象代表历史中的一天。该对象不存储任何时间。date 类构造函数接受连续的 year、month 和 day 参数,所有参数都需要使用整数。例如,为 1991 年 4 月 12 日实例化一个日期对象:

```
In  [2] # The two lines below are equivalent
        birthday = dt.date(1991, 4, 12)
        birthday = dt.date(year = 1991, month = 4, day = 12)
        birthday

Out [2] datetime.date(1991, 4, 12)
```

date 对象将构造函数的参数保存为对象属性,可以使用 year、month 和 day 属性访问它们的值:

```
In  [3] birthday.year

Out [3] 1991

In  [4] birthday.month

Out [4] 4

In  [5] birthday.day

Out [5] 12
```

date 对象是不可变的——创建后无法更改其内部状态。如果尝试覆盖任何日期属性,Python 将引发 AttributeError 异常:

```
In  [6] birthday.month = 10


---------------------------------------------------------------------
AttributeError                          Traceback (most recent call last)
<ipython-input-15-2690a31d7b19> in <module>
----> 1 birthday.month = 10

AttributeError: attribute 'month' of 'datetime.date' objects is not writable
```

time 类对象表示一天中的特定时间,这个对象不关心具体日期。time 构造函数的前三个参数接受 hour、minute 和 second 的整数参数。与 date 对象一样,time 对象也是不可变的。例如,实例化一个 time 对象,设定为上午 6:43:25:

```
In  [7] # The two lines below are equivalent
        alarm_clock = dt.time(6, 43, 25)
        alarm_clock = dt.time(hour = 6, minute = 43, second = 25)
        alarm_clock

Out [7] datetime.time(6, 43, 25)
```

所有 3 个参数的默认值都是 0。如果实例化一个不带参数的 time 对象，它将表示午夜(凌晨12:00:00)，因为午夜是一天的 0 时 0 分 0 秒：

```
In  [8] dt.time()

Out [8] datetime.time(0, 0)
```

下一个示例为 hour 参数传入 9，为 second 参数传入 42，而 minute 参数没有给出值。time 对象将用 0 代替分钟值，结果是上午 9:00:42：

```
In  [9] dt.time(hour = 9, second = 42)

Out [9] datetime.time(9, 0, 42)
```

time 构造函数使用 24 小时制，可以传递一个大于或等于 12 的小时值来表示下午或晚上的时间。例如 19:43:22，它等效于下午 7:43:22：

```
In  [10] dt.time(hour = 19, minute = 43, second = 22)

Out [10] datetime.time(19, 43, 22)
```

time 对象将构造函数的参数保存为对象属性。可以使用 hour、minute 和 second 属性访问它们的值：

```
In  [11] alarm_clock.hour

Out [11] 6

In  [12] alarm_clock.minute

Out [12] 43

In  [13] alarm_clock.second

Out [13] 25
```

下面介绍 datetime 对象，它同时包含日期和时间。它的前 6 个参数分别是 year、month、day、hour、minute 和 second：

```
In  [14] # The two lines below are equivalent
         moon_landing = dt.datetime(1969, 7, 20, 22, 56, 20)
         moon_landing = dt.datetime(
             year = 1969,
             month = 7,
             day = 20,
             hour = 22,
             minute = 56,
             second = 20
         )
         moon_landing

Out [14] datetime.datetime(1969, 7, 20, 22, 56, 20)
```

year、month 和 day 参数是必需的。与时间相关的属性是可选的，这些参数的默认值为 0。例如表示 2020 年 1 月 1 日午夜(凌晨 12:00:00)，显式传入 year、month 和 day 参数，hour、minute 和 second 参数隐式使用 0 来填充：

```
In  [15] dt.datetime(2020, 1, 1)

Out [15] datetime.datetime(2020, 1, 1, 0, 0)
```

datetime 模块的最后一个值得注意的对象是 timedelta，它表示一段持续时间——一个时间长度，其构造函数的参数包括 weeks、days 和 hours。所有参数都是可选的，默认值为 0。构造函数将各个参数所代表的时间长度加总来表示持续时间。在下一个示例中添加 8 周和 6 天，总共 62 天(8 周×7 天+6 天)，同时还增加 3 小时 58 分 12 秒，总计 14292 秒(238 分×60 秒+12 秒)：

```
In  [16] dt.timedelta(
             weeks = 8,
             days = 6,
             hours = 3,
             minutes = 58,
             seconds = 12
         )

Out [16] datetime.timedelta(days=62, seconds=14292)
```

本节已经熟悉了 Python 如何对日期、时间和持续时间进行建模，下一节探索在 Pandas 中如何使用这些日期与时间对象。

11.1.2　Pandas 如何处理日期时间型数据

Python 的 datetime 模块存在一些问题，常见的问题包括：
- 需要学习大量模块。本章中只介绍了日期时间模块，还有用于日历、时间转换、实用函数等附加模块。
- 需要学习大量的相关类。
- 用于时区逻辑的复杂对象 API。

Pandas 引入了 Timestamp 对象来替代 Python 的 datetime 对象，可以将 Timestamp 和 datetime 对象视为兄弟对象。它们在 Pandas 生态系统中通常可以互换，比如作为方法参数传递时。就像 Series 扩展了 Python 的 list 一样，Timestamp 为更原始的 datetime 对象添加了更多的功能。随着本章内容的推进，将逐步介绍它们的用法。

Timestamp 构造函数在 Pandas 的顶层可用，它接受与 datetime 构造函数相同的参数，需要 3 个与日期相关的参数(year、month 和 day)。与时间相关的参数是可选的，默认值为 0。此处再次以 1991 年 4 月 12 日为例：

```
In  [17] # The two lines below are equivalent
         pd.Timestamp(1991, 4, 12)
         pd.Timestamp(year = 1991, month = 4, day = 12)

Out [17] Timestamp('1991-04-12 00:00:00')
```

可以使用"═"来判断 Timestamp 与 date 或 datetime 对象是否相等：

```
In   [18]  (pd.Timestamp(year = 1991, month = 4, day = 12)
              == dt.date(year = 1991, month = 4, day = 12))
```

```
Out  [18]  True
```

```
In   [19]  (pd.Timestamp(year = 1991, month = 4, day = 12, minute = 2)
              == dt.datetime(year = 1991, month = 4, day = 12, minute = 2))
```

```
Out  [19]  True
```

如果日期或时间有任何差异，这两个对象将不相等。例如实例化一个 minute 值为 2 的时间戳和一个 minute 值为 1 的 datetime，它们的比较结果为 False：

```
In   [20]  (pd.Timestamp(year = 1991, month = 4, day = 12, minute = 2)
              == dt.datetime(year = 1991, month = 4, day = 12, minute = 1))
```

```
Out  [20]  False
```

Timestamp 构造函数非常灵活，可以接受各种输入。下一个示例向构造函数传递一个字符串而不是整数序列。该文本以常见的 YYYY-MM-DD 格式(四位年份、两位月份、两位日期)存储日期，Pandas 可以从输入中正确解析年、月、日信息：

```
In   [21]  pd.Timestamp("2015-03-31")
```

```
Out  [21]  Timestamp('2015-03-31 00:00:00')
```

Pandas 可以识别许多标准的日期时间字符串格式。例如，将日期字符串中的破折号替换为斜杠：

```
In   [22]  pd.Timestamp("2015/03/31")
```

```
Out  [22]  Timestamp('2015-03-31 00:00:00')
```

又如，传递一个 MM/DD/YYYY 格式的字符串，这对 Pandas 来说非常简单：

```
In   [23]  pd.Timestamp("03/31/2015")
```

```
Out  [23]  Timestamp('2015-03-31 00:00:00')
```

还可以传递各种书面格式的时间：

```
In   [24]  pd.Timestamp("2021-03-08 08:35:15")
```

```
Out  [24]  Timestamp('2021-03-08 08:35:15')
```

```
In   [25]  pd.Timestamp("2021-03-08 6:13:29 PM")
```

```
Out  [25]  Timestamp('2021-03-08 18:13:29')
```

最后，Timestamp 构造函数接受 Python 的原生 date、time 和 datetime 对象。例如解析来自 datetime 对象的数据：

```
In   [26]  pd.Timestamp(dt.datetime(2000, 2, 3, 21, 35, 22))
```

```
Out  [26]  Timestamp('2000-02-03 21:35:22')
```

Timestamp 对象实现所有 datetime 属性，如 hour、minute 和 second。例如，将之前的 Timestamp 保存到一个变量中，然后输出几个属性：

```
In  [27] my_time = pd.Timestamp(dt.datetime(2000, 2, 3, 21, 35, 22))
         print(my_time.year)
         print(my_time.month)
         print(my_time.day)
         print(my_time.hour)
         print(my_time.minute)
         print(my_time.second)


Out [27] 2000
         2
         3
         21
         35
         22
```

Pandas 尽最大努力确保其 datetime 对象的工作方式与 Python 的内置对象类似，可以认为对象在 Pandas 操作中是可以有效转换的。

11.2　在 DatetimeIndex 中存储多个时间戳

索引是附加到 Pandas 数据结构的标识符标签的集合。到目前为止，我们遇到的最常见的索引是 RangeIndex，它是一个升序或降序数值 Series，可以通过 index 属性访问 Series 或 DataFrame 的索引：

```
In  [28] pd.Series([1, 2, 3]).index

Out [28] RangeIndex(start=0, stop=3, step=1)
```

Pandas 使用 Index 对象来存储字符串标签的集合。在下一个示例中，请注意 Pandas 附加到 Series 的索引对象会根据其内容发生变化：

```
In  [29] pd.Series([1, 2, 3], index = ["A", "B", "C"]).index

Out [29] Index(['A', 'B', 'C'], dtype='object')
```

DatetimeIndex 是用于存储 Timestamp 对象的索引。如果将 Timestamps 列表传递给 Series 构造函数的 index 参数，Pandas 会将 DatetimeIndex 附加到 Series：

```
In  [30] timestamps = [
             pd.Timestamp("2020-01-01"),
             pd.Timestamp("2020-02-01"),
             pd.Timestamp("2020-03-01"),
         ]

         pd.Series([1, 2, 3], index = timestamps).index

Out [30] DatetimeIndex(['2020-01-01', '2020-02-01', '2020-03-01'],
         dtype='datetime64[ns]', freq=None)
```

如果传递一个 datatime 对象列表，那么 Pandas 也将使用 DatetimeIndex 作为索引：

```
In  [31] datetimes = [
             dt.datetime(2020, 1, 1),
             dt.datetime(2020, 2, 1),
             dt.datetime(2020, 3, 1),
         ]

         pd.Series([1, 2, 3], index = datetimes).index

Out [31] DatetimeIndex(['2020-01-01', '2020-02-01', '2020-03-01'],
         dtype='datetime64[ns]', freq=None)
```

下面从头开始创建一个 DatetimeIndex，它的构造函数在 Pandas 的顶层可用。构造函数的 data 参数接受任何可迭代的日期集合，可以将日期作为字符串、日期时间、Timestamp，甚至将混合数据类型提供给 data 参数。Pandas 会将所有值转换为等效的 Timestamp，并将它们存储在索引中：

```
In  [32] string_dates = ["2018/01/02", "2016/04/12", "2009/09/07"]
         pd.DatetimeIndex(data = string_dates)

Out [32] DatetimeIndex(['2018-01-02', '2016-04-12', '2009-09-07'],
         dtype='datetime64[ns]', freq=None)

In  [33] mixed_dates = [
             dt.date(2018, 1, 2),
             "2016/04/12",
             pd.Timestamp(2009, 9, 7)
         ]
         dt_index = pd.DatetimeIndex(mixed_dates)
         dt_index

Out [33] DatetimeIndex(['2018-01-02', '2016-04-12', '2009-09-07'],
         dtype='datetime64[ns]', freq=None)
```

现在已经将 DatetimeIndex 分配给了 dt_index 变量，下面将它附加到 Pandas 数据结构。例如，将索引连接到示例 Series：

```
In  [34] s = pd.Series(data = [100, 200, 300], index = dt_index)
         s

Out [34] 2018-01-02    100
         2016-04-12    200
         2009-09-07    300
         dtype: int64
```

只有将值存储为 Timestamp 而不是字符串时，与日期和时间相关的操作才可能在 Pandas 中进行。Pandas 不能从 "2018-01-02" 这样的字符串中推断出这个日期是一周中的哪一天，因为 Pandas 认为这个字符串是数字和破折号的集合，而不是实际的日期。这就是为什么第一次导入数据集时必须将所有相关的字符串列转换为日期时间格式。

在 Pandas 中，可以使用 sort_index 方法对 DatetimeIndex 进行升序或降序排序。例如，按升序(较早的日期显示在前面)对索引日期进行排序：

```
In  [35] s.sort_index()
```

```
Out [35] 2009-09-07       300
         2016-04-12       200
         2018-01-02       100
         dtype: int64
```

在对日期时间进行排序或比较时，Pandas 会同时考虑日期和时间。如果两个 Timestamp 使用相同的日期，Pandas 会比较它们的小时、分钟、秒等信息。

Timestamp 可以进行各种排序和比较操作。例如，使用小于号(<)检查一个 Timestamp 是否早于另一个：

```
In  [36] morning = pd.Timestamp("2020-01-01 11:23:22 AM")
         evening = pd.Timestamp("2020-01-01 11:23:22 PM")

         morning < evening
```

```
Out [36] True
```

11.7 节将介绍如何将这些类型的比较应用于 Series 中的所有值。

11.3 将列或索引值转换为日期时间类型数据

本章的第一个数据集 disney.csv 包含世界上最知名的娱乐品牌之一迪士尼公司近60年的股票价格。每行记录包括日期、当天股票的最高价和最低价，以及开盘价和收盘价等信息：

```
In  [37] disney = pd.read_csv("disney.csv")
         disney.head()
```

```
Out [37]
           Date        High        Low       Open       Close
0    1962-01-02    0.096026    0.092908   0.092908    0.092908
1    1962-01-03    0.094467    0.092908   0.092908    0.094155
2    1962-01-04    0.094467    0.093532   0.094155    0.094155
3    1962-01-05    0.094779    0.093844   0.094155    0.094467
4    1962-01-08    0.095714    0.092285   0.094467    0.094155
```

read_csv 函数默认将非数字列中的所有值作为字符串导入。可以访问 DataFrame 的 dtypes 属性来查看列的数据类型。请注意，Date 列的数据类型为"object"，即 Pandas 中的字符串类型：

```
In  [38] disney.dtypes
```

```
Out [38] Date     object
         High     float64
         Low      float64
         Open     float64
         Close    float64
         dtype: object
```

必须明确告诉 Pandas 哪些列的值要转换为日期时间类型，之前使用的是 read_csv 函数的 parse_dates 参数，在第 3 章中介绍过。可以向这个参数传递包含一列的列表，通过这个列表告诉

Pandas 应该将哪些列转换为日期时间类型：

```
In  [39] disney = pd.read_csv("disney.csv", parse_dates = ["Date"])
```

另一种解决方案是使用 Pandas 的 to_datetime 转换函数。该函数接受一个可迭代对象(例如 Python 列表、元组、Series 或索引)，将其值转换为日期时间类型，并在 DatetimeIndex 中返回新值，如下所示：

```
In  [40] string_dates = ["2015-01-01", "2016-02-02", "2017-03-03"]
         dt_index = pd.to_datetime(string_dates)
         dt_index

Out [40] DatetimeIndex(['2015-01-01', '2016-02-02', '2017-03-03'],
         dtype='datetime64[ns]', freq=None)
```

将 disney DataFrame 的 Data Series 传递给 to_datetime 函数：

```
In  [41] pd.to_datetime(disney["Date"]).head()

Out [41] 0    1962-01-02
         1    1962-01-03
         2    1962-01-04
         3    1962-01-05
         4    1962-01-08
         Name: Date, dtype: datetime64[ns]
```

现在有一个 datetime 类型的 Series，覆盖原来的 DataFrame。例如，将原始 Data 列替换为新的 datetime Series，请记住，Python 首先计算等号的右侧：

```
In  [42] disney["Date"] = pd.to_datetime(disney["Date"])
```

下面通过 dtypes 属性再次检查 Date 列：

```
In  [43] disney.dtypes

Out [43] Date      datetime64[ns]
         High             float64
         Low              float64
         Open             float64
         Close            float64
         dtype: object
```

现在得到了一个 datetime 类型的列。通过正确存储日期值，可以探索 Pandas 中 datetime 的更多、更强大的功能。

11.4　使用 DatetimeProperties 对象

datetime Series 拥有一个特殊的 dt 属性，该属性公开一个 DatetimeProperties 对象：

```
In  [44] disney["Date"].dt

Out [44] <pandas.core.indexes.accessors.DatetimeProperties object at
         0x116247950>
```

可以访问 DatetimeProperties 对象的属性和方法，从而从列的 datetime 值中提取信息。datetime 的 dt 属性就像字符串的 str 属性一样(请参阅第 6 章对 str 的介绍)，这两个属性都专门用于处理特定类型的数据。

下面开始探索具有 day 属性的 DatetimeProperties 对象，该属性从每个日期中提取星期几，Pandas 返回新 Series 中的值：

```
In  [45] disney["Date"].head(3)

Out [45] 0    1962-01-02
         1    1962-01-03
         2    1962-01-04
         Name: Date, dtype: datetime64[ns]

In  [46] disney["Date"].dt.day.head(3)

Out [46] 0    2
         1    3
         2    4
         Name: Date, dtype: int64
```

month 属性返回带有月份编号的 Series。一月的 month 值为 1，二月的 month 值为 2，以此类推。重要的是要注意，这与 Python 和 Pandas 中的计数方式不同，在 Python 和 Pandas 中，第一项的值为 0：

```
In  [47] disney["Date"].dt.month.head(3)

Out [47] 0    1
         1    1
         2    1
         Name: Date, dtype: int64
```

year 属性返回一个带有年份的新 Series：

```
In  [48] disney["Date"].dt.year.head(3)

Out [48] 0    1962
         1    1962
         2    1962
         Name: Date, dtype: int64
```

前面的属性很简单。实际中，可以让 Pandas 提取更有趣的信息，比如 dayofweek 属性可以为每个日期是星期几返回一个数字 Series，0 表示周一，1 表示周二，以此类推，直到返回 6，表示周日。在以下输出中，索引位置 0 处的值 1 表示 1962 年 1 月 2 日是星期二：

```
In  [49] disney["Date"].dt.dayofweek.head()

Out [49] 0    1
         1    2
         2    3
         3    4
         4    0
         Name: Date, dtype: int64
```

如果想要工作日的名称而不是它的编号怎么办？day_name 方法可以解决此问题。请注意语法，应在 dt 对象上调用该方法，而不是在 Series 上：

```
In  [50] disney["Date"].dt.day_name().head()

Out [50] 0       Tuesday
         1     Wednesday
         2      Thursday
         3        Friday
         4        Monday
         Name: Date, dtype: object
```

可以将这些 dt 属性和方法与其他 Pandas 函数配对，从而进行高级分析。例如，计算迪士尼公司的股票在工作日的平均表现，首先将从 dt.day_name 方法返回的 Series 附加到 disney DataFrame：

```
In  [51] disney["Day of Week"] = disney["Date"].dt.day_name()
```

可以根据新的 **Day of Week** 列中的值，对数据集进行分组(第 7 章介绍的一种技术)：

```
In  [52] group = disney.groupby("Day of Week")
```

可以调用 GroupBy 对象的 mean 方法来计算每个分组的平均值：

```
In  [53] group.mean()

Out [53]
```

	High	Low	Open	Close
Day of Week				
Friday	23.767304	23.318898	23.552872	23.554498
Monday	23.377271	22.930606	23.161392	23.162543
Thursday	23.770234	23.288687	23.534561	23.540359
Tuesday	23.791234	23.335267	23.571755	23.562907
Wednesday	23.842743	23.355419	23.605618	23.609873

通过三行代码计算了一周中股票的平均表现。

回到 dt 对象方法。month_name 方法返回一个带有日期月份名称的 Series：

```
In  [54] disney["Date"].dt.month_name().head()

Out [54] 0     January
         1     January
         2     January
         3     January
         4     January
         Name: Date, dtype: object
```

dt 对象的某些属性返回布尔值。如果想了解迪士尼公司历史上每个季度初的股票表现，假设一个财年的四个季度分别从 1 月 1 日、4 月 1 日、7 月 1 日和 10 月 1 日开始，is_quarter_start 属性返回一个布尔 Series，其中 True 表示该记录的日期为季度开始日：

```
In  [55] disney["Date"].dt.is_quarter_start.tail()

Out [55] 14722      False
         14723      False
```

```
14724     False
14725      True
14726     False
Name: Date, dtype: bool
```

可以使用布尔 Series 来提取属于季度开始日期的迪士尼公司股票记录。例如使用熟悉的方括号语法来提取行：

```
In  [56] disney[disney["Date"].dt.is_quarter_start].head()

Out [56]
```

	Date	High	Low	Open	Close	Day of Week
189	1962-10-01	0.064849	0.062355	0.063913	0.062355	Monday
314	1963-04-01	0.087989	0.086704	0.087025	0.086704	Monday
377	1963-07-01	0.096338	0.095053	0.096338	0.095696	Monday
441	1963-10-01	0.110467	0.107898	0.107898	0.110467	Tuesday
565	1964-04-01	0.116248	0.112394	0.112394	0.116248	Wednesday

可以使用 is_quarter_end 属性来提取季度末的日期：

```
In  [57] disney[disney["Date"].dt.is_quarter_end].head()

Out [57]
```

	Date	High	Low	Open	Close	Day of Week
251	1962-12-31	0.074501	0.071290	0.074501	0.072253	Monday
440	1963-09-30	0.109825	0.105972	0.108541	0.107577	Monday
502	1963-12-31	0.101476	0.096980	0.097622	0.101476	Tuesday
564	1964-03-31	0.115605	0.112394	0.114963	0.112394	Tuesday
628	1964-06-30	0.101476	0.100191	0.101476	0.100834	Tuesday

is_month_start 和 is_month_end 属性可以用来确认日期是月初还是月底：

```
In  [58] disney[disney["Date"].dt.is_month_start].head()

Out [58]
```

	Date	High	Low	Open	Close	Day of Week
22	1962-02-01	0.096338	0.093532	0.093532	0.094779	Thursday
41	1962-03-01	0.095714	0.093532	0.093532	0.095714	Thursday
83	1962-05-01	0.087296	0.085426	0.085738	0.086673	Tuesday
105	1962-06-01	0.079814	0.077943	0.079814	0.079814	Friday
147	1962-08-01	0.068590	0.068278	0.068590	0.068590	Wednesday

```
In  [59] disney[disney["Date"].dt.is_month_end].head()

Out [59]
```

	Date	High	Low	Open	Close	Day of Week
21	1962-01-31	0.093844	0.092908	0.093532	0.093532	Wednesday
40	1962-02-28	0.094779	0.093220	0.094155	0.093220	Wednesday
82	1962-04-30	0.087608	0.085738	0.087608	0.085738	Monday
104	1962-05-31	0.082308	0.079814	0.079814	0.079814	Thursday
146	1962-07-31	0.069214	0.068278	0.068278	0.068590	Tuesday

可以通过 is_year_start 属性来确定日期是否是新年的第一天。例如返回一个空的 DataFrame，因为股市在元旦休市，因此数据集中没有符合条件的日期：

```
In  [60] disney[disney["Date"].dt.is_year_start].head()

Out [60]
```

Date	High	Low	Open	Close	Day of Week

通过 is_year_end 属性来判断日期是否为一年的最后一天：

```
In  [61] disney[disney["Date"].dt.is_year_end].head()

Out [61]
```

	Date	High	Low	Open	Close	Day of Week
251	1962-12-31	0.074501	0.071290	0.074501	0.072253	Monday
502	1963-12-31	0.101476	0.096980	0.097622	0.101476	Tuesday
755	1964-12-31	0.117853	0.116890	0.116890	0.116890	Thursday
1007	1965-12-31	0.154141	0.150929	0.153498	0.152214	Friday
1736	1968-12-31	0.439301	0.431594	0.434163	0.436732	Tuesday

无论属性如何，数据过滤过程都是相同的：创建一个布尔系列，然后将其传递到 DataFrame 之后的方括号内。

11.5　使用持续时间进行加减

Pandas 中，可以使用 DateOffset 对象添加或减去一段的持续时间。它的构造函数在 Pandas 的顶层可用。构造函数接受 years、months 和 days 等参数。例如模拟 3 年 4 个月零 3 天的时间：

```
In  [62] pd.DateOffset(years = 3, months = 4, days = 5)

Out [62] <DateOffset: days=5, months=4, years=3>
```

回顾一下 disney DataFrame 的前 5 行数据：

```
In  [63] disney["Date"].head()

Out [63] 0    1962-01-02
         1    1962-01-03
         2    1962-01-04
         3    1962-01-05
         4    1962-01-08
         Name: Date, dtype: datetime64[ns]
```

举个例子，假设记录保存系统出现故障，并且 Date 列中的日期偏离了 5 天，可以使用加号(+)和 DateOffset 对象为 datetime Series 中的每个日期添加一致的时间量。加号的意思是"前进"或"向着未来"。例如为 Date 列中的每个日期添加 5 天：

```
In  [64] (disney["Date"] + pd.DateOffset(days = 5)).head()

Out [64] 0    1962-01-07
```

```
1    1962-01-08
2    1962-01-09
3    1962-01-10
4    1962-01-13
Name: Date, dtype: datetime64[ns]
```

如果使用减号(-)，则将从 datetime Series 中的每个日期减去一段持续时间。减号的意思是"向后移动"或"回到过去"。例如将每个日期向后移动 3 天：

```
In  [65] (disney["Date"] - pd.DateOffset(days = 3)).head()

Out [65] 0        1961-12-30
         1        1961-12-31
         2        1962-01-01
         3        1962-01-02
         4        1962-01-05
         Name: Date, dtype: datetime64[ns]
```

尽管前面的输出没有显示，但 Timestamp 对象确实在内部存储了时间。将 Date 列的值转换为 datetime 时，Pandas 假定每个日期的时间为午夜。例如将 hours 参数添加到 DateOffset 构造函数，以便为 Date 列中的每个日期时间添加一致的时间，结果 Series 显示日期和时间：

```
In  [66] (disney["Date"] + pd.DateOffset(days = 10, hours = 6)).head()

Out [66] 0    1962-01-12 06:00:00
         1    1962-01-13 06:00:00
         2    1962-01-14 06:00:00
         3    1962-01-15 06:00:00
         4    1962-01-18 06:00:00
         Name: Date, dtype: datetime64[ns]
```

Pandas 减去持续时间应用的是相同的逻辑。例如从每个日期中减去 1 年 3 个月 10 天 6 小时 3 分钟：

```
In  [67] (
             disney["Date"]
             - pd.DateOffset(
                 years = 1, months = 3, days = 10, hours = 6, minutes = 3
             )
         ).head()

Out [67] 0    1960-09-21 17:57:00
         1    1960-09-22 17:57:00
         2    1960-09-23 17:57:00
         3    1960-09-24 17:57:00
         4    1960-09-27 17:57:00
         Name: Date, dtype: datetime64[ns]
```

DateOffset 构造函数支持秒、微秒和纳秒等关键字参数。有关更多信息，请参阅 Pandas 文档。

11.6　日期偏移

DateOffset 对象最适合为每个日期添加或减去一致的时间量，而现实中的数据分析通常需要更动态的计算。假设要将每个日期舍入到当月的月底，每个日期距其月末的天数不同，因此添加一致的 DateOffset 是不可行的。

Pandas 附带了用于基于时间的动态计算的预构建偏移对象，这些对象在 Pandas 中的 offsets.py 模块中定义。在代码中，必须在这些偏移量前加上它们的完整路径：pd.offsets。

下面以 MonthEnd 为例，MonthEnd 将每个日期舍入到下一个月末。例如 Date 列中最后 5 行的数据：

```
In  [68] disney["Date"].tail()

Out [68] 14722    2020-06-26
         14723    2020-06-29
         14724    2020-06-30
         14725    2020-07-01
         14726    2020-07-02
         Name: Date, dtype: datetime64[ns]
```

可以将 11.5 节中的加法和减法语法应用于 Pandas 的偏移对象。例如返回一个将每个日期时间舍入到月末的新 Series，加号表示向前移动，所以移动到下个月末：

```
In  [69] (disney["Date"] + pd.offsets.MonthEnd()).tail()

Out [69] 14722  2020-06-30
         14723  2020-06-30
         14724  2020-07-31
         14725  2020-07-31
         14726  2020-07-31
         Name: Date, dtype: datetime64[ns]
```

Pandas 不能将日期舍入到同一日期，因此，如果某个日期正好是月末，则 Pandas 会将其舍入到下个月末。Pandas 将把索引位置 14724 的 2020-06-30 舍入到 2020-07-31，即下个月的月末。

使用减号可以将每个日期向后移动。下一个示例使用 MonthEnd 偏移量将日期舍入到上个月的月末。Pandas 将前三个日期(2020-06-26、2020-06-29 和 2020-06-30)舍入到 2020-05-31，即 5 月的最后一天；它将最后两个日期(2020-07-01 和 2020-07-02)舍入到 2020-06-30，即 6 月的最后一天。

```
In  [70] (disney["Date"] - pd.offsets.MonthEnd()).tail()

Out [70] 14722    2020-05-31
         14723    2020-05-31
         14724    2020-05-31
         14725    2020-06-30
         14726    2020-06-30
         Name: Date, dtype: datetime64[ns]
```

MonthBegin 偏移量舍入到一个月的第一个日期。下一个示例使用加号将每个日期舍入到下个月的开始。Pandas 将前三个日期(2020-06-26、2020-06-29 和 2020-06-30)舍入到 2020-07-01，即 7 月初；将剩余的两个 7 月日期(2020-07-01 和 2020-07-02)舍入到 2020-08-01，即 8 月的第一天。

```
In  [71] (disney["Date"] + pd.offsets.MonthBegin()).tail()

Out [71] 14722      2020-07-01
         14723      2020-07-01
         14724      2020-07-01
         14725      2020-08-01
         14726      2020-08-01
         Name: Date, dtype: datetime64[ns]
```

可以将 MonthBegin 偏移量与减号一起使用，从而将日期向后舍入到月初。在下一个示例中，
Pandas 将前三个日期(2020-06-26、2020-06-29 和 2020-06-30)舍入到 2020-06-01，即 6 月初；将最后
一个日期 2020-07-02 舍入到 2020-07-01，即 7 月初。奇怪的是，在索引位置 14725 处的 2020-07-01，
正如前面提到的，Pandas 不能将日期舍入到同一日期，必须对日期进行一些移动，所以 Pandas 将
返回上个月的开始，即 2020-06-01：

```
In  [72] (disney["Date"] - pd.offsets.MonthBegin()).tail()

Out [72] 14722      2020-06-01
         14723      2020-06-01
         14724      2020-06-01
         14725      2020-06-01
         14726      2020-07-01
         Name: Date, dtype: datetime64[ns]
```

一组特殊的偏移量可用于商业时间计算，它们的名字以大写的"B"开头。例如，月末工作日
(BMonthEnd)偏移量舍入到当月的最后一个工作日。5 个工作日是星期一、星期二、星期三、星期
四和星期五。

观察下面包含 3 个日期的 Series，这 3 个日期分别在星期四、星期五和星期六：

```
In  [73] may_dates = ["2020-05-28", "2020-05-29", "2020-05-30"]
         end_of_may = pd.Series(pd.to_datetime(may_dates))
         end_of_may

Out [73] 0      2020-05-28
         1      2020-05-29
         2      2020-05-30
         dtype: datetime64[ns]
```

下面比较一下 MonthEnd 和 BMonthEnd 的偏移量。将 MonthEnd 偏移量与加号一起使用时，
Pandas 会将所有 3 个日期舍入到 2020 年 5 月 31 日，即 5 月的最后一天，该日期是工作日还是周末
都无关紧要：

```
In  [74] end_of_may + pd.offsets.MonthEnd()

Out [74] 0      2020-05-31
         1      2020-05-31
         2      2020-05-31
         dtype: datetime64[ns]
```

BMonthEnd 偏移量返回一组不同的结果。2020 年 5 月的最后一个工作日是 5 月 29 日星期五。

Pandas 将 Series 中的第一个日期(2020-05-28)舍入到下一个日期 2020-05-29，该日期是当月的最后一个营业日期。Pandas 不能将日期舍入到同一日期，因此它将 2020-05-29 舍入到 6 月的最后一个工作日，即 2020-06-30，星期二。Series 的最后一个日期 2020-05-30 是星期六，在这个日期后没有 5 月的工作日了，所以 Pandas 将日期舍入到 6 月的最后一个工作日 2020-06-30：

```
In  [75] end_of_may + pd.offsets.BMonthEnd()

Out [75] 0    2020-05-29
         1    2020-06-30
         2    2020-06-30
         dtype: datetime64[ns]
```

　　pd.offsets 模块包括额外的偏移量，用于舍入到季度、商业季度、年度、商业年度等的开始日期和结束日期。读者可以自己去探索它们的用法。

11.7　Timedelta 对象

　　本章前面提到了 Python 原生的 Timedelta 对象，Timedelta 表示持续一段时间——两个时间之间的差值。比如持续一小时，代表一个时间长度。它没有附加特定的日期或时间。Pandas 使用自己的 Timedelta 对象对持续时间进行建模。

　　注意：很容易混淆这两个对象，Timedelta 内置在 Python 中，而 Timedelta 内置在 Pandas 中。与 Pandas 操作一起使用时，两者可以互换。

　　Timedelta 构造函数在 Pandas 的顶层可用，它接受时间单位的关键字参数，例如 days、hours、minutes 和 seconds。例如，实例化一个 Timedelta 对象，表示 8 天 7 小时 6 分 5 秒：

```
In  [76] duration = pd.Timedelta(
             days = 8,
             hours = 7,
             minutes = 6,
             seconds = 5
         )

         duration

Out [76] Timedelta('8 days 07:06:05')
```

　　可以通过 Pandas 的 to_timedelta 函数将其参数转换为 Timedelta 对象。可以传入一个字符串，如下所示：

```
In  [77] duration = pd.to_timedelta("3 hours, 5 minutes, 12 seconds")

Out [77] Timedelta('0 days 03:05:12')
```

　　还可以将整数与单位参数一起传递给 to_timedelta 函数。unit 参数声明了数字所代表的时间单位，它的值可以是 hour、day 或者 minute。例如，Timedelta 表示 5 小时的持续时间：

```
In  [78] pd.to_timedelta(5, unit = "hour")

Out [78] Timedelta('0 days 05:00:00')
```

Pandas 中，可以将一个可迭代对象(例如列表)传递给 to_timedelta 函数，从而将其值转换为 Timedelta。Pandas 会将 Timedeltas 存储在 TimedeltaIndex 中，这是一个用于存储持续时间的 Pandas 索引：

```
In  [79] pd.to_timedelta([5, 10, 15], unit = "day")

Out [79] TimedeltaIndex(['5 days', '10 days', '15 days'],
             dtype='timedelta64[ns]', freq=None)
```

通常，Timedelta 对象是派生的，而不是从头开始创建的。例如，从一个 Timestamp 中减去另一个 Timestamp 会自动返回一个 Timedelta：

```
In  [80] pd.Timestamp("1999-02-05") - pd.Timestamp("1998-05-24")

Out [80] Timedelta('257 days 00:00:00')
```

现在已经熟悉了 Timedelta，下面导入本章的第二个数据集：deliveries.csv。这个数据集中保存虚构公司的产品发货跟踪信息，每行包括一个订单日期和一个交付日期信息：

```
In  [81] deliveries = pd.read_csv("deliveries.csv")
         deliveries.head()

Out [81]
```

	order_date	delivery_date
0	5/24/98	2/5/99
1	4/22/92	3/6/98
2	2/10/91	8/26/92
3	7/21/92	11/20/97
4	9/2/93	6/10/98

如果要将两列中的值转换为日期时间类型，可以使用 parse_dates 参数，此处尝试另一种方法。两次调用 to_datetime 函数，一次用于 order_date 列，另一次用于 delivery_date 列，然后覆盖现有的 DataFrame 列：

```
In  [82] deliveries["order_date"] = pd.to_datetime(
             deliveries["order_date"]
         )

         deliveries["delivery_date"] = pd.to_datetime(
             deliveries["delivery_date"]
         )
```

一个更具可扩展性的解决方案是使用 for 循环遍历列名。可以动态引用 deliveries 的列，使用 to_datetime 来创建 Timestamp 的 DatetimeIndex，然后覆盖原始列：

```
In  [83] for column In  ["order_date", "delivery_date"]:
             deliveries[column] = pd.to_datetime(deliveries[column])
```

deliveries 数据集中的数据如下，新的列格式确定已将字符串转换为日期时间类型：

```
In  [84] deliveries.head()
```

```
Out [84]
```

	order_date	delivery_date
0	1998-05-24	1999-02-05
1	1992-04-22	1998-03-06
2	1991-02-10	1992-08-26
3	1992-07-21	1997-11-20
4	1993-09-02	1998-06-10

下面计算每批货物的运送时间。在 Pandas 中,这个计算就像从 delivery_date 列中减去 order_date 列一样简单:

```
In  [85] (deliveries["delivery_date"] - deliveries["order_date"]).head()

Out [85] 0     257 days
         1    2144 days
         2     563 days
         3    1948 days
         4    1742 days
         dtype: timedelta64[ns]
```

Pandas 返回一个 timedelta Series,将新 Series 附加到 deliveries DataFrame 的末尾:

```
In  [86] deliveries["duration"] = (
             deliveries["delivery_date"] - deliveries["order_date"]
         )
         deliveries.head()

Out [86]
```

	order_date	delivery_date	duration
0	1998-05-24	1999-02-05	257 days
1	1992-04-22	1998-03-06	2144 days
2	1991-02-10	1992-08-26	563 days
3	1992-07-21	1997-11-20	1948 days
4	1993-09-02	1998-06-10	1742 days

现在有两个 Timestamp 列和一个 Timedelta 列:

```
In  [87] deliveries.dtypes

Out [87] order_date       datetime64[ns]
         delivery_date    datetime64[ns]
         duration         timedelta64[ns]
         dtype: object
```

可以从 Timestamp 对象中加上或减去 Timedelta。例如从 delivery_date 列中减去每一行的持续时间,可以预见的是,新 Series 中的值与 order_date 列中的值相同:

```
In  [88] (deliveries["delivery_date"] - deliveries["duration"]).head()

Out [88] 0     1998-05-24
         1     1992-04-22
         2     1991-02-10
```

```
3      1992-07-21
4      1993-09-02
dtype: datetime64[ns]
```

加号将 Timedelta 添加到 Timestamp。假设每个包裹的到达时间是原来的两倍，如果想找到交付日期，可以将 duration 列中的 Timedelta 值加到 delivery_date 列中的 Timestamp 值上：

```
In  [89] (deliveries["delivery_date"] + deliveries["duration"]).head()

Out [89] 0      1999-10-20
         1      2004-01-18
         2      1994-03-12
         3      2003-03-22
         4      2003-03-18
         dtype: datetime64[ns]
```

sort_values 方法适用于 Timedelta Series。例如，按升序对 duration 列进行排序，显示从最短的交付时间到最长的交付时间记录：

```
In  [90] deliveries.sort_values("duration")

Out [90]
```

	order_date	delivery_date	duration
454	1990-05-24	1990-06-01	8 days
294	1994-08-11	1994-08-20	9 days
10	1998-05-10	1998-05-19	9 days
499	1993-06-03	1993-06-13	10 days
143	1997-09-20	1997-10-06	16 days
...	...	...	...
152	1990-09-18	1999-12-19	3379 days
62	1990-04-02	1999-08-16	3423 days
458	1990-02-13	1999-11-15	3562 days
145	1990-03-07	1999-12-25	3580 days
448	1990-01-20	1999-11-12	3583 days

```
501 rows × 3 columns
```

Timedelta Series 也提供数学方法。接下来的几个例子重点介绍了本书中使用的三种方法，即 max 表示最大值，min 表示最小值，mean 表示平均值：

```
In  [91] deliveries["duration"].max()

Out [91] Timedelta('3583 days 00:00:00')

In  [92] deliveries["duration"].min()

Out [92] Timedelta('8 days 00:00:00')

In  [93] deliveries["duration"].mean()

Out [93] Timedelta('1217 days 22:53:53.532934')
```

接下来，找出 DataFrame 中交付时间超过一年的包裹，可以使用大于号(>)将每个 duration 列的
值与固定持续时间进行比较。例如将时间长度指定为 Timedelta 或字符串，此处使用"365 days"：

```
In   [94] # The two lines below are equivalent
          (deliveries["duration"] > pd.Timedelta(days = 365)).head()
          (deliveries["duration"] > "365 days").head()

Out  [94] 0     False
          1     True
          2     True
          3     True
          4     True
          Name: Delivery Time, dtype: bool
```

使用布尔 Series 来过滤交付时间大于 365 天的记录：

```
In   [95] deliveries[deliveries["duration"] > "365 days"].head()

Out  [95]
```

	order_date	delivery_date	duration
1	1992-04-22	1998-03-06	2144 days
2	1991-02-10	1992-08-26	563 days
3	1992-07-21	1997-11-20	1948 days
4	1993-09-02	1998-06-10	1742 days
6	1990-01-25	1994-10-02	1711 days

在 Pandas 中，可以根据需要对持续时间进行细化。例如在字符串中包含天、小时和分钟，用
逗号分隔时间单位：

```
In   [96] long_time = (
              deliveries["duration"] > "2000 days, 8 hours, 4 minutes"
          )

          deliveries[long_time].head()

Out  [96]
```

	order_date	delivery_date	duration
1	1992-04-22	1998-03-06	2144 days
7	1992-02-23	1998-12-30	2502 days
11	1992-10-17	1998-10-06	2180 days
12	1992-05-30	1999-08-15	2633 days
15	1990-01-20	1998-07-24	3107 days

提醒一下，Pandas 可以对 Timedelta 列进行排序。要发现最长或最短的持续时间，可以在 duration
Series 上调用 sort_values 方法。

11.8 代码挑战

通过本章的代码挑战，将更好地掌握本章的内容。

11.8.1 问题描述

Citi Bike NYC 是纽约市官方的共享单车计划。计划中，居民和游客可以在纽约市内数百个地点取放自行车，乘车数据是公开的，并且每个月在 https://www.citibikenyc.com/system-data 上发布。citibike.csv 是骑行者在 2020 年 6 月进行的约 190 万次骑行的数据集合。为简单起见，数据集已对其原始版本进行了修改，仅包含两列：每次骑行的开始时间和结束时间。下面导入数据集，并将其分配给 citi_bike 变量：

```
In  [97] citi_bike = pd.read_csv("citibike.csv")
         citi_bike.head()

Out [97]
                       start_time              stop_time
0       2020-06-01 00:00:03.3720  2020-06-01 00:17:46.2080
1       2020-06-01 00:00:03.5530  2020-06-01 01:03:33.9360
2       2020-06-01 00:00:09.6140  2020-06-01 00:17:06.8330
3       2020-06-01 00:00:12.1780  2020-06-01 00:03:58.8640
4       2020-06-01 00:00:21.2550  2020-06-01 00:24:18.9650
```

start_time 和 stop_time 列中的日期时间包括年、月、日、小时、分钟、秒和微秒。(微秒是一个时间单位，等于百万分之一秒。)

可以使用 info 方法打印一个摘要，其中包括 DataFrame 的长度、列的数据类型和内存使用情况。请注意，Pandas 已将这两列的值作为字符串导入：

```
In  [98] citi_bike.info()

Out [98]

<class 'pandas.core.frame.DataFrame'>
RangeIndex: 1882273 entries, 0 to 1882272
Data columns (total 2 columns):
 #   Column      Dtype
---  ------      -----
 0   start_time  object
 1   stop_time   object
dtypes: object(2)
memory usage: 28.7+ MB
```

本章的问题如下：

(1) 将 start_time 和 stop_time 列转换为日期时间类型(Timestamp)而不是字符串。

(2) 计算一周中每天的骑行次数，并计算哪个工作日的骑行次数最多。使用 start_time 列作为起点。

(3) 计算一个月中，每周的骑行次数。为此，请将 start_time 列中的每个日期舍入到其上一个或当前的星期一。假设每周从星期一开始，到星期日结束。因此，在当前数据集内，6 月的第一周将是 6 月 1 日星期一到 6 月 7 日星期日。

(4) 计算每次骑行的持续时间，并将结果保存到新的 duration 列。

(5) 计算骑自行车的平均持续时间。

(6) 从数据集中找到骑行时间最长的 5 条记录。

11.8.2　解决方案

(1) 利用 Pandas 的 to_datetime 转换函数可以很好地将 start_time 列和 end_time 列的值转换为 Timestamp。使用 for 循环遍历列名的列表，将每一列名称传递到 to_datetime 函数，并用新的 datetime Series 覆盖现有的字符串列：

```
In  [99] for column In  ["start_time", "stop_time"]:
            citi_bike[column] = pd.to_datetime(citi_bike[column])
```

再次调用 info 方法来确认这两列存储了日期时间类型的值：

```
In  [100] citi_bike.info()

Out [100]

<class 'pandas.core.frame.DataFrame'>
RangeIndex: 1882273 entries, 0 to 1882272
Data columns (total 2 columns):
 #    Column       Dtype
---   ------       -----
 0    start_time   datetime64[ns]
 1    stop_time    datetime64[ns]
dtypes: datetime64[ns](2)
memory usage: 28.7 MB
```

(2) 必须采取两个步骤来计算每个工作日的自行车骑行次数。首先，从 start_time 列的每个日期时间值中提取工作日，然后计算工作日发生骑行的次数。dt.day_name 方法返回一个 Series，内容是每个日期对应的星期几：

```
In  [101] citi_bike["start_time"].dt.day_name().head()

Out [101] 0     Monday
          1     Monday
          2     Monday
          3     Monday
          4     Monday
          Name: start_time, dtype: object
```

然后在返回的 Series 上调用 value_counts 方法来计算工作日中的骑行次数。2020 年 6 月，星期二是骑行次数最多的一天：

```
In  [102] citi_bike["start_time"].dt.day_name().value_counts()

Out [102] Tuesday      305833
          Sunday       301482
          Monday       292690
          Saturday     285966
          Friday       258479
          Wednesday    222647
```

```
        Thursday     215176
        Name: start_time, dtype: int64
```

(3) 若要计算一个月中每周的骑行次数，应将每个日期分组到其相应的星期桶中，可以通过将日期舍入到上一个或当前的星期一来做到这一点。这是一个明智的解决方案：使用 dayofweek 属性返回一个数字 Series。0 表示星期一，1 表示星期二，6 表示星期日，以此类推：

```
In  [103] citi_bike["start_time"].dt.dayofweek.head()

Out [103] 0    0
          1    0
          2    0
          3    0
          4    0
             Name: start_time, dtype: int64
```

工作日的数字还可以表示距离最近的星期一的天数。例如，6 月 1 日星期一的 dayofweek 值为 0，该日期距最近的星期一还有 0 天。同样，6 月 2 日星期二的 dayofweek 值为 1，该日期距离最近的星期一(6 月 1 日)为一天。将 Series 保存到 days_away_from_monday 变量中：

```
In  [104] days_away_from_monday = citi_bike["start_time"].dt.dayofweek
```

如果从一个日期中减去一个日期的 dayofweek 值，将得到每个日期舍入到它的前一个星期一。可以将 dayofweek Series 传递给 to_timedelta 函数，以将其转换为一个持续时间的 Series。例如，将 unit 参数设置为 "day"，从而告诉 Pandas 将数值视为天数：

```
In  [105] citi_bike["start_time"] - pd.to_timedelta(
              days_away_from_monday, unit = "day"
          )

Out [105] 0              2020-06-01 00:00:03.372
          1              2020-06-01 00:00:03.553
          2              2020-06-01 00:00:09.614
          3              2020-06-01 00:00:12.178
          4              2020-06-01 00:00:21.255
                              ...
          1882268        2020-06-29 23:59:41.116
          1882269        2020-06-29 23:59:46.426
          1882270        2020-06-29 23:59:47.477
          1882271        2020-06-29 23:59:53.395
          1882272        2020-06-29 23:59:53.901
          Name: start_time, Length: 1882273, dtype: datetime64[ns]
```

将新 Series 保存到 dates_rounded_to_monday 变量中：

```
In  [106] dates_rounded_to_monday = citi_bike[
              "start_time"
          ] - pd.to_timedelta(days_away_from_monday, unit = "day")
```

至此，已经完成一半的工作。日期已经被舍入到正确的星期一，但是 value_counts 方法还不能使用。日期之间的时间差异会导致 Pandas 认为它们不相等：

```
In  [107] dates_rounded_to_monday.value_counts().head()
```

```
Out [107] 2020-06-22 20:13:36.208    3
          2020-06-08 17:17:26.335    3
          2020-06-08 16:50:44.596    3
          2020-06-15 19:24:26.737    3
          2020-06-08 19:49:21.686    3
          Name: start_time, dtype: int64
```

使用 dt.date 属性返回一个包含每个 datetime 的日期 Series：

```
In  [108] dates_rounded_to_monday.dt.date.head()

Out [108] 0       2020-06-01
          1       2020-06-01
          2       2020-06-01
          3       2020-06-01
          4       2020-06-01
          Name: start_time, dtype: object
```

现在已经提取了日期，可以调用 value_counts 方法来计算每个值的出现次数。6 月 15 日(星期一)至 6 月 21 日(星期日)这一周是整个月骑行次数最多的一周：

```
In  [109] dates_rounded_to_monday.dt.date.value_counts()

Out [109] 2020-06-15    481211
          2020-06-08    471384
          2020-06-22    465412
          2020-06-01    337590
          2020-06-29    126676
          Name: start_time, dtype: int64
```

(4) 要计算每次骑行的持续时间，可以从 stop_time 列中减去 start_time 列。Pandas 将返回一个 Timedelta Series。此处需要为下一个示例保存这个 Series，所以将它作为一个名为 duration 的新列附加到 DataFrame 上：

```
In  [110] citi_bike["duration"] = (
              citi_bike["stop_time"] - citi_bike["start_time"]
          )

          citi_bike.head()

Out [110]
```

	start_time	stop_time	duration
0	2020-06-01 00:00:03.372	2020-06-01 00:17:46.208	0 days 00:17:42.836000
1	2020-06-01 00:00:03.553	2020-06-01 01:03:33.936	0 days 01:03:30.383000
2	2020-06-01 00:00:09.614	2020-06-01 00:17:06.833	0 days 00:16:57.219000
3	2020-06-01 00:00:12.178	2020-06-01 00:03:58.864	0 days 00:03:46.686000
4	2020-06-01 00:00:21.255	2020-06-01 00:24:18.965	0 days 00:23:57.710000

请注意，如果列中存储的是字符串，则前面的减法会引发错误，这就是必须首先将它们转换为 datetime 的原因。

(5) 要找到所有骑行时间的平均持续时间，这个过程很简单，可以在新的 duration 列中调用 mean 方法进行计算。平均骑行时间为 27 分 19 秒：

```
In  [111] citi_bike["duration"].mean()

Out [111] Timedelta('0 days 00:27:19.590506853')
```

(6) 要确定数据集中骑行时间最长的 5 次记录，一种解决方案是使用 sort_values 方法对 duration 列值进行降序排序，然后使用 head 方法查看前 5 行。这些记录可能反映了骑行后忘记锁车的场景：

```
In  [112] citi_bike["duration"].sort_values(ascending = False).head()

Out [112] 50593     32 days 15:01:54.940000
          98339     31 days 01:47:20.632000
          52306     30 days 19:32:20.696000
          15171     30 days 04:26:48.424000
          149761    28 days 09:24:50.696000
          Name: duration, dtype: timedelta64[ns]
```

另一种解决方案是使用 nlargest 方法。可以在 duration Series 或整个 DataFrame 上调用这个方法：

```
In  [113] citi_bike.nlargest(n = 5, columns = "duration")

Out [113]
```

	start_time	stop_time	duration
50593	2020-06-01 21:30:17...	2020-07-04 12:32:12...	32 days 15:01:54.94...
98339	2020-06-02 19:41:39...	2020-07-03 21:29:00...	31 days 01:47:20.63...
52306	2020-06-01 22:17:10...	2020-07-02 17:49:31...	30 days 19:32:20.69...
15171	2020-06-01 13:01:41...	2020-07-01 17:28:30...	30 days 04:26:48.42...
149761	2020-06-04 14:36:53...	2020-07-03 00:01:44...	28 days 09:24:50.69...

至此，已经找到骑行时间最长的 5 条记录，并完成了本章的代码挑战。

11.9 本章小结

- Pandas 中，Timestamp 对象是 datetime 对象的灵活、强大的替代品。
- datetime Series 的 dt 访问器提供一个 DatetimeProperties 对象，该对象具有用于提取日、月、工作日名称等的属性和方法。
- Timedelta 对象对持续时间进行建模。
- 将两个 Timestamp 对象相减时，Pandas 会生成一个 Timedelta 对象。
- pd.offsets 包中的偏移量动态地将日期舍入到最近的周、月、季度等，可以用加号向前取整，用减号向后取整。
- DatetimeIndex 是 Timestamp 值的容器，可以将它作为索引或列添加到 Pandas 数据结构中。
- TimedeltaIndex 是 Timedelta 对象的容器。
- to_datetime 函数可以将一个可迭代的值转换为时间戳的 DatetimeIndex。

第 *12* 章

导入和导出

本章主要内容

- 导入 JSON 数据
- 将嵌套的记录集合展开
- 从在线网站下载 CSV
- 读写 Excel 工作簿

数据集有多种文件格式：逗号分隔值(CSV)文件、制表符分隔值(TSV)文件、Excel 工作簿(XLSX)文件等。某些数据格式不以表格格式存储数据，它们将相关数据的集合嵌套在键值存储中。例如，将数据存储在表 12-1 中。

表 12-1　奥斯卡奖得主表格

Year	Award	Winner
2000	Best Actor	Russell Crowe
2000	Best Actress	Julia Roberts
2001	Best Actor	Denzel Washington
2001	Best Actress	Halle Berry

又如，以下代码将相同的数据存储在 Python 字典中。Python 的字典是键值数据结构的一个例子：

```
{
    2000: [
        {
            "Award": "Best Actor",
            "Winner": "Russell Crowe"
        },
        {
            "Award": "Best Actress",
            "Winner": "Julia Roberts"
        }
    ],
    2001: [
```

```
    {
        "Award": "Best Actor",
        "Winner": "Denzel Washington"
    },
    {
        "Award": "Best Actress",
        "Winner": "Halle Berry"
    }
  ]
}
```

Pandas 附带很多实用函数,可将键值数据转换为表格数据,反之亦然。DataFrame 中有数据时,可以将所有自己喜欢的技术应用到它上面。但是,将数据转换成正确的结构通常被证明是分析中最具挑战性的部分。本章将学习如何解决数据导入中的常见问题,还将探索把 DataFrame 导出为各种文件类型和数据结构。

12.1 读取和写入 JSON 文件

JavaScript Object Notation (JSON)是一种用于存储和传输文本数据的格式,这可能是当今最流行的键值存储格式。尽管它使用 JavaScript 编程语言的语法,但 JSON 本身是独立于 JavaScript 语言的。今天的大多数语言,包括 Python,都可以生成和解析 JSON。

JSON 由键值对组成,其中键用作值的唯一标识符。通过冒号(:)将键与值进行分隔:

```
"name":"Harry Potter"
```

键必须是字符串。值可以是任何数据类型,包括字符串、数字和布尔值。JSON 类似于 Python 的字典对象。

JSON 是许多现代应用程序编程接口(API)的流行响应格式,例如网站服务器。来自 API 的原始 JSON 响应看起来像一个纯字符串。响应内容可能如下所示:

```
{"name":"Harry Potter","age":17,"wizard":true}
```

称为 linter 的软件程序,通过将每个键值对放在单独的行上来格式化 JSON 响应。一个比较受欢迎的例子是 JSONLint(https://jsonlint.com),通过 JSONLint 可以将 JSON 格式化为如下结果:

```
{
    "name": "Harry Potter",
    "age": 17,
    "wizard": true,
}
```

前面两个代码示例在技术上是等同的,但后者更具可读性。

上面的 JSON 响应包含三个键值对:

- "name" 键对应字符串值 "Harry Potter"。
- "age" 键对应整数值 17。
- "wizard" 键对应布尔值 true。在 JSON 中,布尔值以小写字母拼写。该概念与 Python 布尔值相同。

键也可以指向一个数组，一个有序的元素集合，相当于一个 Python 列表。下一个 JSON 示例中的"friends"键映射到两个字符串组成的数组：

```
{
    "name": "Harry Potter",
    age": 17,
    "wizard": true,
    "friends": ["Ron Weasley", "Hermione Granger"],
}
```

JSON 可以在嵌套对象中存储额外的键值对，例如以下示例中的"address"。在 Python 术语中，可以将"address"视为嵌套在另一个字典中的字典：

```
{
    "name": "Harry Potter",
    "age": 17,
    "wizard": true,
    "friends": ["Ron Weasley", "Hermione Granger"],
    "address": {
        "street": "4 Privet Drive",
        "town": "Little Whinging"
    }
}
```

键值对的嵌套存储，可以通过对相关字段进行分组来帮助简化数据。

12.1.1　将 JSON 文件加载到 DataFrame 中

创建一个新的 Jupyter Notebook 并导入 Pandas 库。确保在与本章数据文件相同的目录中创建 Notebook：

```
In  [1] import pandas as pd
```

JSON 可以存储在扩展名为.json 的纯文本文件中。本章的 Prizes.json 文件是来自诺贝尔奖 API 的 JSON 格式数据。这个 API 存储可追溯到 1901 年的诺贝尔奖获得者，可以通过访问 http://api.nobelprize.org/v1/prize.json 在 Web 浏览器中查看原始 JSON 内容。下面是 JSON 内容的预览：

```
{
    "prizes": [
        {
            "year": "2019",
            "category": "chemistry",
            "laureates": [
                {
                    "id": "976",
                    "firstname": "John",
                    "surname": "Goodenough",
                    "motivation": "\"for the development of lithium-ion batteries\"",
                    "share": "3"
                },
                {
```

```
                    "id": "977",
                    "firstname": "M. Stanley",
                    "surname": "Whittingham",
                    "motivation": "\"for the development of lithium-ion batteries\"",
                    "share": "3"
                },
                {
                    "id": "978",
                    "firstname": "Akira",
                    "surname": "Yoshino",
                    "motivation": "\"for the development of lithium-ion batteries\"",
                    "share": "3"
                }
            ]
        },
```

以上 JSON 的顶级 key 为 prizes，对应通过字典保存的每个 year 和 category("化学""物理""文学"等)的组合。year 和 category 键适用于所有获奖者，而 laureates 和 overallMotivation 键仅适用于部分获奖者。下面是一个带有 overallMotivation 键的示例字典：

```
{
    year: "1972",
    category: "peace",
    overallMotivation: "No Nobel Prize was awarded this year. The prize
    money for 1972 was allocated to the Main Fund."
}
```

laureates 键连接到一个字典数组，每个字典都有自己的 id、firstname、surname、motivation 和 share 键。Laureates 键存储了一个数组，从而容纳多年来多个人获得同一类别的诺贝尔奖，即使某年只有一位获胜者，laureates 键也会使用列表，例如：

```
{
    year: "2019",
    category: "literature",
    laureates: [
        {
            id: "980",
            firstname: "Peter",
            surname: "Handke",
            motivation: "for an influential work that with linguistic
            ingenuity has explored the periphery and the specificity of
            human experience",
            share: "1"
        }
    ]
},
```

Pandas 中的导入函数具有一致的命名方案，每一个方案都包含一个 read 前缀，后面跟着一个文件类型。例如，本书中多次使用了 read_csv 函数。要导入 JSON 文件，将使用 read_json 函数，它的第一个参数是文件路径。在下一个示例中，向这个函数传递 nobel.json 文件，Pandas 返回一个带有 prizes 列的单列 DataFrame：

```
In  [2] nobel = pd.read_json("nobel.json")
```

```
      nobel.head()
```

Out [2]

	prizes
0	{'year': '2019', 'category': 'chemistry', 'laureates': [{'id': '97...
1	{'year': '2019', 'category': 'economics', 'laureates': [{'id': '98...
2	{'year': '2019', 'category': 'literature', 'laureates': [{'id': '9...
3	{'year': '2019', 'category': 'peace', 'laureates': [{'id': '981', ...
4	{'year': '2019', 'category': 'physics', 'overallMotivation': '"for...

此处已成功将文件导入 Pandas，但不幸的是，它的格式不适合分析。Pandas 将 JSON 的顶级
prizes 键设置为列名，并为它从 JSON 中解析的每个键值对创建一个 Python 字典。以下示例显示了
解析出的一行记录：

```
In  [3] nobel.loc[2, "prizes"]

Out [3] {'year': '2019',
         'category': 'literature',
         'laureates': [{'id': '980',
           'firstname': 'Peter',
           'surname': 'Handke',
         'motivation': '"for an influential work that with linguistic
           ingenuity has explored the periphery and the specificity of
           human experience"',
         'share': '1'}]}
```

下一个示例将行值传递给 Python 的内置 type 函数，结果显示它的类型为字典：

```
In  [4] type(nobel.loc[2, "prizes"])

Out [4] dict
```

目标是将数据转换为表格格式，为此，需要提取 JSON 的顶级键值对(year 和 category)来形成
DataFrame 的列，还需要遍历 laureates 列表中的每个字典并提取其嵌套信息。假设要为每位诺贝尔
奖获得者设置一个单独的行，并显示他们的获奖年份和所属类别，期望得到如下格式的 DataFrame：

	id	firstname	surname	motivation	share	year	category
0	976	John	Goodenough	"for the develop...	3	2019	chemistry
1	977	M. Stanley	Whittingham	"for the develop...	3	2019	chemistry
2	978	Akira	Yoshino	"for the develop...	3	2019	chemistry

将嵌套的数据记录移动到单个一维列表中的过程称为展平(flattening)或规范化(normalizing)，
Pandas 库包含一个内置的 json_normalize 函数来处理这项繁重的工作。下面通过一个小例子——来
自 nobel DataFrame 的示例字典，来了解这个函数。使用 loc 访问器访问第一行记录对应的字典，并
将其分配给 chemistry_2019 变量：

```
In  [5] chemistry_2019 = nobel.loc[0, "prizes"]
        chemistry_2019

Out [5] {'year': '2019',
         'category': 'chemistry',
         'laureates': [{'id': '976',
```

```
                        'firstname': 'John',
                        'surname': 'Goodenough',
                        'motivation': '"for the development of lithium-ion batteries"',
                        'share': '3'},
                     {'id': '977',
                        'firstname': 'M. Stanley',
                        'surname': 'Whittingham',
                        'motivation': '"for the development of lithium-ion batteries"',
                        'share': '3'},
                     {'id': '978',
                        'firstname': 'Akira',
                        'surname': 'Yoshino',
                        'motivation': '"for the development of lithium-ion batteries"',
                        'share': '3'}]}
```

下面将 chemistry_2019 字典传递给 json_normalize 函数的 data 参数，Pandas 提取了 3 个顶级字典键(year、category、laureates)来生成新 DataFrame 中的列。不幸的是，结果中仍然保留了 laureates 列表中的嵌套字典。最终，希望将数据存储在单独的列中。

```
In  [6] pd.json_normalize(data = chemistry_2019)

Out [6]
```

	year	category	laureates
0	2019	chemistry	[{'id': '976', 'firstname': 'John', 'surname':...

可以使用json_normalize 函数的record_path 参数来规范嵌套的laureates 记录。可以向record_path 参数传递一个字符串，表示字典中的哪个键保存嵌套记录。下面将 laureates 传递给这个参数：

```
In  [7] pd.json_normalize(data = chemistry_2019, record_path = "laureates")

Out [7]
```

	id	firstname	surname	motivation	share
0	976	John	Goodenough	"for the development of li...	3
1	977	M. Stanley	Whittingham	"for the development of li...	3
2	978	Akira	Yoshino	"for the development of li...	3

Pandas 将嵌套的 laureates 字典扩展为新的列，但现在失去了原来的 year 和 category 列。为了保留这些顶级键值对，可以将一个列表及其名称传递给 meta 参数：

```
In  [8] pd.json_normalize(
            data = chemistry_2019,
            record_path = "laureates",
            meta = ["year", "category"],
        )

Out [8]
```

	id	firstname	surname	motivation	share	year	category
0	976	John	Goodenough	"for the develop...	3	2019	chemistry
1	977	M. Stanley	Whittingham	"for the develop...	3	2019	chemistry
2	978	Akira	Yoshino	"for the develop...	3	2019	chemistry

这正是我们想要的 DataFrame，说明规范化策略已在 prizes 列中的单个字典上成功运行。幸运的是，json_normalize 函数足够聪明，可以接受字典 Series，并为每个条目重复提取数据。下面看看向函数传递 prizes Series 时会发生什么：

```
In  [9] pd.json_normalize(
            data = nobel["prizes"],
            record_path = "laureates",
            meta = ["year", "category"]
        )


--------------------------------------------------------------------------
KeyError                                 Traceback (most recent call last)
<ipython-input-49-e09a24c19e5b> in <module>
      2          data = nobel["prizes"],

      3          record_path = "laureates",
----> 4          meta = ["year", "category"]
      5 )


KeyError: 'laureates'
```

不幸的是，Pandas 引发了 KeyError 异常。prizes Series 中的某些字典没有 laureates 键。json_normalize 函数无法从不存在的列表中提取嵌套的获奖者信息，解决此问题的一种方法是识别缺少 laureates 键的字典，并手动为其分配键。在这些情况下，可以为 laureates 键提供一个空列表的值。

下面回顾一下 Python 字典的 setdefault 方法，使用如下字典作为数据源：

```
In  [10] cheese_consumption = {
             "France": 57.9,
             "Germany": 53.2,
             "Luxembourg": 53.2
         }
```

setdefault 方法将键值对分配给字典，但前提是字典没有键。如果键存在，则方法返回其现有值。方法的第一个参数是键，第二个参数是值。

以下示例尝试向 cheese_consumption 字典中添加键为 "France"，值为 100 的记录。该键存在，因此没有任何变化。Python 保持 57.9 的原始值：

```
In  [11] cheese_consumption.setdefault("France", 100)

Out [11] 57.9

In  [12] cheese_consumption["France"]

Out [12] 57.9
```

相比之下，下一个示例将 "Italy" 作为 setdefault 的参数。字典中不存在键 Italy，因此 Python 添加它并为其分配值 48：

```
In  [13] cheese_consumption.setdefault("Italy", 48)

Out [13] 48
```

```
In  [14] cheese_consumption

Out [14] {'France': 57.9, 'Germany': 53.2, 'Luxembourg': 53.2, 'Italy': 48}
```

下面将这种技术应用于 prizes 中的每个嵌套字典。如果字典没有 laureates 键，将使用 setdefault
方法添加具有空列表值的键。提醒一下，可以使用 apply 方法单独遍历每个 Series 元素。第 3 章介
绍的这个方法接受一个函数作为参数，并按顺序将每个 Series 行传递给函数。下一个示例定义了一
个 add_laureates_key 函数来更新单个字典，然后将该函数作为参数传递给 apply 方法：

```
In  [15] def add_laureates_key(entry):
             entry.setdefault("laureates", [])

         nobel["prizes"].apply(add_laureates_key)

Out [15] 0      [{'id': '976', 'firstname': 'John', 'surname':...
         1      [{'id': '982', 'firstname': 'Abhijit', 'surnam...
         2      [{'id': '980', 'firstname': 'Peter', 'surname'...
         3      [{'id': '981', 'firstname': 'Abiy', 'surname':...
         4      [{'id': '973', 'firstname': 'James', 'surname'...
                ...
         641    [{'id': '160', 'firstname': 'Jacobus H.', 'sur...
         642    [{'id': '569', 'firstname': 'Sully', 'surname'...
         643    [{'id': '462', 'firstname': 'Henry', 'surname'...
         644    [{'id': '1', 'firstname': 'Wilhelm Conrad', 's...
         645    [{'id': '293', 'firstname': 'Emil', 'surname':...
         Name: prizes, Length: 646, dtype: object
```

setdefault 方法会改变 prizes 中的字典，因此无须覆盖原始系列。

现在所有嵌套字典都有一个 laureates 键，可以重新调用 json_normalize 函数。下面将一个列表
传递给 meta 参数，其中包含想要保留的两个顶级字典键，还将使用 record_path 来指定具有嵌套记
录列表的顶级属性：

```
In  [16] winners = pd.json_normalize(
             data = nobel["prizes"],
             record_path = "laureates",
             meta = ["year", "category"]
         )

         winners

Out [16]
```

	id	firstname	surname	motivation	share	year	category
0	976	John	Goodenough	"for the de...	3	2019	chemistry
1	977	M. Stanley	Whittingham	"for the de...	3	2019	chemistry
2	978	Akira	Yoshino	"for the de...	3	2019	chemistry
3	982	Abhijit	Banerjee	"for their ...	3	2019	economics
4	983	Esther	Duflo	"for their ...	3	2019	economics
...	...	...	...	...	...	...	...
945	569	Sully	Prudhomme	"in special...	1	1901	literature
946	462	Henry	Dunant	"for his hu...	2	1901	peace
947	463	Frédéric	Passy	"for his li...	2	1901	peace

```
948  1  Wilhelm Con…      Röntgen    "in recogni...      1    1901    physics

949 293       Emil  von Behring   "for his wo...      1    1901    medicine

950 rows × 7 columns
```

至此，已经对 JSON 数据进行了规范化，将其转换为表格格式，并将其存储在二维 DataFrame 中。

12.1.2 将 DataFrame 导出到 JSON 文件

现在，尝试将 DataFrame 转换为 JSON 表示，并将其写入 JSON 文件。to_json 方法可以从 Pandas 数据结构中创建一个 JSON 字符串，它的 orient 参数定义了 Pandas 返回数据的格式。下一个示例将 orient 设置为 records，从而返回键值对象的 JSON 数组。Pandas 将列名存储为指向行记录中各个值的字典键。下面是前两行获胜者的示例，即第 12.1.1 节创建的 DataFrame：

```
In  [17] winners.head(2)

Out [17]
```

	id	firstname	surname	motivation	share	year category
0	976	John	Goodenough	"for the develop...	3	2019 chemistry
1	977	M. Stanley	Whittingham	"for the develop...	3	2019 chemistry

```
In  [18] winners.head(2).to_json(orient = "records")

Out [18]
    '[{"id":"976","firstname":"John","surname":"Goodenough","motivation":"\\
    "for the development of lithium-ion
    batteries\\"","share":"3","year":"2019","category":"chemistry"},{"id":"9
    77","firstname":"M.
    Stanley","surname":"Whittingham","motivation":"\\"for the development of
    lithium-ion
    batteries\\"","share":"3","year":"2019","category":"chemistry"}]'
```

同时，可以将 orient 设置为"split"，从而返回一个具有单独列、索引和数据键的字典。这种方法可防止每个行条目的列名重复：

```
In  [19] winners.head(2).to_json(orient = "split")

Out [19]
    '{"columns":["id","firstname","surname","motivation","share","year","category
    "],"index":[0,1],"data":[["976","John","Goodenough","\\"for the
    development of lithium-ion
    batteries\\"","3","2019","chemistry"],["977","M.
    Stanley","Whittingham","\\"for the development of lithium-ion
    batteries\\"","3","2019","chemistry"]]}'
```

orient 参数可用的其他可选值包括 index、columns、values 和 table。

当 JSON 格式符合期望时，将 JSON 文件名作为第一个参数传递给 to_json 方法。Pandas 会将字符串写入与 Jupyter Notebook 位于相同目录中的 JSON 文件：

```
In  [20] winners.to_json("winners.json", orient = "records")
```

警告：在 Jupyter Notebook 中对同一单元格执行两次操作时，需要注意，如果目录中已经存在 winers.json 文件，再次执行上面的单元格操作时，Pandas 将覆盖它。Pandas 不会显示告警信息，告知文件将被覆盖。出于这个原因，强烈建议赋予输出文件一个与输入文件不同的名称。

12.2　读取和写入 CSV 文件

本节用到的数据集是纽约市婴儿名字的集合，每行包括姓名、出生年份、性别、种族、人数和受欢迎程度信息。这个 CSV 文件可以在纽约市政府网站上找到，地址为 http://mng.bz/MgzQ。

使用时，可以在浏览器中访问该网站，并将 CSV 文件下载到本地，或者将 URL 作为第一个参数传递给 read_csv 函数。Pandas 将自动获取数据集并将其导入 DataFrame。如果拥有经常更新的实时数据，使用 URL 很有帮助，因为节省了每次重新运行分析时，下载数据集的手动工作：

```
In  [21] url = "https://data.cityofnewyork.us/api/views/25th-nujf/rows.csv"
         baby_names = pd.read_csv(url)
         baby_names.head()

Out [21]
```

	Year of Birth	Gender	Ethnicity	Child's First Name	Count	Rank
0	2011	FEMALE	HISPANIC	GERALDINE	13	75
1	2011	FEMALE	HISPANIC	GIA	21	67
2	2011	FEMALE	HISPANIC	GIANNA	49	42
3	2011	FEMALE	HISPANIC	GISELLE	38	51
4	2011	FEMALE	HISPANIC	GRACE	36	53

请注意，如果链接无效，Pandas 将抛出 HTTPError 异常。

尝试使用 to_csv 方法将 baby_names DataFrame 写入一个普通的 CSV 文件。如果没有参数，该方法会直接在 Jupyter Notebook 中输出 CSV 字符串。按照 CSV 约定，Pandas 用换行符来分隔行，用逗号分隔一行中的各个值。提醒一下，\n 字符在 Python 中标记换行符。下面显示了 baby_names 的前 10 行记录：

```
In  [22] baby_names.head(10).to_csv()

Out [22]
         ",Year of Birth,Gender,Ethnicity,Child's First
         Name,Count,Rank\n0,2011,FEMALE,HISPANIC,GERALDINE,13,75\n1,2011,FEMALE,H
         ISPANIC,GIA,21,67\n2,2011,FEMALE,HISPANIC,GIANNA,49,42\n3,2011,FEMALE,HI
         SPANIC,GISELLE,38,51\n4,2011,FEMALE,HISPANIC,GRACE,36,53\n5,2011,FEMALE,
         HISPANIC,GUADALUPE,26,62\n6,2011,FEMALE,HISPANIC,HAILEY,126,8\n7,2011,FE
         MALE,HISPANIC,HALEY,14,74\n8,2011,FEMALE,HISPANIC,HANNAH,17,71\n9,2011,F
         EMALE,HISPANIC,HAYLEE,17,71\n"
```

默认情况下，Pandas 在 CSV 字符串中包含 DataFrame 索引。请注意字符串开头的逗号和每个

\n 符号后面的数值(0、1、2 等)。图 12-1 突出显示了 to_csv 方法输出中的逗号，如箭头所示。

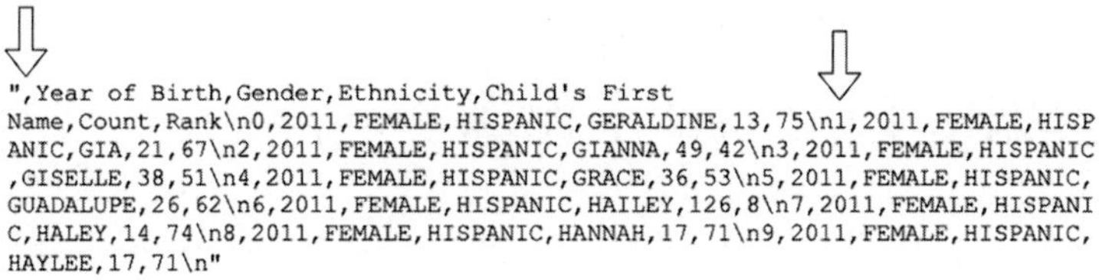

```
",Year of Birth,Gender,Ethnicity,Child's First
Name,Count,Rank\n0,2011,FEMALE,HISPANIC,GERALDINE,13,75\n1,2011,FEMALE,HISP
ANIC,GIA,21,67\n2,2011,FEMALE,HISPANIC,GIANNA,49,42\n3,2011,FEMALE,HISPANIC
,GISELLE,38,51\n4,2011,FEMALE,HISPANIC,GRACE,36,53\n5,2011,FEMALE,HISPANIC,
GUADALUPE,26,62\n6,2011,FEMALE,HISPANIC,HAILEY,126,8\n7,2011,FEMALE,HISPANI
C,HALEY,14,74\n8,2011,FEMALE,HISPANIC,HANNAH,17,71\n9,2011,FEMALE,HISPANIC,
HAYLEE,17,71\n"
```

图 12-1　CSV 输出中的索引标签

可以将 index 参数设定为 False，从而不在输出中显示索引：

```
In  [23] baby_names.head(10).to_csv(index = False)

Out [23]

    "Year of Birth,Gender,Ethnicity,Child's First
    Name,Count,Rank\n2011,FEMALE,HISPANIC,GERALDINE,13,75\n2011,FEMALE,HISPA
    NIC,GIA,21,67\n2011,FEMALE,HISPANIC,GIANNA,49,42\n2011,FEMALE,HISPANIC,G
    ISELLE,38,51\n2011,FEMALE,HISPANIC,GRACE,36,53\n2011,FEMALE,HISPANIC,GUA
    DALUPE,26,62\n2011,FEMALE,HISPANIC,HAILEY,126,8\n2011,FEMALE,HISPANIC,HA
    LEY,14,74\n2011,FEMALE,HISPANIC,HANNAH,17,71\n2011,FEMALE,HISPANIC,HAYLE
    E,17,71\n"
```

要将字符串写入 CSV 文件，可以将所需的文件名作为第一个参数传递给 to_csv 方法。确保在字符串中包含.csv 扩展名。如果不提供具体路径，Pandas 会将文件写入与 Jupyter Notebook 相同的目录：

```
In  [24] baby_names.to_csv("NYC_Baby_Names.csv", index = False)
```

该方法在 Notebook 单元格下方不产生任何输出结果，但是，如果返回 Jupyter Notebook 的导航界面，就会看到 Pandas 已经创建了 CSV 文件。图 12-2 显示了刚生成的 NYC_Baby_Names.csv 文件。

图 12-2　NYC_Baby_Names.csv 文件保存到与 Jupyter Notebook 相同的目录中

默认情况下，Pandas 将 DataFrame 的所有列写入 CSV 文件，可以通过将列名的列表传递给 columns 参数来选择要导出的列。例如，创建一个仅包含 Gender、Child's First Name 和 Count 列的 CSV 文件：

```
In  [25] baby_names.to_csv(
            "NYC_Baby_Names.csv",
            index = False,
            columns = ["Gender", "Child's First Name", "Count"]
         )
```

请注意，如果目录中存在 NYC_Baby_Names.csv 文件，Pandas 将覆盖现有文件。

12.3 读取和写入 Excel 工作簿

Excel 是当今最流行的电子表格应用程序，Pandas 可以让读取和写入 Excel 工作簿以及特定工作表变得更加容易，但首先需要做一些准备工作来整合 Excel 与 Pandas。

12.3.1 在 Anaconda 环境中安装 xlrd 和 openpyxl 库

Pandas 需要使用 xlrd 和 openpyxl 库来与 Excel 交互，这些库是连接 Python 与 Excel 的桥梁。

下面复习在 Anaconda 环境中安装软件包，有关更深入的概述，请参阅附录 A。如果已经在 Anaconda 环境中安装了这些库，请直接跳到第 12.3.2 节。

(1) 启动 Terminal (macOS)或 Anaconda Prompt (Windows)应用程序。

(2) 使用 conda info --envs 命令查看可用的 Anaconda 环境：

```
$ conda info --envs

# conda environments:
#
base                  * /opt/anaconda3
pandas_in_action        /opt/anaconda3/envs/pandas_in_action
```

(3) 激活要使用的 Anaconda 环境。附录 A 展示了如何为本书创建 pandas_in_action 环境。如果选择了不同的环境名称，请在以下命令中将 pandas_in_action 替换为自己所使用的环境名称：

```
$ conda activate pandas_in_action
```

(4) 使用 conda install 命令安装 xlrd 和 openpyxl 库：

```
(pandas_in_action) $ conda install xlrd openpyxl
```

(5) 当 Anaconda 列出所需的包依赖项时，输入 "Y" 并按 Enter 开始安装。

(6) 安装完成后，重新启动 Jupyter 服务器，并导航回本章的 Jupyter Notebook。

不要忘记重新执行顶部带有 import pandas as pd 命令的单元格。

12.3.2 导入 Excel 工作簿

通过 Pandas 的 read_excel 函数，可以将 Excel 工作簿导入 DataFrame。它的第一个参数 io 接受表示工作簿路径的字符串，确保文件名中包含.xlsx 扩展名。默认情况下，Pandas 只会导入工作簿中的第一个工作表。

Single Worksheet.xlsx 这个 Excel 工作簿是一个很好的例子，因为它包含单一的数据工作表：

```
In  [26] pd.read_excel("Single Worksheet.xlsx")

Out [26]
```

	First Name	Last Name	City	Gender
0	Brandon	James	Miami	M
1	Sean	Hawkins	Denver	M
2	Judy	Day	Los Angeles	F
3	Ashley	Ruiz	San Francisco	F
4	Stephanie	Gomez	Portland	F

read_excel 函数支持许多与 read_csv 相同的参数，包括 index_col 可以设置索引列，通过 usecols 来选择列，以及通过 squeeze 将单列的 DataFrame 转换为 Series 对象。下一个示例将 City 列设置为索引，并仅保留数据集四列中的三列。请注意，如果将列传递给 index_col 参数，还必须在 usecols 列表中包含该列：

```
In  [27] pd.read_excel(
            io = "Single Worksheet.xlsx",
            usecols = ["City", "First Name", "Last Name"],
            index_col = "City"
        )

Out [27]
```

City	First Name	Last Name
Miami	Brandon	James
Denver	Sean	Hawkins
Los Angeles	Judy	Day
San Francisco	Ashley	Ruiz
Portland	Stephanie	Gomez

当一个工作簿包含多个工作表时，事情会变得稍微复杂。Multiple Worksheets.xlsx 这个工作簿包含三个工作表：Data1、Data2 和 Data3。默认情况下，Pandas 仅导入工作簿中的第一个工作表：

```
In  [28] pd.read_excel("Multiple Worksheets.xlsx")

Out [28]
```

	First Name	Last Name	City	Gender
0	Brandon	James	Miami	M
1	Sean	Hawkins	Denver	M
2	Judy	Day	Los Angeles	F
3	Ashley	Ruiz	San Francisco	F
4	Stephanie	Gomez	Portland	F

在导入过程中，Pandas 为每个工作表分配一个从 0 开始的索引位置，可以通过将工作表的索引位置或其名称传递给 sheet_name 参数来导入特定的工作表，参数的默认值为 0(第一个工作表)。因此，以下两条语句返回相同的 DataFrame：

```
In  [29] # The two lines below are equivalent
         pd.read_excel("Multiple Worksheets.xlsx", sheet_name = 0)
         pd.read_excel("Multiple Worksheets.xlsx", sheet_name = "Data 1")

Out [29]
```

	First Name	Last Name	City	Gender
0	Brandon	James	Miami	M

```
1          Sean          Hawkins          Denver          M
2          Judy             Day     Los Angeles          F
3        Ashley            Ruiz   San Francisco          F
4     Stephanie           Gomez        Portland          F
```

要导入所有工作表，可以将 sheet_name 参数设置为 None。Pandas 会将每个工作表存储在单独的 DataFrame 中。read_excel 函数返回一个字典，其中将工作表的名称作为键，将相应的 DataFrame 作为值：

```
In  [30]  workbook = pd.read_excel(
              "Multiple Worksheets.xlsx", sheet_name = None
          )

          workbook

Out [30]  {'Data 1': First Name  Last Name                City Gender
           0      Brandon          James         Miami          M
           1         Sean        Hawkins         Denver         M
           2         Judy            Day    Los Angeles         F
           3       Ashley           Ruiz  San Francisco         F
           4    Stephanie          Gomez       Portland         F,
           'Data 2': First Name         Last Name         City Gender
           0       Parker          Power        Raleigh         F
           1      Preston       Prescott   Philadelphia         F
           2      Ronaldo        Donaldo         Bangor         M
           3        Megan        Stiller  San Francisco         M
           4       Bustin         Jieber         Austin         F,
           'Data 3': First Name         Last Name         City Gender
           0       Robert         Miller        Seattle         M
           1         Tara         Garcia        Phoenix         F
           2      Raphael      Rodriguez        Orlando         M}

In  [31]  type(workbook)

Out [31]  dict
```

要访问 DataFrame 或工作表，可以访问字典中的一个键。下面的例子中，访问 Data2 工作表对应的 DataFrame：

```
In  [32]  workbook["Data 2"]

Out [32]
```

	First Name	Last Name	City	Gender
0	Parker	Power	Raleigh	F
1	Preston	Prescott	Philadelphia	F
2	Ronaldo	Donaldo	Bangor	M
3	Megan	Stiller	San Francisco	M
4	Bustin	Jieber	Austin	F

要导入多个特定的工作表，可以向 sheet_name 参数传递索引位置或工作表名称的列表。Pandas 仍然返回字典，字典的键等于 sheet_name 列表中的字符串。下一个示例仅导入 Data1 和 Data3 工作表：

```
In  [33] pd.read_excel(
            "Multiple Worksheets.xlsx",
            sheet_name = ["Data 1", "Data 3"]
         )
```

```
Out [33] {'Data 1':          First Name      Last Name              City Gender
         0        Brandon         James          Miami       M
         1           Sean       Hawkins         Denver       M
         2          Judy            Day    Los Angeles       F
         3        Ashley          Ruiz                 San Francisco F
         4     Stephanie         Gomez        Portland       F,
         'Data 3':           First Name     Last Name            City Gender
         0         Robert        Miller        Seattle      M
         1           Tara        Garcia        Phoenix      F
         2        Raphael      Rodriguez        Orlando         M}
```

下一个示例中，将导入索引位置为 1 和 2 的工作表，即第二个和第三个工作表：

```
In  [34] pd.read_excel("Multiple Worksheets.xlsx", sheet_name = [1, 2])
```

```
Out [34] {1:     First Name    Last Name       City           Gender
         0     Parker        Power       Raleigh          F
         1     Preston       Prescott    Philadelphia     F
         2     Ronaldo       Donaldo     Bangor           M
         3     Megan         Stiller     San Francisco    M
         4     Bustin        Jieber      Austin           F,
         2: First Name    Last Name       City            Gender
         0     Robert        Miller      Seattle          M
         1     Tara          Garcia      Phoenix          F
         2     Raphael       Rodriguez   Orlando          M}
```

导入 DataFrame 后，就可以使用各种方法对数据进行加工了。对 DataFrame 进行操作时，不会影响原始的数据来源。

12.3.3 导出 Excel 工作簿

下面回顾从纽约市下载的 baby_names DataFrame 中的数据情况：

```
In  [35] baby_names.head()
```

```
Out [35]
```

	Year of Birth	Gender	Ethnicity	Child's First Name	Count	Rank
0	2011	FEMALE	HISPANIC	GERALDINE	13	75
1	2011	FEMALE	HISPANIC	GIA	21	67
2	2011	FEMALE	HISPANIC	GIANNA	49	42
3	2011	FEMALE	HISPANIC	GISELLE	38	51
4	2011	FEMALE	HISPANIC	GRACE	36	53

假设要将数据集拆分为两个 DataFrame，每个性别对应一个 DataFrame，然后将每个 DataFrame 写入新 Excel 工作簿中的单独工作表。可以首先根据 Gender 列中的值过滤 baby_names DataFrame，使用第 5 章中介绍的语法，如下所示：

```
In  [36] girls = baby_names[baby_names["Gender"] == "FEMALE"]
         boys = baby_names[baby_names["Gender"] == "MALE"]
```

将数据写入 Excel 工作簿比写入 CSV 文件需要更多的步骤。首先，需要创建一个 ExcelWriter 对象，将该对象作为创建工作簿的基础，稍后会向其中添加工作表。

ExcelWriter 构造函数可用作 Pandas 库的顶级属性，它的第一个参数 path 用来设定新工作簿的文件名。如果不提供目录路径，Pandas 将在与 Jupyter Notebook 相同的目录中创建 Excel 文件。应该确保可以将 ExcelWriter 对象保存到变量中，以下示例使用 excel_file 作为变量：

```
In  [37] excel_file = pd.ExcelWriter("Baby_Names.xlsx")
         excel_file

Out [37] <pandas.io.excel._openpyxl._OpenpyxlWriter at 0x118a7bf90>
```

接下来，需要将 girls DataFrame 和 boys DataFrame 连接到工作簿中的各个工作表，先处理 girls DataFrame。

DataFrame 包含用于写入 Excel 工作簿的 to_excel 方法，该方法的第一个参数 excel_writer 接受一个 ExcelWriter 对象，就像在前面的示例中创建的那样。该方法的 sheet_name 参数接受字符串形式的工作表名称。最后，可以向 index 参数传递一个 False 值，从而不包含 DataFrame 的索引：

```
In  [38] girls.to_excel(
             excel_writer = excel_file, sheet_name = "Girls", index = False
         )
```

请注意，此时尚未创建 Excel 工作簿，创建工作簿时，已经连接了 ExcelWriter 对象以包含 girls DataFrame。

接下来，将 boys DataFrame 连接到 Excel 工作簿，对 boys DataFrame 调用 to_excel 方法，将相同的 ExcelWriter 对象传递给 excel_writer 参数。现在，Pandas 知道它应该将两个数据集写入同一个工作簿，可以通过 sheet_name 参数设定工作表的名称。如果仅导出部分列，可以将列的名称列表传递给 columns 参数。下一个示例告诉 Pandas 将 boys DataFrame 写入工作簿中的 Boys 工作表，并且只包含 Child's First Name、Count 和 Rank 列：

```
In  [39] boys.to_excel(
             excel_file,
             sheet_name = "Boys",
             index = False,
             columns = ["Child's First Name", "Count", "Rank"]
         )
```

现在已经完成了写入 Excel 工作簿的准备工作，可以将其写入磁盘了。调用 ExcelWriter 对象 excel_file 的 save 方法来完成这个动作：

```
In  [40] excel_file.save()
```

查看 Jupyter Notebook 的界面可以看到结果。如图 12-3 所示，Jupyter Notebook 所在的文件夹中，显示了生成的 Baby_Names.xlsx 文件。

图 12-3 Jupyter Notebook 所在的文件夹中生成了 Baby_Names.xlsx 文件

至此，已经得到了想要的结果。以上介绍了如何从 Pandas 中导出 JSON、CSV 和 XLSX 文件，Pandas 提供了一些额外的函数，可用于将其数据结构导出为其他文件格式。

12.4 代码挑战

tv_shows.json 文件是从 Episodate.com API(参见 https://www.episodate.com/api)中提取的电视节目信息的集合。JSON 包含了 3 部电视剧的相关数据：*The X-Files*、*Lost* 和 *Buffy the Vampire Slayer*。

```
In  [41] tv_shows_json = pd.read_json("tv_shows.json")
         tv_shows_json

Out [41]
```

	shows
0	{'show': 'The X-Files', 'runtime': 60, 'network': 'FOX',...
1	{'show': 'Lost', 'runtime': 60, 'network': 'ABC', 'episo...
2	{'show': 'Buffy the Vampire Slayer', 'runtime': 60, 'net...

JSON 由一个顶级的 show 键组成，它连接到 3 个字典的列表，每个字典对应一部电视剧：

```
{
    "shows": [{}, {}, {}]
}
```

每部电视剧的嵌套字典中包含如下键：show、runtime、network 和 episodes。下面是第一行对应的字典内容：

```
In  [42] tv_shows_json.loc[0, "shows"]

Out [42] {'show': 'The X-Files',
          'runtime': 60,
          'network': 'FOX',
          'episodes': [{'season': 1,
            'episode': 1,
            'name': 'Pilot',
            'air_date': '1993-09-11 01:00:00'},
           {'season': 1,
            'episode': 2,
            'name': 'Deep Throat',
            'air_date': '1993-09-18 01:00:00'},
```

episodes 键映射到一个字典列表。每个字典存储一个剧集的数据。在前面的例子中，我们看到了 *The X-Files* 第一季前两集的数据。

12.4.1　问题描述

本章的问题如下：

(1) 对 show 列中每个字典的嵌套剧集数据进行规范化。目标是生成一个 DataFrame，每行表示一个单独剧集的数据。每行应包括剧集的相关元数据(season、episode、name 和 air_date)，以及电视剧的顶级信息(show、runtime 和 network)。

(2) 将规范化之后的数据集拆分到 3 个独立的 DataFrame 中，每部电视剧对应一个 DataFrame。

(3) 将 3 个 DataFrame 写入 episodes.xlsxExcel 工作簿，并将每部电视剧的剧集数据保存到单独的工作表中(工作表名称可自行决定)。

12.4.2　解决方案

(1) 可以使用 json_normalize 函数来提取每部电视剧的嵌套剧集。可以通过 episodes 键访问剧集数据，将其传递给 json_normalize 的 record_path 参数。为了保留顶级信息，可以向 meta 参数传递一个由顶级键组成的列表来保留它们：

```
In  [43] tv_shows = pd.json_normalize(
             data = tv_shows_json["shows"],
             record_path = "episodes",
             meta = ["show", "runtime", "network"]
         )
         tv_shows

Out [43]
```

	season	episode	name	air date	show	runtime	network
0	1	1	Pilot	1993-09-1...	The X-Files	60	FOX
1	1	2	Deep Throat	1993-09-1...	The X-Files	60	FOX
2	1	3	Squeeze	1993-09-2...	The X-Files	60	FOX
3	1	4	Conduit	1993-10-0...	The X-Files	60	FOX
4	1	5	The Jerse...	1993-10-0...	The X-Files	60	FOX
...	...	...	...	...	...	...	...
477	7	18	Dirty Girls	2003-04-1...	Buffy the...	60	UPN
478	7	19	Empty Places	2003-04-3...	Buffy the...	60	UPN
479	7	20	Touched	2003-05-0...	Buffy the...	60	UPN
480	7	21	End of Days	2003-05-1...	Buffy the...	60	UPN
481	7	22	Chosen	2003-05-2...	Buffy the...	60	UPN

```
482 rows × 7 columns
```

(2) 要将数据集分成 3 个独立的 DataFrame，每部电视剧对应一个 DataFrame，可以根据 show 列中的值来过滤 tv_shows 中的行：

```
In  [44] xfiles = tv_shows[tv_shows["show"] == "The X-Files"]
         lost = tv_shows[tv_shows["show"] == "Lost"]
         buffy = tv_shows[tv_shows["show"] == "Buffy the Vampire Slayer"]
```

(3) 要将 3 个 DataFrame 写入 Excel 工作簿，首先实例化一个 ExcelWriter 对象，并将其保存到一个变量中。可以传入工作簿名称作为第一个参数，比如选择将其命名为 episodes.xlsx：

```
In  [45] episodes = pd.ExcelWriter("episodes.xlsx")
         episodes
```

```
Out [45] <pandas.io.excel._openpyxl._OpenpyxlWriter at 0x11e5cd3d0>
```

接下来，必须在 3 个 DataFrame 上调用 to_excel 方法，将它们与工作簿中的各个工作表连接。在每次调用中，将相同的 ExcelWriter 对象 episodes 传递给 excel_writer 参数，使用 sheet_name 参数为每个工作表提供一个唯一的名称。最后，向 index 参数传递一个 False 值，从而不包含 DataFrame 索引：

```
In  [46] xfiles.to_excel(
             excel_writer = episodes, sheet_name = "X-Files", index = False
         )
```

```
In  [47] lost.to_excel(
             excel_writer = episodes, sheet_name = "Lost", index = False
         )
```

```
In  [48] buffy.to_excel(
             excel_writer = episodes,
             sheet_name = "Buffy the Vampire Slayer",
             index = False
         )
```

与工作表连接后，可以调用 ExcelWriter 对象 episodes 上的 save 方法来创建 episodes.xlsx 工作簿：

```
In  [49] episodes.save()
```

至此，已经完成本章的代码挑战。

12.5　本章小结

- 通过 read_json 函数将 JSON 文件解析为 DataFrame。
- 通过 json_normalize 函数将嵌套的 JSON 数据转换为表格形式的 DataFrame。
- 使用 read_csv、read_json 和 read_excel 等函数导入数据时，可以将 URL 作为数据来源的参数，Pandas 将从相应的链接下载数据集。
- 可以通过 read_excel 函数导入 Excel 工作簿，该方法的 sheet_name 参数设置要导入的工作表。导入多个工作表时，Pandas 将生成的 DataFrame 存储在字典中。
- 要将一个或多个 DataFrame 写入 Excel 工作簿，需要先实例化一个 ExcelWriter 对象，通过 to_excel 方法将 DataFrame 附加到 ExcelWriter 对象上，然后调用 ExcelWriter 对象的 save 方法生成文件。

第 *13* 章

配置 Pandas

本章主要内容
- 在 Notebook 和其中的单元格中配置 Pandas 的显示方式
- 限制 DataFrame 输出的行和列的数量
- 更改小数点后数字的精度
- 截断单元格的文本内容
- 当数值低于某一阈值时，对数值进行舍入处理

Pandas 可以通过优化在数据表示上改善用户体验。例如，当输出一个 1000 行的 DataFrame 时，Pandas 会假设读者更希望看到数据集的头部和尾部，输出不超过 30 行数据，而不是整个数据集，因为输出全部数据会使屏幕中的内容变得混乱。有时需要打破 Pandas 的这种假设，改变它的设置，以适应显示需求。幸运的是，Pandas 公开了许多内部设置可供修改。本章将学习如何设置行和列限制、浮点精度和值的舍入等选项。下面通过示例来学习这些内容。

13.1 获取和设置 Pandas 选项

从导入 Pandas 库开始，并为它分配一个别名 pd:

```
In  [1] import pandas as pd
```

本章将使用 happiness.csv 数据集，该数据集的内容是世界各国的幸福指数排名。民意调查公司盖洛普(Gallup)在联合国的支持下收集了这些数据。每行数据包括一个国家的总体幸福指数，以及人均国内生产总值(GDP)、社会福利、预期寿命和慷慨程度(即居民是否曾经捐款)方面的得分等信息。数据集包含 6 列和 156 行记录:

```
In  [2] happiness = pd.read_csv("happiness.csv")
        happiness.head()

Out [2]
```

	Country	Score	GDP per cap...	Social sup...	Life expect...	Generosity
0	Finland	7.769	1.340	1.587	0.986	0.153
1	Denmark	7.600	1.383	1.573	0.996	0.252
2	Norway	7.554	1.488	1.582	1.028	0.271
3	Iceland	7.494	1.380	1.624	1.026	0.354
4	Netherlands	7.488	1.396	1.522	0.999	0.322

Pandas 的设置选项在其 options 对象中，每个选项都属于一个父类别。下面从 display 类别开始介绍，它保存了有关 Pandas 数据结构的输出表示的设置。

describe_option 函数返回给定设置的文档，可以传递一个带有设置名称的字符串。嵌套在 display 父类别中的 max_rows 选项如下，max_rows 设置 Pandas 在截断 DataFrame 之前输出的最大行数：

```
In  [3] pd.describe_option("display.max_rows")

Out [3]
        display.max_rows : int
            If max_rows is exceeded, switch to truncate view. Depending on
            `large_repr`, objects are either centrally truncated or printed
            as a summary view. 'None' value means unlimited.
            In case python/IPython is running in a terminal and
            `large_repr` equals 'truncate' this can be set to 0 and pandas
            will auto-detect the height of the terminal and print a
            truncated object which fits the screen height. The IPython
            notebook, IPython qtconsole, or IDLE do not run in a terminal
            and hence it is not possible to do correct auto-detection.
            [default: 60] [currently: 60]
```

请注意，文档的末尾包括设置的默认值及其当前值。

Pandas 将输出与字符串参数匹配的所有库选项。这些库使用正则表达式将 describe_option 的参数与其可用设置进行比较。提醒一下，正则表达式是文本的搜索模式，有关详细概述请参见附录 E。例如传递 max_col 值，Pandas 输出与该参数匹配的两个设置的文档：

```
In  [4] pd.describe_option("max_col")

Out [4]

display.max_columns : int
        If max_cols is exceeded, switch to truncate view. Depending on
        `large_repr`, objects are either centrally truncated or printed as
        a summary view. 'None' value means unlimited.
        In case python/IPython is running in a terminal and `large_repr`
        equals 'truncate' this can be set to 0 and pandas will auto-detect
        the width of the terminal and print a truncated object which fits
        the screen width. The IPython notebook, IPython qtconsole, or IDLE
        do not run in a terminal and hence it is not possible to do
        correct auto-detection.
        [default: 20] [currently: 5]
display.max_colwidth : int or None
        The maximum width in characters of a column in the repr of
        a pandas data structure. When the column overflows, a "..."
        placeholder is embedded in the output. A 'None' value means unlimited.
        [default: 50] [currently: 9]
```

尽管正则表达式很吸引人，但建议写出设置的全名，包括其父类别。显式代码往往可以避免较多的错误。

有两种方法可以获取设置的当前值：第一种方法是利用 Pandas 的 get_option 函数，与 describe_option 一样，它接受带有设置名称的字符串参数；第二种方法是访问父类别和特定设置作为顶级 pd.options 对象上的属性。

以下示例显示了这两种方法的语法。对于 max_rows 设置，这两行代码都返回 60，这意味着 Pandas 将截断任何长度大于 60 行的 DataFrame 输出：

```
In  [5] # The two lines below are equivalent
        pd.get_option("display.max_rows")
        pd.options.display.max_rows

Out [5] 60
```

同样，有两种方法可以用来设置新值：第一种方法是通过 Pandas 的 set_option 函数的第一个参数设置名称，通过第二个参数设置新值；第二种方法是通过 pd.options 对象上的属性访问该选项，并用等号来分配新值：

```
In  [6] # The two lines below are equivalent
        pd.set_option("display.max_rows", 6)
        pd.options.display.max_rows = 6
```

如果 DataFrame 输出超过 6 行，则指示 Pandas 截断它：

```
In  [7] pd.options.display.max_rows

Out [7] 6
```

修改后的效果如下。下一个示例要求 Pandas 输出 happiness 的前 6 行，因为结果不超过最大 6 行的限制，因此 Pandas 输出 DataFrame 时不会截断：

```
In  [8] happiness.head(6)

Out [8]
```

	Country	Score	GDP per cap…	Social sup…	Life expect…	Generosity
0	Finland	7.769	1.340	1.587	0.986	0.153
1	Denmark	7.600	1.383	1.573	0.996	0.252
2	Norway	7.554	1.488	1.582	1.028	0.271
3	Iceland	7.494	1.380	1.624	1.026	0.354
4	Netherlands	7.488	1.396	1.522	0.999	0.322
5	Switzerland	7.480	1.452	1.526	1.052	0.263

现在设置输出结果超过之前设置的阈值，让 Pandas 输出 happiness 的前 7 行。Pandas 始终输出截断前后相同数量的行。在下一个示例中，它从输出的开头显示 3 行，从输出的末尾显示 3 行，截断中间的行(索引 3)：

```
In  [9] happiness.head(7)

Out [9]
```

	Country	Score	GDP per cap…	Social sup…	Life expect…	Generosity
0	Finland	7.769	1.340	1.587	0.986	0.153

1	Denmark	7.600	1.383	1.573	0.996	0.252
2	Norway	7.554	1.488	1.582	1.028	0.271
...	...	...	...	...	...	...
4	Netherlands	7.488	1.396	1.522	0.999	0.322
5	Switzerland	7.480	1.452	1.526	1.052	0.263
6	Sweden	7.343	1.387	1.487	1.009	0.267

7 rows × 6 columns

max_rows 设置输出的行数，display.max_columns 选项设置输出列的最大数量，默认值为 20：

```
In  [10] # The two lines below are equivalent
         pd.get_option("display.max_columns")
         pd.options.display.max_columns
```

```
Out [10] 20
```

同样，要分配新值，可以使用 set_option 函数或直接访问嵌套的 max_columns 属性：

```
In  [11] # The two lines below are equivalent
         pd.set_option("display.max_columns", 2)
         pd.options.display.max_columns = 2
```

如果将显示的最大列数设定为偶数，Pandas 将从它的最大列数中排除截断列。happiness DataFrame 有 6 列，但以下输出仅显示其中两列。Pandas 包括第一列和最后一列 Country 和 Generosity，并在两者之间放置一个截断列(用省略号表示)：

```
In  [12] happiness.head(7)
```

```
Out [12]
```

	Country	...	Generosity
0	Finland		0.153
1	Denmark	...	0.252
2	Norway	...	0.271
...	...	...	...
4	Netherlands	...	0.322
5	Switzerland	...	0.263
6	Sweden	...	0.267

7 rows × 6 columns

如果设置奇数个最大列数，这将确保 Pandas 可以在截断的两侧输出相同数量的列。下一个示例将 max_columns 值设置为 5。happiness 输出显示最左侧的两列(Country 和 Score)、截断列(用省略号显示)和最右侧的两列(Life expectancy 和 Generosity)。Pandas 输出原始数据集 6 列中的 4 列：

```
In  [13] # The two lines below are equivalent
         pd.set_option("display.max_columns", 5)
         pd.options.display.max_columns = 5
```

```
In  [14] happiness.head(7)
```

```
Out [14]
```

	Country	Score	...	Life expectancy	Generosity
0	Finland	7.769	...	0.986	0.153
1	Denmark	7.600	...	0.996	0.252

```
2        Norway      7.554    …        1.028      0.271
…        …           …        …        …          …
4     Netherlands    7.488    …        0.999      0.322
5     Switzerland    7.480    …        1.052      0.263
6        Sweden      7.343    …        1.009      0.267

5 rows × 6 columns
```

如果想恢复这些值的原有设置，请将其名称传递给 Pandas 的 reset_option 函数。下一个示例将重置 max_rows 的设置：

```
In  [15] pd.reset_option("display.max_rows")
```

可以通过再次调用 get_option 函数来确认更改：

```
In  [16] pd.get_option("display.max_rows")

Out [16] 60
```

Pandas 已将 max_rows 设置重置为其默认值 60。

13.2　精度

现在，我们已经熟悉了 Pandas 用于更改设置的 API，下面介绍一些常用的设置选项。display.precision 选项用于设置浮点数后的位数，默认值为 6：

```
In  [17] pd.describe_option("display.precision")

Out [17]

    display.precision : int
          Floating point output precision (number of significant
          digits). This is only a suggestion
          [default: 6] [currently: 6]
```

下一个示例将精度设置为 2，该设置会影响 happiness 中所有 4 个有浮点数的列中的值：

```
In  [18] # The two lines below are equivalent
         pd.set_option("display.precision", 2)
         pd.options.display.precision = 2

In  [19] happiness.head()

Out [19]

           Country      Score    … Life expectancy  Generosity
0          Finland      7.77     …        1.34         0.15
1          Denmark      7.60     …        1.38         0.25
2          Norway       7.55     …        1.49         0.27
3          Iceland      7.49     …        1.38         0.35
4        Netherlands    7.49     …        1.40         0.32

5 rows × 6 columns
```

精度设置仅改变浮点数的表示。Pandas 将原始值依旧保留在 DataFrame 中，可以通过使用 loc 访问器从 Score 这样的浮点数列中提取样本值来证明这一点：

```
In  [20] happiness.loc[0, "Score"]

Out [20] 7.769
```

Score 列的原始值 7.769 仍然存在，只是 Pandas 在输出 DataFrame 时将值的表示更改为 7.77。

13.3　列的最大宽度

display.max_colwidth 可以设置 Pandas 在截断单元格文本之前输出的最大字符数：

```
In  [21] pd.describe_option("display.max_colwidth")

Out [21]

    display.max_colwidth : int or None
        The maximum width in characters of a column in the repr of
        a pandas data structure. When the column overflows, a "..."
        placeholder is embedded in the output. A 'None' value means
        unlimited.
        [default: 50] [currently: 50]
```

例如，要求 Pandas 截断长度大于 9 个字符的文本：

```
In  [22] # The two lines below are equivalent
         pd.set_option("display.max_colwidth", 9)
         pd.options.display.max_colwidth = 9
```

输出 happiness 时显示如下：

```
In  [23] happiness.tail()

Out [23]
```

	Country	Score	...	Life expectancy	Generosity
151	Rwanda	3.33	...	0.61	0.22
152	Tanzania	3.23	...	0.50	0.28
153	Afgha...	3.20	...	0.36	0.16
154	Central Afr...	3.08	...	0.10	0.23
155	South...	2.85	...	0.29	0.20

```
5 rows × 6 columns
```

　　Pandas 缩短了最后 3 个国家(Afghanistan、Central African Republic 和 South Sudan)的显示长度，输出中的前两个值(Rwanda 6 个字符和 Tanzania 8 个字符)不受影响。

13.4 截断阈值

在某些分析中，如果数值合理地接近 0，我们可能会认为它们无关紧要。例如，某些业务可能会将值 0.10 视为"与 0 一样好"或"实际上为 0"。display.chop_threshold 选项设置浮点值必须超过特定值才可以被输出的下限。Pandas 会将低于阈值的任何值显示为 0：

```
In  [24] pd.describe_option("display.chop_threshold")

Out [24]

        display.chop_threshold : float or None
            if set to a float value, all float values smaller then the
            given threshold will be displayed as exactly 0 by repr and
            friends.
        [default: None] [currently: None]
```

本例设置 chop 的阈值为 0.25：

```
In  [25] pd.set_option("display.chop_threshold", 0.25)
```

在下一个输出中，请注意 Pandas 在输出中将索引位置为 154 的 Life expectancy 和 Generosity 列中的值(分别为 0.105 和 0.235)输出为 0.00：

```
In  [26] happiness.tail()

Out [26]

        Country     Score   ... Life expectancy  Generosity
151 Rwanda      3.33    ...             0.61        0.00
152 Tanzania    3.23    ...             0.50        0.28
153 Afghanistan 3.20    ...             0.36        0.00
154 Central Afr... 3.08 ...             0.00        0.00
155 South Sudan 2.85    ...             0.29        0.00

5 rows × 6 columns
```

与精度设置非常相似，chop_threshold 不会更改 DataFrame 中的原始值——只会更改它们的输出表示形式。

13.5 上下文选项

到目前为止，所更改的设置是全局的。更改设置时，将影响之后执行的所有 Jupyter Notebook 单元格的输出结果。全局设置会一直存在，直到为其分配新值。例如，如果将 display.max_columns 设置为 6，Jupyter Notebook 将为所有后续的单元格执行输出最多 6 列的数据集记录。

如果需要为单个单元格自定义显示选项，可以使用 Pandas 的 option_context 函数来完成这项任务。将该函数与 Python 的内置关键字 with 一起使用，创建上下文代码块，从而将上下文代码块视为临时执行环境。option_context 函数可以让代码块内的代码执行 Pandas 选项的临时值，但全局

Pandas 设置不受影响。

可以将设置的值传递给 option_context 函数。例如，通过如下临时设置来输出 happiness
DataFrame：

- 将 display.max_columns 设置为 5。
- 将 display.max_rows 设置为 10。
- 将 display.precision 设置为 3。

Jupyter 不会将 with 代码块的内容识别为 Notebook 单元格的最终语句，因此需要使用一个名为
display 的 Notebook 函数来手动输出 DataFrame：

```
In  [27] with pd.option_context(
            "display.max_columns", 5,
            "display.max_rows", 10,
            "display.precision", 3
        ):
            display(happiness)
```

```
Out [27]

                 Country   Score   ...   Life expectancy   Generosity
0                Finland   7.769   ...             0.986        0.153
1                Denmark   7.600   ...             0.996        0.252
2                 Norway   7.554   ...             1.028        0.271
3                Iceland   7.494   ...             1.026        0.354
4            Netherlands   7.488   ...             0.999        0.322
...                  ...     ...   ...               ...          ...
151               Rwanda   3.334   ...             0.614        0.217
152             Tanzania   3.231   ...             0.499        0.276
153          Afghanistan   3.203   ...             0.361        0.158
154          Central Afr...  3.083  ...             0.105        0.235
155          South Sudan   2.853   ...             0.295        0.202

156 rows × 6 columns
```

因为使用了 with 关键字，所以没有更改这 3 个选项的全局 Notebook 设置，它们依旧保留原来
的设置。

option_context 函数有助于为不同的单元格执行不同的显示选项。如果希望所有输出具有统一
的格式，建议在 Jupyter Notebook 顶部的单元格中一次性设置这些选项。

13.6　本章小结

- 通过 describe_option 函数可以返回 Pandas 设置的文档。
- 通过 set_option 函数来赋予配置选项新的值。
- 还可以通过 pd.options 对象的属性来访问和修改这些设置。
- 通过 reset_option 函数可以将 Pandas 的设置恢复为默认值。
- 通过 display.max_rows 和 display.max_columns 选项可以设置 Pandas 在输出中显示的最大行
  数和列数。

- 通过 display.precision 选项可以设置小数点后的有效位数。
- 通过 display.max_colwidth 选项可以设置 Pandas 截断输出字符的数值阈值。
- 通过 display.chop_threshold 选项可以设置数字获取下限。如果值没有超过这个阈值，Pandas 会将它们输出为零。
- 将 option_context 函数和 with 关键字一起使用，可以为代码块创建临时执行上下文，并在上下文中使用特定的输出设置。

第**14**章

可 视 化

本章主要内容
- 安装 Matplotlib 库从而进行数据可视化
- 使用 Pandas 和 Matplotlib 渲染图形与图表
- 在可视化中使用颜色模板

基于文本的数据集摘要很有帮助,但很多时候,可视化显示的效果更好,折线图可以快速传达一段时间内的趋势,条形图可以清楚地识别独特的类别及其计数,饼图可以很好地表达比例关系,等等。幸运的是,Pandas 与许多流行的数据可视化库可以无缝集成,包括 Matplotlib、Seaborn 和 Ggplot。本章将学习如何使用 Matplotlib 渲染 Series 和 DataFrame 中的动态图表,希望这些可视化内容可以为数据演示增添一些亮点。

14.1 安装 Matplotlib

默认情况下,Pandas 依赖开源的 Matplotlib 库来渲染图表和图形。下面将它安装在 Anaconda 环境中。

首先启动 Terminal (macOS)或 Anaconda Prompt (Windows)应用程序。默认 Anaconda 环境 base 会显示在左侧的括号中。base 是当前活动的环境。

安装 Anaconda(见附录 A)时,创建了一个名为 pandas_in_action 的环境,执行 conda activate 命令来激活它。如果选择了不同的环境名称,请将 pandas_in_action 替换为所使用的名称,如下所示:

```
(base) ~$ conda activate pandas_in_action
```

括号中的内容会发生变化,从而反映当前的活动环境。在 pandas_in_action 环境中,执行 conda install matplotlib 命令可以安装 Matplotlib 库:

```
(pandas_in_action) ~$ conda install matplotlib
```

当提示要求确认时,输入"Y"表示同意安装,然后按 Enter 键。安装完成后,执行 jupyter notebook 并创建一个新的 Notebook。

14.2 折线图

和往常一样,从导入 Pandas 库开始,还要从 Matplotlib 库中导入 pyplot 包。在这种情况下,包是指顶层库中的嵌套文件夹。可以使用"点"语法访问 pyplot 包,就像访问任何库属性一样。pyplot 的常见社区别名为 plt。

默认情况下,Jupyter Notebook 在单独的浏览器窗口中呈现每个 Matplotlib 可视化,就像网站上的弹出窗口一样。这些窗口可能有点突兀,尤其是当屏幕上有多个图表时,此时可以添加一个额外的行——%matplotlib inline,来强制 Jupyter 直接在单元格中的代码下方呈现可视化效果。%matplotlib inline 是一种"魔术"函数,它是在 Notebook 中设置配置选项的语法快捷方式:

```
In  [1] import pandas as pd
        import matplotlib.pyplot as plt
        %matplotlib inline
```

本章所使用的数据集 space_missions.csv 包括 2019 年和 2020 年的 100 多次太空飞行记录。每条记录都包含任务的日期、赞助公司、位置、成本和状态(Success 或 Failure)等信息:

```
In  [2] pd.read_csv("space_missions.csv").head()
```

```
Out [2]
```

	Date	Company Name	Location	Cost	Status
0	2/5/19	Arianespace	France	200.00	Success
1	2/22/19	SpaceX	USA	50.00	Success
2	3/2/19	SpaceX	USA	50.00	Success
3	3/9/19	CASC	China	29.15	Success
4	3/22/19	Arianespace	France	37.00	Success

在将导入的 DataFrame 分配给 space 变量之前,调整两个设置。首先,使用 parse_dates 参数将 Date 列中的值导入为日期时间类型。然后,将 Date 列设置为 DataFrame 的索引:

```
In  [3] space = pd.read_csv(
            "space_missions.csv",
            parse_dates = ["Date"],
            index_col = "Date"
        )

        space.head()
```

```
Out [3]
```

Date	Company Name	Location	Cost	Status
2019-02-05	Arianespace	France	200.00	Success
2019-02-22	SpaceX	USA	50.00	Success
2019-03-02	SpaceX	USA	50.00	Success

| 2019-03-09 | CASC | China | 29.15 | Success |
| 2019-03-22 | Arianespace | France | 37.00 | Success |

　　假设要在这个数据集中反映两年的飞行成本，时间序列图是观察一段时间内趋势的最佳图表。可以在 x 轴上绘制时间，在 y 轴上绘制值。从 space DataFrame 中提取 Cost 列，将得到具有数值和日期时间索引的 Series：

```
In  [4] space["Cost"].head()

Out [4] Date
        2019-02-05      200.00
        2019-02-22       50.00
        2019-03-02       50.00
        2019-03-09       29.15
        2019-03-22       37.00
        Name: Cost, dtype: float64
```

　　要呈现可视化效果，需要在 Pandas 数据结构上调用 plot 方法。默认情况下，Matplotlib 将绘制折线图。Jupyter 还会输出图形对象在计算机内存中的位置，每个单元格执行的位置都会有所不同，因此请直接忽略它。

```
In  [5] space["Cost"].plot()

Out [5] <matplotlib.axes._subplots.AxesSubplot at 0x11e1c4650>
```

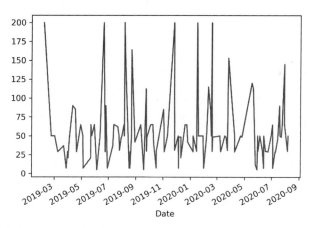

　　以上示例使用来自 Pandas 的值，利用 Matplotlib 生成了一个折线图。默认情况下，该库在 x 轴上绘制索引标签(在本例中为日期时间)，在 y 轴上绘制 Series 值。Matplotlib 还会自动给出两个轴上值的合理间隔。

　　还可以在 space DataFrame 上调用 plot 方法，在这种情况下，Pandas 产生相同的输出，但这只是因为数据集只有一个数字类型的列：

```
In  [6] space.plot()

Out [6] <matplotlib.axes._subplots.AxesSubplot at 0x11ea18790>
```

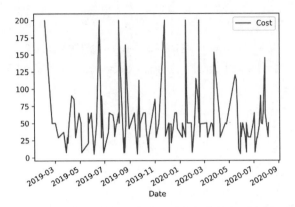

如果一个 DataFrame 包含多个数字列，Matpotlib 将为每个数字列绘制一条单独的线。请注意：如果列之间的值差距很大(例如，一个数字列的值以百万计，而另一个数字列的值以数百计)，则较大的值很容易使较小的值对应的曲线变得不明显，如下所示：

```
In  [7] data = [
            [2000, 3000000],
            [5000, 5000000]
        ]

        df = pd.DataFrame(data = data, columns = ["Small", "Large"])
        df

Out [7]
```

	Small	Large
0	2000	3000000
1	5000	5000000

绘制 df DataFrame 时，Matplotlib 会调整图形比例，以适应具有较大值的列(Large 列)，Small 列的值的趋势变得无法观察：

```
In  [8] df.plot()

Out [8] <matplotlib.axes._subplots.AxesSubplot at 0x7fc48279b6d0>
```

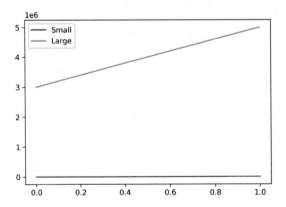

回到 space 数据集。plot 方法接受一个 y 参数来告诉 Matplotlib 应该将哪个列的值绘制在 x 轴。下一个示例中,将 y 参数设置为 Cost 列,这是呈现相同时间序列图的另一种方式:

```
In  [9] space.plot(y = "Cost")

Out [9] <matplotlib.axes._subplots.AxesSubplot at 0x11eb0b990>
```

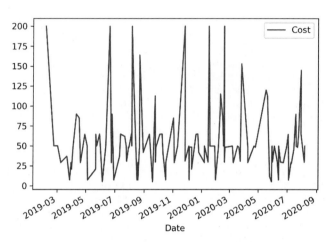

可以使用 colormap 参数来改变可视化的呈现方式。该参数可用来设定可视化的颜色,接受来自 Matplotlib 库的预定义颜色字符串。例如使用"gray"主题,以黑色和白色呈现折线图:

```
In  [10] space.plot(y = "Cost", colormap = "gray")

Out [10] <matplotlib.axes._subplots.AxesSubplot at 0x11ebef350>
```

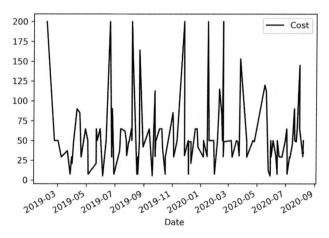

要查看 colormaps 参数的有效输入列表,调用 pyplot 库(在 Notebook 中别名为 plt)的 colormaps 方法。请注意,只有满足某些条件(例如图形线的最小数量),才能应用其中一些主题:

```
In  [11] print(plt.colormaps())

Out [11] ['Accent', 'Accent_r', 'Blues', 'Blues_r', 'BrBG', 'BrBG_r',
```

```
'BuGn', 'BuGn_r', 'BuPu', 'BuPu_r', 'CMRmap', 'CMRmap_r',
'Dark2', 'Dark2_r', 'GnBu', 'GnBu_r', 'Greens', 'Greens_r',
'Greys', 'Greys_r', 'OrRd', 'OrRd_r', 'Oranges', 'Oranges_r',
'PRGn', 'PRGn_r', 'Paired', 'Paired_r', 'Pastel1', 'Pastel1_r',
'Pastel2', 'Pastel2_r', 'PiYG', 'PiYG_r', 'PuBu', 'PuBuGn',
'PuBuGn_r', 'PuBu_r', 'PuOr', 'PuOr_r', 'PuRd', 'PuRd_r',
'Purples', 'Purples_r', 'RdBu', 'RdBu_r', 'RdGy', 'RdGy_r',
'RdPu', 'RdPu_r', 'RdYlBu', 'RdYlBu_r', 'RdYlGn', 'RdYlGn_r',
'Reds', 'Reds_r', 'Set1', 'Set1_r', 'Set2', 'Set2_r', 'Set3',
'Set3_r', 'Spectral', 'Spectral_r', 'Wistia', 'Wistia_r', 'YlGn',
'YlGnBu', 'YlGnBu_r', 'YlGn_r', 'YlOrBr', 'YlOrBr_r', 'YlOrRd',
'YlOrRd_r', 'afmhot', 'afmhot_r', 'autumn', 'autumn_r', 'binary',
'binary_r', 'bone', 'bone_r', 'brg', 'brg_r', 'bwr', 'bwr_r',
'cividis', 'cividis_r', 'cool', 'cool_r', 'coolwarm',
'coolwarm_r', 'copper', 'copper_r', 'cubehelix', 'cubehelix_r',
'flag', 'flag_r', 'gist_earth', 'gist_earth_r', 'gist_gray',
'gist_gray_r', 'gist_heat', 'gist_heat_r', 'gist_ncar',
'gist_ncar_r', 'gist_rainbow', 'gist_rainbow_r', 'gist_stern',
'gist_stern_r', 'gist_yarg', 'gist_yarg_r', 'gnuplot',
'gnuplot2', 'gnuplot2_r', 'gnuplot_r', 'gray', 'gray_r', 'hot',
'hot_r', 'hsv', 'hsv_r', 'inferno', 'inferno_r', 'jet', 'jet_r',
'magma', 'magma_r', 'nipy_spectral', 'nipy_spectral_r', 'ocean',
'ocean_r', 'pink', 'pink_r', 'plasma', 'plasma_r', 'prism',
'prism_r', 'rainbow', 'rainbow_r', 'seismic', 'seismic_r',
'spring', 'spring_r', 'summer', 'summer_r', 'tab10', 'tab10_r',
'tab20', 'tab20_r', 'tab20b', 'tab20b_r', 'tab20c', 'tab20c_r',
'terrain', 'terrain_r', 'twilight', 'twilight_r',
'twilight_shifted', 'twilight_shifted_r', 'viridis', 'viridis_r',
'winter', 'winter_r']
```

Matplotlib 有 150 多种颜色可供选择。该库还提供了手动自定义图形的方法。

14.3　条形图

通过 plot 方法的 kind 参数，可以改变 Matplotlib 呈现的图表类型。条形图是显示数据集中唯一值计数的绝佳选择，此处用它来可视化每个公司赞助的太空飞行次数。

首先，对 Company Name 列调用 value_counts 方法，从而按公司名称对数据进行分组：

```
In  [12] space["Company Name"].value_counts()

Out [12] CASC            35
         SpaceX          25
         Roscosmos       12
         Arianespace     10
         Rocket Lab       9
         VKS RF           6
         ULA              6
         Northrop         5
         ISRO             5
         MHI              3
         Virgin Orbit     1
         JAXA             1
```

```
ILS              1
ExPace           1
Name: Company Name, dtype: int64
```

接下来，在 Series 上调用 plot 方法，将 kind 参数设定为 "bar"。Matplotlib 再次在 x 轴上绘制索引标签，在 y 轴上绘制值。看起来，CASC 在数据集中拥有最多的条目，其次是 SpaceX：

```
In  [13] space["Company Name"].value_counts().plot(kind = "bar")
```

```
Out [13] <matplotlib.axes._subplots.AxesSubplot at 0x11ecd6310>
```

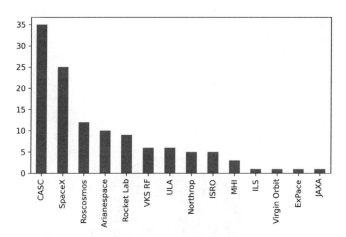

以上示例中，图形中的标签不便于阅读，必须对图形进行旋转才能顺利阅读标签。可以将 kind 参数更改为 "barh"，从而呈现水平条形图：

```
In  [14] space["Company Name"].value_counts().plot(kind = "barh")
```

```
Out [14] <matplotlib.axes._subplots.AxesSubplot at 0x11edf0190>
```

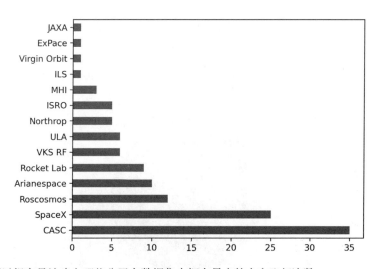

现在可以很容易地确定哪些公司在数据集中拥有最多的太空飞行次数。

14.4 饼图

饼图是一种常用的可视化方法，其中彩色切片加起来形成一个完整的圆形饼图，每个切片在视觉上代表了它在总量中所占的比例。

下面用饼图来比较成功任务与失败任务的比例。Status 列只有两个唯一值：Success 和 Failure。首先，使用 value_counts 方法来计算每种情况的出现次数：

```
In  [15] space["Status"].value_counts()

Out [15] Success   114
         Failure     6
         Name: Status, dtype: int64
```

再次调用 plot 方法。这一次，将 kind 参数设置为 "pie"：

```
In  [16] space["Status"].value_counts().plot(kind = "pie")

Out [16] <matplotlib.axes._subplots.AxesSubplot at 0x11ef9ea90>
```

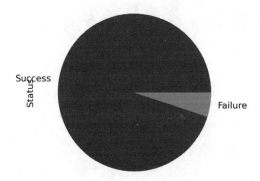

看起来大多数太空飞行都是成功的。

要将图例添加到这样的可视化中，可以将 legend 参数设定为 True：

```
In  [17] space["Status"].value_counts().plot(kind = "pie", legend = True)

Out [17] <matplotlib.axes._subplots.AxesSubplot at 0x11eac1a10>
```

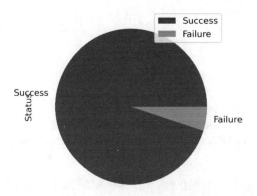

Matplotlib 支持多种附加图表和图形,包括直方图、散点图和箱线图,可以使用其他参数来自定义这些可视化的外观、标签、图例和交互性。这里只介绍了 Matplotlib 这个强大的可视化库的简单功能,有更多功能等待读者去探索。

14.5 本章小结

- Pandas 与 Matplotlib 库无缝集成,从而实现数据可视化。Pandas 还可以很好地与 Python 数据科学生态系统中的其他绘图库配合使用。
- 通过 Series 或 DataFrame 的 plot 方法,可以将来自 Pandas 数据结构的数据进行可视化。
- 默认的 Matplotlib 图表是折线图。
- 通过 plot 方法的 kind 参数,可以改变可视化的类型,选项包括折线图、条形图和饼图。
- colormap 参数可以更改图形的配色方案。Matplotlib 有几十种预定义的模板,用户也可以通过调整参数来创建自己的模板。

附录 *A*

安装及配置

本附录将指导读者安装适用于 macOS 和 Windows 操作系统的 Python 编程语言与 Pandas 库。库(也称为包)是扩展核心编程语言功能的功能工具箱，扩展包或附加组件可为开发人员在使用该语言时提供解决方案。Python 生态系统包括数千个用于统计、HTTP 请求和数据库管理等领域的包。

依赖项通常是一个软件，需要先安装它，从而运行另一个软件。Pandas 不是一个独立的包，它有一组依赖项，包括库 NumPy 和 pytz，这些库可能也需要它们自己的依赖项。使用时，不必了解所有这些软件包的作用，但需要安装它们才能运行 Pandas。

A.1 Anaconda 发行版

开源库通常由独立的贡献者团队在不同的时间线开发。不幸的是，孤立的开发周期可能会引发库版本之间的兼容性问题。例如，安装最新版本的库而不升级其依赖项可能会使其功能失调。

为了简化 Pandas 及其依赖项的安装和管理，我们将依赖名为 Anaconda 的 Python 发行版。发行版是一组软件，将多个应用程序及其依赖项捆绑在一个简单的安装程序中。Anaconda 拥有超过2000 万的用户群，是最受欢迎的 Python 数据科学发行版。

Anaconda 可以安装 Python 以及一个名为 conda 的强大环境管理系统。环境是用于代码执行的独立沙箱——可以在其中安装 Python 以及需要使用的软件包。为了试验不同版本的 Python、不同版本的 Pandas、不同的包组合，可以创建一个新的 conda 环境。图 A-1 描述了 3 个假设的 conda 环境，每个环境各使用不同的 Python 版本。

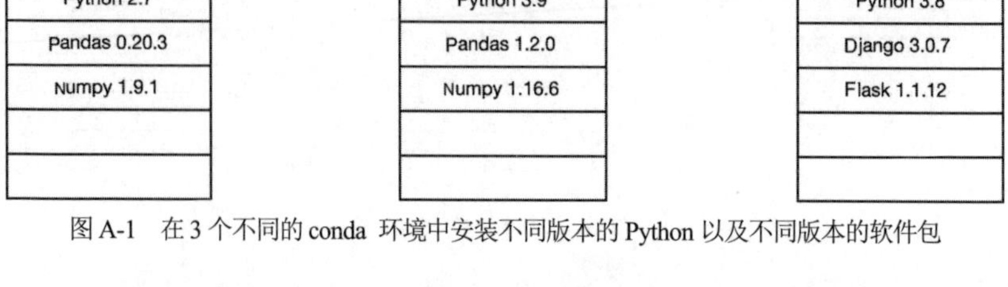

Environment 1	Environment 2	Environment 3
Python 2.7	Python 3.9	Python 3.8
Pandas 0.20.3	Pandas 1.2.0	Django 3.0.7
Numpy 1.9.1	Numpy 1.16.6	Flask 1.1.12

图 A-1 在 3 个不同的 conda 环境中安装不同版本的 Python 以及不同版本的软件包

使用不同环境的优点是可以实现很好的隔离。在一个环境中的更改不会影响其他环境,因为
conda 将它们存储在不同的文件夹中,因此可以轻松地处理多个项目,每个项目都可以有不同的配
置。将软件包安装到环境中时,conda 还会安装适当的依赖项,并确保不同库版本之间的兼容性。
简而言之,conda 是为 Python 安装和配置软件包的有效方法。

现在开始安装 Anaconda。打开 www.anaconda.com/products/individual,并找到页面中适用于自
己的操作系统的安装程序并下载。有多个版本的 Anaconda 安装程序可供选择:

- 如果在图形安装程序和命令行安装程序之间进行选择,建议选择图形安装程序。
- 如果可以选择 Python 版本,请选择最新的版本。与大多数软件一样,较大的版本号表示更
  新的版本。Python 3 比 Python 2 更新,Python 3.9 比 Python 3.8 更新。学习一项新技术时,
  最好从最新版本开始。如果需要,conda 允许使用早期版本的 Python 创建环境。
- 如果是 Windows 用户,可以在 64 位和 32 位安装程序之间进行选择。A.3 节将讨论如何选
  择安装程序。

因为 macOS 和 Windows 操作系统的设置方式有所不同,所以请选择合适的操作系统。

A.2　macOS 操作系统中的设置

首先介绍如何在 macOS 操作系统中安装 Anaconda。

A.2.1　在 macOS 中安装 Anaconda

Anaconda 下载文件包含一个.pkg 安装程序文件。文件名可以反映 Anaconda 版本号和操作系统
(例如 Anaconda3-2021.05-MacOSX-x86_64)。在文件系统中找到安装程序,然后双击它开始安装。

单击第一个界面上的 Continue 按钮。在 Read Me 界面上,安装程序提供了 Anaconda 的快速概
览,如图 A-2 所示。

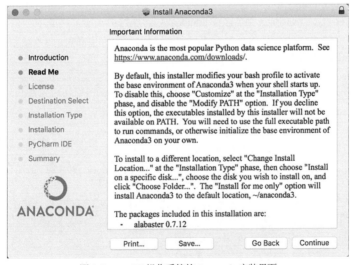

图 A-2　macOS 操作系统的 Anaconda 安装界面

安装并创建了一个名为 base 的初始 conda 环境，其中包含 250 多个预置的数据分析包集合，稍后将能够创建其他环境。安装程序还会提示，每当你启动 shell 时，它将激活此 base 环境，A.2.2 节将对此进行介绍。现在，单击 Continue 按钮完成安装过程。

继续浏览所有剩余的界面，接受许可协议及空间要求，可以选择自定义安装目录。请注意，发行版是自包含的，Anaconda 将它安装在计算机的一个目录中。因此，如果想卸载 Anaconda，可以删除该目录。

安装过程可能需要几分钟的时间。完成后，单击 Next 按钮，直到退出安装程序。

A.2.2　启动 Terminal

Anaconda 附带一个名为 Navigator 的图形程序，可以轻松创建和管理 conda 环境。不过，在启动它之前，将使用更传统的终端应用程序向 conda 环境管理器发出命令。

Terminal 是用于向 macOS 操作系统发出命令的应用程序。在现代图形用户界面(GUI)出现之前，用户完全依赖基于文本的应用程序与计算机进行交互。在 Terminal 中，输入文本，然后按 Enter 键可以执行它。希望读者在学习 Anaconda Navigator 之前掌握 Terminal，因为在使用 Anaconda Navigato 中的快捷方式之前，了解软件的复杂性很重要。

打开 Finder 窗口，然后导航到 Applications 目录，将在 Utilities 文件夹中找到 Terminal 应用程序，启动 Terminal。建议将 Terminal 应用程序的图标拖到 Dock 上，以便于访问。

Terminal 的提示行会显示一对括号，里面列出活动的 conda 环境。提醒一下，Anaconda 在安装期间创建了一个叫作 base 的初始环境。图 A-3 显示了激活 base 环境的 Terminal 窗口。

图 A-3　激活 base 环境的 Terminal 窗口

每当启动终端时，Anaconda 都会激活 conda 环境管理器和该 base 环境。

A.2.3　常用终端命令

只需要记住几个命令就可以有效地使用 Terminal。在 Terminal 中，可以像在 Finder 中一样浏览计算机的目录。pwd(打印工作目录)命令输出所在的文件夹：

```
(base) ~$ pwd
/Users/boris
```

ls (list)命令列出当前目录中的文件和文件夹：

```
(base) ~$ ls
Applications    Documents       Google Drive    Movies      Pictures    anaconda3
Desktop         Downloads       Library         Music       Public
```

一些命令接受标志(flag)。标志(flag)是添加在命令之后以修改其执行方式的配置选项。它的语法由一系列破折号和文本字符组成。比如，ls 命令本身只显示公共文件和文件夹，可以在命令中添加--all 标志来显示隐藏文件。一些标志支持多种语法选项。例如，ls -a 是 ls --all 的快捷方式。

通过 cd(change directory)命令可以导航到指定目录。cd 命令之后紧跟一个空格，然后是目标路径。例如导航到 Desktop 目录:

```
(base) ~$ cd Desktop
```

可以使用 pwd 命令输出当前位置:

```
(base) ~/Desktop$ pwd
/Users/boris/Desktop
```

在 cd 命令后跟两个圆点，表示回到上一层目录:

```
(base) ~/Desktop$ cd ..

(base) ~$ pwd
/Users/boris
```

Terminal 具有强大的自动补全功能。比如在目录中输入 cd Des 并按 Tab 键，会将其自动补全为 cd Desktop。Terminal 可查看可用文件和文件夹的列表，并确定只有 Desktop 与输入的 Des 模式匹配。如果有多个匹配项，Terminal 将只完成名称的一部分，然后让用户继续输入。比如，如果一个目录包含两个文件夹: Anaconda 和 Analytics，输入字母 A，Terminal 将自动完成 Ana，即这两个选项中的共有字母，此时必须输入一个额外的字母并再次按 Tab 键以使 Terminal 自动补全名称的其余部分。

至此，已经介绍了使用conda 环境管理器所需的所有知识，可以跳到 A.4 部分，设置第一个conda 环境！

A.3　Windows 操作系统中的设置

接下来，让我们在 Windows 操作系统中安装 Anaconda。

A.3.1　在 Windows 操作系统中安装 Anaconda

适用于 Windows 的 Anaconda 安装程序有 32 位和 64 位两个版本。这些选项描述了计算机上安装的处理器类型。如果不确定要下载哪个选项，请打开 Start 菜单，然后选择 System Information 应用程序。在应用程序的主界面上可以看到一个由 Item 和 Value 列组成的表格。查找系统类型项，如果计算机运行 64 位版本的 Windows，则其值将包括 x64；如果计算机运行 32 位版本的 Windows，则其值将包括 x86。图 A-4 显示了 64 位 Windows 计算机上的系统信息应用程序，其中突出显示了系统类型。

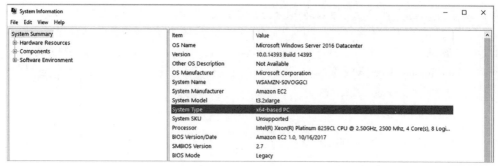

图 A-4   64 位 Windows 计算机上的系统信息应用程序

下载的 Anaconda 安装文件中将包含一个.exe 安装程序文件，文件名将包括 Anaconda 版本号和操作系统(例如 Anaconda3-2021.05-Windows-x86_64)。在文件系统上找到该文件并双击它以启动安装程序。

经过几个安装界面之后，系统会提示接受许可协议，选择是否为一个或所有用户安装 Anaconda，并选择安装目录，对这些步骤，使用默认选项即可。

进入 Advanced Installation Options 界面后，如果计算机上已经安装了 Python，最好取消选中 Register Anaconda As My Default Python 复选框。取消选择该复选框可防止安装程序将 Anaconda 设置为计算机上的默认 Python 版本。如果是第一次安装 Python，选中该复选框应该没问题。

安装程序创建了一个名为 base 的初始 conda 环境，其中包含 250 多个预选数据分析包的集合，稍后将能够创建其他环境。

安装过程可能需要几分钟。图 A-5 显示了安装过程中的一个界面。安装完成后，退出安装程序。

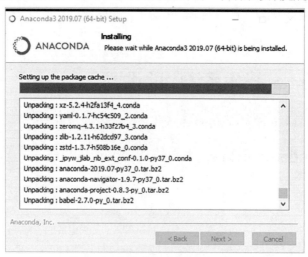

图 A-5   在 Windows 操作系统上安装 Anaconda 的一个界面

如果想卸载 Anaconda，请打开 Start 菜单，然后选择 Add or Remove Programs。找到 Anaconda 程序，单击 Uninstall 按钮，然后按照提示的步骤从计算机中删除 Anaconda。请注意，此过程将删除所有 conda 环境，以及它们安装的包和 Python 环境。

A.3.2 启动 Anaconda Prompt

Anaconda 附带一个名为 Navigator 的图形程序，可以轻松创建和管理 conda 环境。不过，在启动它之前，将使用更传统的命令行应用程序向 conda 环境管理器发出命令。在使用 Navigator 里的快捷方式之前，了解 Navigator 能够为我们解决哪些问题很重要。

Anaconda Prompt 是用于向 Windows 操作系统发出文本命令的应用程序。输入一个命令，然后按 Enter 键执行它。在现代 GUI 出现之前，用户完全依赖这样的基于命令的应用程序来与计算机交互。打开 Start 菜单，找到 Anaconda Prompt，然后启动它。

Anaconda Prompt 在其光标之前的一对括号中列出当前活动的 conda 环境。现在，可以看到 base 环境，即 Anaconda 在安装过程中创建的初始环境。图 A-6 显示了当前激活的 conda 环境为 base。

图 A-6 当前激活的 conda 环境为 base

Anaconda Prompt 将在启动时激活 base 环境。A.3.4 节将介绍如何使用 conda 创建和激活新环境。

A.3.3 常用的 Anaconda Prompt 命令

在 Pandas 中，只需要记住几个命令就可以有效地使用 Anaconda Prompt。例如，可以像在 Windows 资源管理器中一样浏览计算机的目录，dir(directory)命令列出当前目录中的所有文件和文件夹：

```
(base) C:\Users\Boris>dir
        Volume in drive C is OS
        Volume Serial Number is 6AAC-5705

Directory of C:\Users\Boris
08/15/2019 03:16 PM <DIR> .
     08/15/2019 03:16 PM <DIR> ..
     09/20/2017 02:45 PM <DIR> Contacts
```

```
08/18/2019 11:21 AM <DIR> Desktop
08/13/2019 03:50 PM <DIR> Documents
08/15/2019 02:51 PM <DIR> Downloads
09/20/2017 02:45 PM <DIR> Favorites
05/07/2015 09:56 PM <DIR> Intel
06/25/2018 03:35 PM <DIR> Links
09/20/2017 02:45 PM <DIR> Music
09/20/2017 02:45 PM <DIR> Pictures
09/20/2017 02:45 PM <DIR> Saved Games
09/20/2017 02:45 PM <DIR> Searches
09/20/2017 02:45 PM <DIR> Videos
              1 File(s) 91 bytes
             26 Dir(s) 577,728,139,264 bytes free
```

通过 cd 命令可以导航到指定目录。在 cd 后面紧跟空格，然后输入目标路径。例如导航到 Desktop 目录：

```
(base) C:\Users\Boris>cd Desktop

(base) C:\Users\Boris\Desktop>
```

在 cd 命令后跟两个圆点，可以进入当前目录的上级目录：

```
(base) C:\Users\Boris\Desktop>cd ..

(base) C:\Users\Boris>
```

Anaconda Prompt 具有强大的自动补全功能。比如在目录中，输入 cd Des 并按 Tab 键，会将其自动补全为 cd Desktop。Anaconda Prompt 可查看可用文件和文件夹的列表，并确定只有 Desktop 与键入的 Des 模式匹配。如果有多个匹配项，Anaconda Prompt 将只完成名称的一部分，然后让用户继续输入。比如，如果一个目录包含两个文件夹：Anaconda 和 Analytics，输入字母 A，Anaconda Prompt 将自动完成 Ana，这两个选项中的共有字母，此时必须输入一个额外的字母并再次按 Tab 键以使 Anaconda Prompt 自动补全名称的其余部分。

至此，已经了解了开始使用 conda 环境管理器所需的所有知识。接下来，创建我们的第一个 conda 环境。

A.4　创建一个新的 Anaconda 环境

截至目前，已经成功地在 macOS 或 Windows 操作系统上安装了 Anaconda 发行版。现在创建一个示例 conda 环境，将在阅读本书时使用它。请注意，本节中的代码示例在 macOS 操作系统上运行。尽管两个操作系统的输出可能略有不同，但 Anaconda 命令是相同的。

打开 Terminal (macOS) 或 Anaconda Prompt(Windows)。Anaconda 的默认 base 环境应该是激活的，可以通过光标左侧括号内的信息来确定这一点。

首先，发出示例命令来确认已经成功安装了 conda 环境管理器，可以采用一个简单的方法：向 conda 询问它的版本号。请注意，所使用的版本可能与以下输出中的版本不同，但只要命令返回任何数字，就说明 conda 已成功安装：

```
(base) ~$ conda --version
conda 4.10.1
```

conda info 命令返回有关 conda 的技术详细信息列表。输出当前激活的环境及其在硬盘驱动器上的位置。对输出进行精简之后的内容如下：

```
(base) ~$ conda info

         active environment : base
        active env location : /opt/anaconda3
                shell level : 1
           user config file : /Users/boris/.condarc
     populated config files :  /Users/boris/.condarc
              conda version :  4.10.1
        conda-build version : 3.18.9
             python version : 3.7.4.final.0
```

可以使用标志(flag)来自定义和配置 conda 命令。标志是在命令之后添加以修改其执行方式的配置选项，由一系列连字符和文本字符组成。info 命令的--envs 标志可以列出所有环境及其在计算机上的位置。星号(*)表示当前激活的环境：

```
(base) ~$ conda info --envs
# conda environments:
#
base                     * /Users/boris/anaconda3
```

每个 conda 命令都支持--help 标志，该标志输出当前命令的帮助文档。将标志添加到 conda info 命令上看看效果：

```
(base) ~$ conda info --help
usage: conda info [-h] [--json] [-v] [-q] [-a] [--base] [-e] [-s]
                  [--unsafe-channels]

Display information about current conda install.

Options:

optional arguments:
    -h, --help              Show this help message and exit.
    -a, --all               Show all information.
    --base                  Display base environment path.
    -e, --envs              List all known conda environments.
    -s, --system            List environment variables.
    --unsafe-channels       Display list of channels with tokens exposed.
Output, Prompt, and Flow Control Options:
    --json                  Report all output as json. Suitable for using conda
                            programmatically.
    -v, --verbose           Use once for info, twice for debug, three times for
                            trace.
    -q, --quiet             Do not display progress bar.
```

接下来创建一个新的 conda 环境。Conda create 命令可以生成一个新的 conda 环境，必须使用--name 标志为环境提供名称，比如选择一个合适的标题 pandas_in_action，可以根据自己的喜好选择任何名称。当 conda 提示确认时，输入 y(表示 Yes)并按 Enter 键确认：

```
(base) ~$ conda create --name pandas_in_action
Collecting package metadata (current_repodata.json): done
Solving environment: done

## Package Plan ##

   environment location: /opt/anaconda3/envs/pandas_in_action


Proceed ([y]/n)? y

Preparing transaction: done
Verifying transaction: done
Executing transaction: done
#
# To activate this environment, use
#
#     $ conda activate pandas_in_action
#
# To deactivate an active environment, use
#
#     $ conda deactivate
```

默认情况下，conda 在新环境中安装最新版本的 Python。要自定义语言的版本，请在命令末尾添加关键字 python，输入等号，并声明所需的版本。下一个示例展示了如何使用 Python3.7 创建一个名为 sample 的环境：

```
(base) ~$ conda create --name sample python=3.7
```

可以使用 conda env remove 命令删除环境，为--name 标志提供要删除的环境名称。下一个代码示例删除了刚刚创建的 sample 环境：

```
(base) ~$ conda env remove --name sample
```

现在 pandas_in_action 环境已经创建完毕，可以激活它。可以在 Terminal 或 Anaconda Prompt 中通过 conda activate 命令设置活动的环境。光标前括号中的文本将更改为新的活动环境：

```
(base) ~$ conda activate pandas_in_action

(pandas_in_action) ~$
```

所有 conda 命令都在激活环境的上下文中执行。例如，如果要求 conda 安装 Python 包，则 conda 将在 pandas_in_action 中安装它。将要安装以下软件包：
- pandas 核心库。
- 用于我们编写代码的 jupyter 开发环境。
- 用于加速的 bottleneck 和 numexpr 库。

conda install 命令在活动的 conda 环境中下载和安装包。在 conda install 命令后给出 4 个包名称，以空格分隔：

```
(pandas_in_action) ~$ conda install pandas jupyter bottleneck numexpr
```

如前所述，这 4 个库都有依赖关系。conda 环境管理器将输出它需要安装的所有包的列表。以下是输出内容的精简版本，如果看到不同的库列表或版本号也没关系，conda 可以解决兼容性问题。

```
Collecting package metadata (repodata.json): done
Solving environment: done

## Package Plan ##

    environment location: /opt/anaconda3/envs/pandas_in_action

    added / updated specs:
      - bottleneck
      - jupyter
      - numexpr
      - pandas


The following packages will be downloaded:

    package                    |         build
    ---------------------------|-------------------
    appnope-0.1.2              | py38hecd8cb5_1001    10 KB
    argon2-cffi-20.1.0         |   py38haf1e3a3_1     44 KB
    async_generator-1.10       |           py_0       24 KB
    certifi-2020.12.5          |   py38hecd8cb5_0    141 KB
    cffi-1.14.4                |   py38h2125817_0    217 KB
    ipython-7.19.0             |   py38h01d92e1_0    982 KB
    jedi-0.18.0                |   py38hecd8cb5_0    906 KB
    #... more libraries
```

输入 y 表示 Yes，然后按 Enter 键安装所有包及其依赖项。

如果忘记了安装在环境中的软件包，可以使用 conda list 命令查看完整列表。输出中还包括每个库的版本：

```
(pandas_in_action) ~$ conda list

# packages in environment at /Users/boris/anaconda3/envs/pandas_in_action:
#
# Name                   Version              Build Channel
jupyter                  1.0.0                py39hecd8cb5_7
pandas                   1.2.4                py39h23ab428_0
```

如果想从环境中删除软件包，请使用 conda uninstall 命令。例如，将删除 pandas 软件包：

```
(pandas_in_action) ~$ conda uninstall pandas
```

可以使用 jupyter notebook 命令启动 Jupyter Notebook 应用程序：

```
(pandas_in_action) ~$ jupyter notebook
```

Jupyter Notebook 在计算机上启动本地服务器以运行核心 Jupyter 应用程序。此时需要一个持续运行的服务器，以便监控 Python 代码并立即执行它。

Jupyter Notebook 应用程序将在系统的默认 Web 浏览器中打开，还可以通过在浏览器中输入 localhost:8888/来访问该应用程序。localhost 是指本地计算机，而 8888 是运行应用程序的端口。就像码头包括多个船坞来迎接多艘船一样，本地计算机(localhost)也有多个端口以允许多个程序在计算机的本地服务器上运行。图 A-7 所示为 Jupyter Notebook 的主界面，列出了当前目录下的文件和文件夹。

图 A-7　Jupyter Notebook 的主界面

Jupyter Notebook 界面类似于 Finder(macOS)或 Windows Explorer(Windows)。文件夹和文件按字母顺序进行排序，可以单击文件夹来到下一级目录，并使用顶部的导航按钮来到上一级目录。掌握了导航的技巧后，就可以关闭浏览器进行后续的学习了。

请注意，关闭浏览器并不会关闭正在运行的 Jupyter 服务器，需要在 Terminal 或 Anaconda Prompt 中按两次键盘快捷键 Ctrl+C 来终止 Jupyter 服务器。

请注意，每次启动 Terminal(macOS)或 Anaconda Prompt(Windows)时，都必须再次激活 pandas_in_action 环境。尽管 Anaconda 的 base 环境包括 Pandas，但建议创建并使用一个新环境。多个环境可确保不同项目之间的 Python 依赖项相互隔离。例如，一个环境可能使用 pandas1.1.3，另一个环境可能使用 pandas1.2.0，单独安装、升级和使用依赖项时，出现技术错误的机会更少。

这里提醒一下每次启动 Terminal 或 Anaconda Prompt 时要执行的操作：

```
(base) ~$ conda activate pandas_in_action

(pandas_in_action) ~$ jupyter notebook
```

第一个命令激活 conda 环境，第二个命令启动 Jupyter Notebook。

A.5　Anaconda Navigator

Anaconda Navigator 是一个管理 conda 环境的图形程序。尽管它的功能集不如 conda 命令行工具那么全面，但 Anaconda Navigator 提供了一种可视的、对初学者友好的方式来使用 conda 创建和管理环境。可以在 Finder(macOS)或开始菜单(Windows)的 Applications 文件夹中找到 Anaconda Navigator。图 A-8 所示为 Anaconda Navigator 应用程序的主界面。

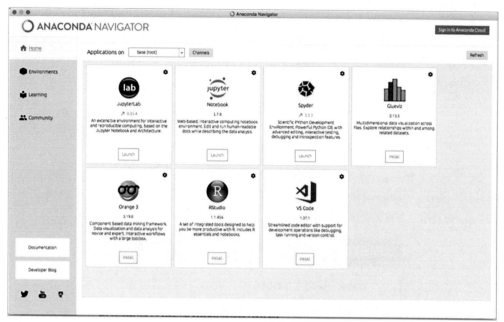

图 A-8　Anaconda Navigator 应用程序的主界面

单击左侧菜单上的 Environments 选项卡，显示所有环境的列表。选择一个 conda 环境，可以查看其安装的包，包括它们的描述和版本号。

单击 Create 按钮，可以开启创建新环境的向导，如图 A-9 所示。为环境命名，然后选择要安装的 Python 版本，对话框中将显示 conda 将创建环境的位置。

要安装软件包，需要在左侧列表中选择一个环境。单击包列表上方的下拉菜单并选择 All 以查看所有包，如图 A-10 所示。

图 A-9　创建一个新的 Anaconda 环境

图 A-10　Anaconda 软件包检索

在右侧的搜索框中，搜索所需的软件库，例如 pandas。在搜索结果中找到它，并选中相应的复选框，如图 A-11 所示。

最后，单击右下角的绿色应用按钮来安装软件库。

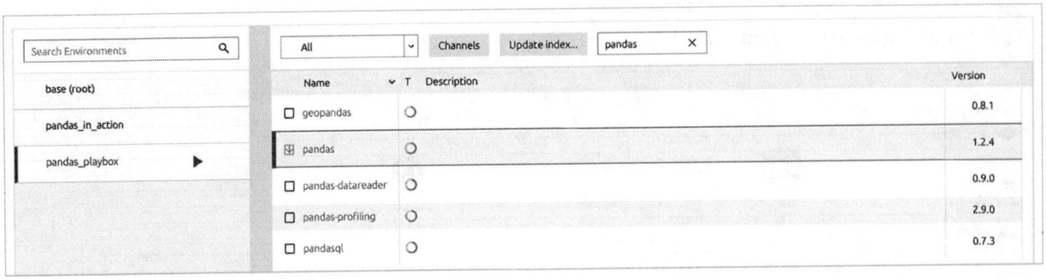

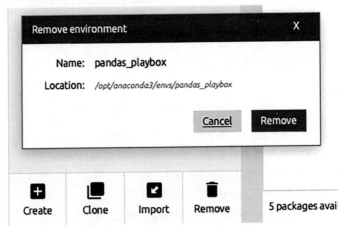

图 A-11　在 Anaconda Navigator 中搜索和选择 pandas

如果已经在 Terminal 或 Anaconda Prompt 中创建了 pandas_in_action 环境，则可以删除已经不再需要的 pandas_playbox 环境。确保在左侧环境列表中选择 pandas_playbox，然后单击底部面板上的 Remove 按钮，并确认删除，如图 A-12 所示。

图 A-12　在 Anaconda Navigator 中删除 Pandas_playbox 环境

要从 Anaconda Navigator 启动 Jupyter Notebook，单击左侧导航菜单的 Home 选项卡。在此界面上，将看到当前环境中安装的应用程序。界面顶部有一个下拉菜单，可以从中选择活动的 conda 环境。首先选择创建的 pandas_in_action 环境，然后通过单击其应用程序来启动 Jupyter Notebook。此操作相当于从 Terminal 或 Anaconda Prompt 中执行 jupyter notebook 命令。

A.6　Jupyter Notebook 基础知识

Jupyter Notebook 是 Python 的交互式开发环境，由一个或多个单元格组成，每个单元格都保存 Python 代码或 Markdown。Markdown 是一种文本格式标准，可以用来向 Notebook 添加标题、文本段落、项目符号列表、嵌入图像等。使用 Python 来编写逻辑时，用 Markdown 来组织想法，还可以通过 Markdown 来添加自己的笔记。可以访问 https://daringfireball.net/projects/markdown/syntax 来获取 Markdown 的完整说明文档。

在 Jupyter 启动界面上，单击右侧菜单上的 New 下拉菜单，然后选择 Python3 以创建一个新的 Notebook，如图 A-13 所示。

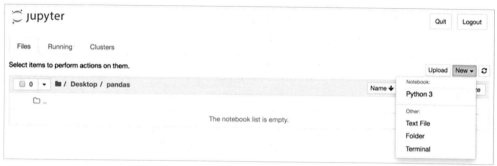

图 A-13　创建一个新的 Jupyter Notebook

要为 Notebook 命名，请单击顶部的 Untitled 文本并在对话框中输入名称。Jupyter Notebook 使用.ipynb 扩展名保存其文件，这是 Jupyter Notebooks 的前身 IPython Notebooks 的缩写。可以通过导航返回 Jupyter Notebook 选项卡以查看目录中的新.ipynb 文件。

Notebook 以两种模式运行：命令模式和编辑模式。单击单元格或按 Enter 键会触发编辑模式。Jupyter 用绿色边框突出显示单元格。在编辑模式下，可以在单元格中输入代码。图 A-14 所示为编辑模式下的 Jupyter 单元格示例。

图 A-14　编辑模式下的 Jupyter Notebook 单元格

在 Notebook 的导航菜单下方，可以找到常用的快捷方式工具栏。工具栏右端的下拉菜单显示当前选中的单元格类型。单击下拉菜单，可以显示可用单元格选项的列表，然后选择 Code 或 Markdown 将单元格更改为特定类型，如图 A-15 所示。

图 A-15　更改 Jupyter Notebook 单元格的类型

Jupyter Notebook 的最佳功能之一是其反复实验的开发方法。在代码单元格中输入 Python 代码，然后执行它，Jupyter 在单元格下方输出结果。检查结果是否符合预期，并继续重复该过程。这种方法鼓励积极的实验，只需要输入新的代码，就能立刻看到执行效果。

下面执行一些基本的 Python 代码。在 Notebook 的第一个单元格中输入以下数学表达式，然后单击工具栏上的运行按钮来执行它：

```
In  [1]: 1 + 1

Out [1]: 2
```

代码左侧的框(在前面的示例中显示数字 1)标记了单元格相对于 Jupyter Notebook 的启动或重新启动的执行顺序，可以按任何顺序执行单元格，并且可以多次执行同一个单元格。

本书建议通过在 Jupyter 单元中执行不同的代码片段来进行实验，因此可能存在执行编号与书中的编号不匹配问题。

如果一个单元格包含多行代码，Jupyter 将输出最后一个表达式的值。请注意，Python 仍然运行单元格中的所有代码，只是显示最后一个表达式的结果，如下所示：

```
In  [2]: 1 + 1
         3 + 2

Out [2]: 5
```

解释器是解析 Python 源代码并执行它的软件。Jupyter Notebook 依赖于 IPython(交互式 Python)，这是一种增强的解释器，具有提高开发人员生产力的额外功能，例如可以使用 Tab 键来显示任何 Python 对象的可用方法和属性。下一个示例显示了 Python 字符串的可用方法，键入任何字符串和一个点，然后按 Tab 键查看对话框，即可显示该字符串的可用方法，如图 A-16 所示。要了解 Python 的核心数据结构，请参阅附录 B 以获得对该语言的全面信息。

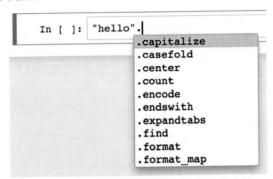

图 A-16　自动显示字符串的可用方法

可以在单元格中输入任意数量的 Python 代码，但最好将单元格的大小保持在合理范围内，从而提高可读性和理解力。如果逻辑很复杂，请将操作拆分到多个单元格中。

可以使用两个键盘快捷键中的任何一个来执行 Jupyter Notebook 单元格中的代码。按 Shift+Enter 键执行一个单元格中的代码，并将焦点移动到下一个单元格，或者按 Ctrl+Enter 键执行一个单元格，并焦点保持在原始单元格上。可以通过练习这两个命令来了解它们之间的差异。

按 Esc 键可以激活命令模式，这是 Notebook 的一种管理模式。这种模式下的可用操作更加广泛，它们会影响整个 Notebook，而不是一个特定的单元格。在这种模式下，可以通过快捷键完成许多操作。Notebook 处于命令模式时使用的一些常用键盘快捷键如表 A-1 所示。

表 A-1　Notebook 处于命令模式时使用的一些常用键盘快捷键

键盘快捷键	描述
上下键	选择不同的单元格
a	在选中的单元格上方创建一个新的单元格
b	在选中的单元格下方创建一个新的单元格
c	复制单元格的内容
x	剪切单元格的内容
v	将复制或剪切的单元格粘贴到所选单元格下方的单元格中

(续表)

键盘快捷键	描述
d+d	删除单元格
z	撤消删除
y	将单元格类型更改为代码
m	将单元格类型更改为 Markdown
h	显示帮助菜单，其中包含完整的键盘快捷键列表
Command+S(macOS)或 Ctrl+S (Windows)	保存 Notebook。请注意，Jupyter Notebook 也具有自动保存功能

　　要清除 Notebook 内存中的所有内容，请从顶部菜单中选择 Kernel，然后选择重新启动。其他选项可用于清除单元格输出，并重新运行 Notebook 中的所有单元格。

　　关闭浏览器时，Notebook 会继续在后台运行。如果要关闭它，则导航到 Jupyter 启动界面顶部菜单中的 Running 选项卡，然后单击旁边的 Shutdown 按钮，如图 A-17 所示。

图 A-17　关闭 Jupyter Notebook

　　关闭所有 Notebook 后，可以终止 Jupyter Notebook 应用程序。在 Jupyter 运行的 Terminal 或 Anaconda Prompt 中，按两次 Ctrl+C 键来终止本地 Jupyter 服务器。

　　至此，可以开始在 Jupyter 中编写 Python 和 Pandas 代码了。

附录 *B*

Python 速成课程

　　Pandas 库建立在 Python 的基础上，Python 是一种流行的编程语言，由荷兰开发人员 Guidovan Rossum 于 1991 年首次发布。库(也称为包)是扩展编程语言核心功能的工具箱。库通过为数据库连接、代码质量和测试等日常问题提供解决方案来提高开发人员的工作效率。大多数 Python 项目都使用各种库。毕竟，如果有人已经解决了问题，为什么还要从头开始解决呢? 通过 Python 包索引(PyPi)，可以下载超过 300000 个库，这是一个 Python 包的在线集中存储库。Pandas 是这 300000 个库之一，它实现了复杂的数据结构，擅长存储和操作多维数据。探索 Panda 之前，了解 Python 的基本内容是很重要的。

　　Python 是一种面向对象(OOP)的编程语言。OOP 范式将软件程序视为可以相互对话的对象的集合。对象是一种数据结构，用于存储信息并提供访问和操作信息的方式。每个对象都有其存在的责任或目的，可以将每个对象视为戏剧中的演员，并将软件程序视为表演。

　　以电子表格软件 Excel 为例，用户可以区分工作簿、工作表和单元格之间的差异，工作簿保存工作表，工作表保存单元格，单元格保存值。可以将这三个实体视为三个不同的业务逻辑容器，每个容器都有特定的职责，需要通过不同的方式与它们进行交互。在构建面向对象的计算机程序时，开发人员以同样的方式思考，识别并构建程序运行所需的"积木"。

　　在 Python 社区中，经常会听到"一切都是对象"这样的说法。这句话意味着该语言将其所有数据类型实现为对象，即使是简单的数据类型，如数字和文本。Pandas 这样的库为语言添加了一个新的对象集合——一组额外的构建块。

　　从数据分析师转行为软件工程师，我了解行业中许多岗位对 Python 熟练程度的要求。从经验来讲，无须成为高级程序员即可使用 Pandas 来提高工作效率。然而，对 Python 核心机制的基本了解将显著提高使用该库的熟练程度。本附录重点介绍熟练掌握 Python 所需的关键语言要素。

B.1　简单数据类型

　　数据有多种类型。例如，整数 5 与十进制数 8.46 的类型不同，而 5 和 8.46 又与字符串数据"Bob"

不同。

下面从探索 Python 中内置的核心数据类型开始。首先确保已安装 Anaconda 发行版，并设置包含 Jupyter Notebook 在内的 conda 环境。如需帮助，请参阅附录 A 中的安装说明。激活 conda 环境，执行 jupyter notebook 命令，并新建一个 Notebook。

在正式开始之前，首先介绍一些基础知识，在 Python 中，#表示注释。注释是 Python 在处理代码时忽略的一行文本，开发人员使用注释为其代码提供内联文档，如下所示：

```
# Adds two numbers together
1 + 1
```

也可以在一段代码之后添加注释，Python 会忽略注释符号之后的所有内容。该行的其余部分会正常执行：

```
1 + 1 # Adds two numbers together
```

尽管前一个示例的计算结果为 2，但下一个示例不产生任何输出结果。该注释有效地禁用了该行的内容，因此 Python 忽略它的执行：

```
# 1 + 1
```

本书的代码中使用了注释来为当前的操作提供补充说明，无须将注释复制到 Jupyter Notebook 中。

B.1.1　数值

integer 代表整数，它没有小数部分。例如整数 20：

```
In  [1] 20

Out [1] 20
```

整数可以是任何正数、负数或零。负数以减号(-)开头：

```
In  [2] -13

Out [2] -13
```

浮点数(float)是具有小数部分的数字，使用圆点来声明小数点。7.349 就是一个浮点数的例子：

```
In  [3] 7.349

Out [3] 7.349
```

整数和浮点数在 Python 中表示不同的数据类型，或者可以说表示不同的对象。通过观察数字是否包含小数点就可以区分这两种数据类型。例如，值 5.0 是一个浮点对象，而 5 是一个整数对象。

B.1.2　字符串

字符串是零个或多个文本字符的集合，通过将一段文本包裹在一对单引号、双引号或三引号中来声明一个字符串。这 3 种声明方式存在差异，但对于初学者来说是微不足道的。本书中均使用双引号声明字符串。Jupyter Notebook 对这三种声明方式的输出是相同的：

```
In  [4] 'Good morning'

Out [4] 'Good morning'

In  [5] "Good afternoon"

Out [5] 'Good afternoon'

In  [6] """Good night"""

Out [6] 'Good night'
```

字符串中不限于字母字符，可以包含数字、空格和符号。例如以下输出中包括 7 个字母字符、1 个美元符号、2 个数字、1 个空格和 1 个感叹号：

```
In  [7] "$15 dollars!"

Out [7] '$15 dollars!'
```

通过引号可以直观地识别字符串。许多初学者对像 "5" 这样的值感到困惑，它是一个包含单个数字字符的字符串，不是整数。

空字符串中没有字符，用一对引号来创建它，引号之间没有任何内容：

```
In  [8] ""

Out [8] ''
```

字符串的长度是指其字符数。例如，字符串 "Monkey business" 的长度为 15 个字符，Monkey 是 6 个字符，business 是 8 个字符，两个单词之间有一个空格。

Python 根据其在行中的顺序为每个字符串字符分配一个数字。该数字称为索引，索引从 0 开始。比如在字符串 "car" 中：

- "c" 的索引位置为 0。
- "a" 的索引位置为 1。
- "r" 的索引位置为 2。

字符串的最终索引位置总是比它的长度小 1。字符串 "car" 的长度为 3，因此它的最终索引位置为 2。从 0 开始的索引往往会使新开发人员感到困惑，这是一个很难完成的心理转变，因为我们从小学开始就被教导从 1 开始数数。

在字符串之后，输入一对带有索引值的方括号，就可以通过其索引位置从字符串中提取任何字符。例如提取 "Python" 中的 "h" 字符，"h" 字符是序列中的第 4 个字符，因此它的索引为 3：

```
In  [9] "Python"[3]

Out [9] 'h'
```

要从字符串末尾提取字符，可以在方括号内输入一个负值。值-1 表示提取最后一个字符，-2 表示提取倒数第二个字符，以此类推。例如提取 Python 中的倒数第四个字符 "t"：

```
In  [10] "Python"[-4]
```

```
Out [10] 't'
```

"Python"[-4]与"Python"[2]产生相同的 "t" 输出。

可以使用特殊语法从字符串中提取多个字符，该过程称为切片。将两个数字放在方括号内，用冒号分隔。左侧值代表起始索引，右侧值代表最终索引。起始索引包括在内，而结束索引并不包含在结果中。使用时需要谨慎设置起止索引。

例如，将所有字符从索引位置2(包括)获取到索引位置5(不包括)，切片在索引位置2处包含字符 "t"，在索引位置3处包含字符 "h"，在索引位置4处包含字符 "o"：

```
In  [11] "Python"[2:5]
```

```
Out [11] 'tho'
```

如果0是起始索引，可以将它从方括号中删除，可以得到相同的结果。下面两行代码将得到相同的结果：

```
In  [12] # The two lines below are equivalent
         "Python"[0:4]
         "Python"[:4]
```

```
Out [12] 'Pyth'
```

同样，如果从索引中提取字符到字符串的结尾，可以在冒号后面不给出终止的索引值。以下示例使用不同方法得到了相同的结果：

```
In  [13] # The two lines below are equivalent
         "Python"[3:6]
         "Python"[3:]
```

```
Out [13] 'hon'
```

如果同时删除了开始索引和结束索引，即仅仅使用一个冒号，则表示从头取到尾，结果是字符串的副本：

```
In  [14] "Python"[:]
```

```
Out [14] 'Python'
```

使用切片技术时，可以在开始索引和结束索引中同时使用正数和负数。例如，从索引1("y")获取到字符串中的最后一个字符("n" 将不被包含在内)：

```
In  [15] "Python"[1:-1]
```

```
Out [15] 'ytho'
```

切片技术也支持设定取数据的步长，比如下面的例子中，从索引位置 0(包含)开始取得，然后取到索引位置6(不包含)，并且取数的间隔为2，换句话说，结果将包含索引位置为0、2和4的字符：

```
In  [16] "Python"[0:6:2]
```

```
Out [16] 'Pto'
```

还可以使用-1 作为第三个数字，以便从列表的末尾逆向取得字符，结果是一个反向字符串：

```
In  [17] "Python"[::-1]

Out [17] 'nohtyP'
```

切片可以方便地从较大的字符串中提取文本片段——这是第 6 章中广泛讨论的主题。

B.1.3　布尔型数据

布尔数据类型表示"真/假"的逻辑概念，它的值只能为 True 或 False。布尔值是以英国数学家、哲学家乔治·布尔命名的。它通常模拟一种非此即彼的关系：是或否、开或关、有效或无效、活动或不活动，等等。

```
In  [18] True

Out [18] True

In  [19] False

Out [19] False
```

布尔数据的得出经常通过计算或比较，将在 B.2.2 节介绍具体的内容。

B.1.4　None 对象

None 对象表示空或没有值。就像布尔值一样，它是一种难以理解的类型，因为它比整数等具体值更加抽象。

假设打算测量某城市一周的每日温度，但忘记在周五进行读数。7 天中有 6 天的温度是整数。应如何记录缺失日的温度？可能会输入"缺失"或"未知"或"空"之类的内容。None 对象在 Python 中模拟相同的内容，该对象可以声明一个值丢失、不存在或不需要。None 在单元格中使用时，Jupyter Notebook 不会输出任何结果：

```
In  [20] None
```

与布尔值一样，通常会得到一个 None 值而不是手动创建它。

B.2　运算符

运算符是执行运算的符号。小学的一个经典例子是加法运算符：+。运算符处理的值称为操作数。在表达式 3+5 中：

- +是运算符。
- 3 和 5 是操作数。

本节将探索 Python 中内置的各种数学运算符和逻辑运算符。

B.2.1　数学运算符

下面在 Jupyter 中执行上面提到的数学表达式计算结果将直接在单元格下方输出：

```
In  [21] 3 + 5

Out [21] 8
```

通常在运算符的两侧各添加一个空格，以使代码更易于阅读。接下来的两个示例说明减法(-)和乘法(*)：

```
In  [22] 3 - 5

Out [22] -2

In  [23] 3 * 5

Out [23] 15
```

**是幂运算符。下一个示例将得到 3 的 5 次方：

```
In  [24] 3 ** 5

Out [24] 243
```

/是符号执行除法。下一个示例将输出 3 除以 5 的计算结果：

```
In  [25] 3 / 5

Out [25] 0.6
```

在数学术语中，商是一个数字除以另一个数字的结果。/ 运算符的除法总是返回一个浮点商，即使在可以被整除的情况下也是如此：

```
In  [26] 18 / 6

Out [26] 3.0
```

Floor 除法是一种替代类型的除法，它从商中删除小数余数，使用两个正斜杠(//)作为运算符，并返回一个整数商。下一个示例演示了两个运算符之间的区别：

```
In  [27] 8 / 3

Out [27] 2.6666666666666665

In  [28] 8 // 3

Out [28] 2
```

模运算符(%)返回除法的余数。例如，2 是 5 除以 3 的余数：

```
In  [29] 5 % 3

Out [29] 2
```

还可以对字符串使用加法和乘法运算符。加号连接两个字符串，被称作串联：

```
In  [30] "race" + "car"

Out [30] 'racecar'
```

乘号则将字符串重复给定的次数：

```
In  [31] "Mahi" * 2

Out [31] 'MahiMahi'
```

对象的类型决定了它支持的操作和运算符。例如，可以对整数进行除法运算，但不能对字符串进行除法运算。OOP 的主要功能是识别正在使用的对象以及它可以执行的操作。

可以将一个字符串连接到另一个字符串，也可以将一个数字添加到另一个数字。如果尝试将一个字符串和一个数字进行相加时会发生什么？

```
In  [32] 3 + "5"


---------------------------------------------------------------------------
TypeError                                 Traceback (most recent call last)
<ipython-input-9-d4e36ca990f8> in <module>
----> 1 3 + "5"

TypeError: unsupported operand type(s) for +: 'int' and 'str'
```

这个例子中出现了一个错误，是 Python 语言内置的几十个错误之一，该错误的技术名称为“异常”。异常是一个对象，每当犯语法或逻辑错误时，Jupyter Notebook 都会显示一个分析，其中包括错误的名称和触发它的行号。技术术语 raise 通常用于表示 Python 遇到了异常。在这个例子中，试图将一个数字和一个字符串进行相加，但 Python 引发了异常。

操作中使用错误的数据类型时，Python 会引发 TypeError 异常。在前面的示例中，Python 观察到一个数字和一个加号，并假设后面会跟着另一个数字，结果它收到了一个字符串，不能将其添加到整数中。B.4.1 节将介绍如何将整数转换为字符串。

B.2.2　等式和不等式运算符

如果两个对象具有相同的值，Python 认为它们相等，可以通过将两个对象放在相等运算符(==)的两侧来比较它们的相等性。如果两个对象相等，则运算符返回 True。提醒一下，True 是一个布尔值。

```
In  [33] 10 == 10

Out [33] True
```

注意：等式运算符是两个等号。如果使用一个等号，则表达的意思完全不同，将在 B.3 节中介绍。

如果两个对象不相等，则相等运算符返回 False。布尔值只有 True 和 False 两种有效值：

```
In  [34] 10 == 20
```

```
Out [34] False
```

以下是字符串相等运算符的一些示例：

```
In  [35] "Hello" == "Hello"
```

```
Out [35] True
```

```
In  [36] "Hello" == "Goodbye"
```

```
Out [36] False
```

比较两个字符串时区分大小写很重要。在下一个示例中，一个字符串以大写"H"开头，另一个以小写"h"开头，因此 Python 认为这两个字符串不相等：

```
In  [37] "Hello" == "hello"
```

```
Out [37] False
```

不等式运算符(!=)是等式运算符的逆。如果两个对象不相等，则返回 True。例如，10 不等于 20，结果为 True：

```
In  [38] 10 != 20
```

```
Out [38] True
```

同样，字符串"Hello"不等于字符串"Goodbye"：

```
In  [39] "Hello" != "Goodbye"
```

```
Out [39] True
```

如果两个对象相等，则不等式运算符返回 False：

```
In  [40] 10 != 10
```

```
Out [40] False
```

```
In  [41] "Hello" != "Hello"
```

```
Out [41] False
```

Python 支持数字之间的数学比较。< 运算符检查左侧的操作数是否小于右侧的操作数。下一个示例判断-5 是否小于 3：

```
In  [42] -5 < 3
```

```
Out [42] True
```

>运算符检查左侧的操作数是否大于右侧的操作数。下一个示例判断5是否大于7,结果为False：

```
In  [43] 5 > 7
```

```
Out [43] False
```

<=操作符检查左侧操作数是否小于或等于右侧操作数。下一个示例判断 11 是否小于或等于 11：

```
In  [44] 11 <= 11
```

```
Out [44] True
```

>=运算符检查左侧操作数是否大于或等于右侧操作数。下一个示例判断 4 是否大于或等于 5:

```
In  [45] 4 >= 5
```

```
Out [45] False
```

Pandas 能够对整个数据列进行类似的比较,这是第 5 章中讨论的主题。

B.3 变量

变量是分配给对象的名称,可以将它与房子的地址进行比较,因为它是一个标签、一个引用,也是一个标识符。变量名称应该清晰且具有描述性,描述对象存储的数据以及它在我们的应用程序中的用途。例如,选择 income_for_quarter4 作为变量名要比 r 或 r4 好得多。

使用赋值运算符(=)将一个变量赋值给一个对象。下一个示例将四个变量(name、age、high_school_gpa 和 is_handsome)分配给 4 种不同的数据类型的对象(字符串、整数、浮点数和布尔值):

```
In  [46] name = "Boris"
         age = 28
         high_school_gpa = 3.7
         is_handsome = True
```

执行带有变量赋值的单元格不会在 Jupyter Notebook 中产生任何输出,但之后可以在 Notebook 的任何单元格中使用该变量。该变量是它的值的替代品:

```
In  [47] name
```

```
Out [47] 'Boris'
```

变量名必须以字母或下画线开头。在第一个字母之后,它只能包含字母、数字或下画线。

变量可以保存随着程序执行而变化的值。下面将 age 变量的值重新设定为 35,执行单元格后,age 变量对其先前值 28 的引用将丢失:

```
In  [48] age = 35
         age
```

```
Out [48] 35
```

可以在赋值运算符的两边使用相同的变量。在赋值运算中,Python 总是首先计算等号的右边。在下一个示例中,Python 将单元格执行开始时的 age 值 35 与 10 相加,并将结果 45 重新保存到 age 变量中:

```
In  [49] age = age + 10
         age
```

```
Out [49] 45
```

Python 是一种动态类型的语言,这意味着变量对数据类型一无所知。变量是程序中任何对象的占位符名称，只有对象知道它的数据类型。因此，可以将变量从一种类型的对象重新分配给另一种类型。下一个示例将 high_school_gpa 变量从其原始浮点值 3.7 重新分配给字符串"A+"：

```
In  [50] high_school_gpa = "A+"
```

当程序中引用了不存在的变量时，Python 会引发 NameError 异常：

```
In  [51] last_name
```

```
------------------------------------------------------------------------
NameError                                 Traceback (most recent call last)
<ipython-input-5-e1aeda7b4fde> in <module>
----> 1 last_name

NameError: name 'last_name' is not defined
```

输入错误的变量名后，通常会遇到 NameError 异常。不需要担心这个异常，使用正确的变量名，然后再次执行单元格即可。

B.4　函数

函数是由一个或多个步骤组成的过程，可以将函数视为编程语言中的烹饪食谱——一系列产生一致结果的指令。函数使软件具有可重用性。因为函数可以完整地表达一段业务逻辑，必须多次执行相同的操作时，就可以对函数进行重用。

声明一个函数，然后执行它，在声明中编写函数应该执行的步骤、在执行过程中运行该函数。继续用烹饪的例子，声明一个函数相当于写一个食谱，执行一个函数相当于按照食谱进行烹饪。执行函数的技术术语为"调用"。

B.4.1　参数和返回值

Python 附带了超过 65 个内置函数，也可以声明自定义函数。例如，内置 len 函数返回给定对象的长度。长度的概念因数据类型而异，对于一个字符串，长度表示它的字符数。

可以通过输入函数名和一对括号来调用函数。函数调用可以接收称为参数的输入。在括号中，使用逗号来分隔参数。

len 函数需要提供一个参数——计算长度的对象。下一个例子将一个字符串"Python is fun"作为参数传递给 len 函数：

```
In  [52] len("Python is fun")
```

```
Out [52] 13
```

len 函数产生一个最终输出，这个输出称为返回值。在前面的例子中，len 是被调用的函数，"Python is fun"是它的单个参数，13 是返回值。

在调用函数时，给出 0 个或多个参数，然后可以得到一个返回值。

下面是 Python 中 3 个较流行的内置函数。

- int：将参数转换为整型。
- float：将参数转换为浮点型。
- str：将参数转换为字符串。

接下来的 3 个示例展示了这些函数的实际使用场景。第一个示例将 20 作为参数来调用 int 函数，得到数值型的返回值 20。请读者自行识别其余两个函数的参数和返回值。

```
In  [53] int("20")

Out [53] 20

In  [54] float("14.3")

Out [54] 14.3

In  [55] str(5)

Out [55] '5'
```

下面是另一个常见的错误：当函数接收到正确的数据类型，但是错误的内容时，Python 会引发 ValueError 异常。在下一个例子中，int 函数接收一个字符串，这是 int 函数可以处理的数据类型，但这个字符串的内容却无法转换为整数：

```
In  [56] int("xyz")

---------------------------------------------------------------------------
ValueError                                Traceback (most recent call last)
<ipython-input-6-ed77017b9e49> in <module>
----> 1 int("xyz")

ValueError: invalid literal for int() with base 10: 'xyz'
```

另一个常见的内置函数是 print，它将文本输出到显示器上，它接受任意数量的参数。想要在整个程序执行过程中观察变量的值时，print 是一个最常使用的函数。在下面的示例中，使用 value 作为参数，调用了 4 次 print 函数，通过输出结果可以观察变量的变化。

```
In  [57] value = 10
         print(value)

         value = value - 3
         print(value)

         value = value * 4
         print(value)

         value = value / 2
         print(value)

Out [57] 10
         7
         28
         14.0
```

如果函数接受多个参数，则后面的参数必须用逗号分隔。开发人员经常在逗号后加空格以提高可读性。

给 print 函数传递多个参数时，它会按顺序输出所有参数。在下一个例子中，请注意 Python 用一个空格分隔这 3 个输出的元素：

```
In  [58] print("Cherry", "Strawberry", "Key Lime")

Out [58] Cherry Strawberry Key Lime
```

形式参数是赋给预期函数实际参数的名称。调用中的每个实际参数都对应一个形式参数。在前面的例子中，将参数按顺序传递给 print 函数，而没有指定参数。

在 Pandas 中，必须为某些参数显式地写出参数名。例如，print 函数的 sep (separator)参数规定了 Python 在每两个输出值之间插入的字符串。如果想传递一个自定义参数值，必须显式地写出 sep 参数，通过等号将实际参数赋给形式参数。下一个例子输出了相同的 3 个字符串，但告诉 print 函数用感叹号将它们分隔开：

```
In  [59] print("Cherry", "Strawberry", "Key Lime", sep = "!")

Out [59] Cherry!Strawberry!Key Lime
```

用一个空格分隔 3 个输出元素的例子中，为什么这 3 个值之间都有一个空格？

如果函数调用未明确提供默认参数，则默认参数是 Python 传递给参数的备用值。print 函数的 sep 参数有一个默认参数值 " "。如果在没有给 sep 参数设定值的情况下调用 print 函数，Python 将自动将空格作为该参数的默认值。以下两行代码产生相同的输出结果：

```
In  [60] # The two lines below are equivalent
         print("Cherry", "Strawberry", "Key Lime")
         print("Cherry", "Strawberry", "Key Lime", sep=" ")

Out [60] Cherry Strawberry Key Lime
         Cherry Strawberry Key Lime
```

sep 这样的参数被称为关键字参数，在向它们传递参数时，必须给出它们的特定参数名称。Python 要求在顺序参数之后传递关键字参数，如下所示：

```
In  [61] print("Cherry", "Strawberry", "Key Lime", sep="*!*")

Out [61] Cherry*!*Strawberry*!*Key Lime
```

print 函数的 end 参数自定义 Python 添加到所有输出末尾的字符串。参数的默认值是 "\n"，这是 Python 识别为换行符的特殊字符。在下一个示例中，将相同的"\n"参数值显式传递给 end 参数：

```
In  [62] print("Cherry", "Strawberry", "Key Lime", end="\n")
         print("Peach Cobbler")

Out [62] Cherry Strawberry Key Lime
         Peach Cobbler
```

在 Pandas 中，可以将多个关键字参数传递给函数调用，用逗号分隔参数的技术规则仍然适用。下一个示例调用 print 函数两次。第一次调用使用"!"分隔它的三个参数，并以"***"结束输出。

因为第一次调用不强制换行，所以第二次调用的输出结果在第一次结束的地方开始：

```
In   [63] print("Cherry", "Strawberry", "Key Lime", sep="!", end="***")
          print("Peach Cobbler")

Out [63] Cherry!Strawberry!Key Lime***Peach Cobbler
```

花点时间思考一下前面示例中的代码格式。较长的代码可能难以阅读，尤其是将多个参数聚集在一起时。Python 社区支持多种格式化解决方案，方案之一是将所有参数放在一行：

```
In   [64] print(
              "Cherry", "Strawberry", "Key Lime", sep="!", end="***"
          )

Out [64] Cherry!Strawberry!Key Lime***
```

另外一种解决方案是每行只放一个参数：

```
In   [65] print(
              "Cherry",
              "Strawberry",
              "Key Lime",
              sep="!",
              end="***",
          )

Out [65] Cherry!Strawberry!Key Lime***
```

这 3 个代码示例在技术上都是有效的。可以采用多种方法格式化 Python 代码，本书中使用了几个格式选项。读者不必遵循本书使用的格式约定，可以选择自己喜欢的格式，最终目标是提高可读性。

B.4.2　自定义函数

自定义函数可以在程序中声明。函数的目标是在单个可重用的过程中捕获不同的业务逻辑。软件工程界的一个常见口号：DRY，即 don't repeat yourself。这个首字母缩略词是一个警告，即重复相同的逻辑或行为会导致程序不稳定。重复的代码越多，如果需求发生变化，则必须修改的地方就越多。使用自定义函数就可解决该问题。

下面研究一个例子。假设我们是处理天气数据的气象学家，工作要求将程序中的温度从华氏温度转换为摄氏温度，转换时使用一个简单、一致的公式。可以自定义一个函数将温度从°F 转换为°C，因为可以隔离转换逻辑并根据需要重用它。

由 def 关键字开始一个函数定义，在 def 后面给出函数名、一对括号及一个冒号。包含多个单词的函数名和变量名需要遵循蛇形命名约定。该约定使用下画线来连接两个单词，这使名称的形状类似蛇。例如，将函数命名为 convert_to_fahrenheit：

```
def convert_to_fahrenheit():
```

回顾一下，函数在调用时可以接受参数。此处希望 convert_to_fahrenheit 函数接受一个参数：摄氏温度。将参数命名为 celsius_temp：

```
def convert_to_fahrenheit(celsius_temp):
```

如果在声明函数时定义了一个参数，那么必须在调用函数时为该参数传递一个参数值。因此，每当调用 convert_to_fahrenheit 函数时，必须为 celsius_temp 参数提供一个值。

下一步是定义函数的作用。在其主体中声明函数的步骤，在其名称下方缩进一段代码。Python 使用缩进来建立程序中结构之间的关系。例如，函数体是嵌套在另一段代码中的一段代码。根据 PEP-8[1]，Python 社区的风格指南，应该将块中的每一行缩进 4 个空格：

```
def convert_to_fahrenheit(celsius_temp):
    # This indented line belongs to the function
    # So does this indented line

# This line is not indented, so it does not belong to convert_to_fahrenheit
```

在 Pandas 中，可以在函数体中使用函数的参数。例如，可以在 convert_to_fahrenheit 函数主体的任何位置使用 celsius_temp 参数。

在 Pandas 中，可以在函数体中声明变量，这些变量被称为局部变量，因为它们被绑定到函数执行的范围内。一旦函数完成运行，Python 就会将局部变量从内存中清除。

下面给出温度的转换逻辑，将摄氏温度转换为华氏温度的公式是将其乘以 9/5 并加上 32：

```
def convert_to_fahrenheit(celsius_temp):
    first_step = celsius_temp * (9 / 5)
    fahrenheit_temperature = first_step + 32
```

此时，函数正确地计算了华氏温度，但它不会将计算结果发送回主程序。我们需要使用 return 关键字将华氏温度标记为函数的最终输出，并将其返回给外界：

```
In  [66] def convert_to_fahrenheit(celsius_temp):
             first_step = celsius_temp * (9 / 5)
             fahrenheit_temperature = first_step + 32
             return fahrenheit_temperature
```

函数的编写已经完成，测试一下吧！使用一对括号调用自定义函数，这与用于 Python 的内置函数的语法相同。下一个示例使用 10 作为参数来调用 convert_to_fahrenheit 函数。Python 运行函数体并将 celsius_temp 参数设置为 10，该函数返回值为 50.0：

```
In  [67] convert_to_fahrenheit(10)

Out [67] 50.0
```

我们可以提供关键字参数而不是位置参数。下一个示例显式地写出 celsius_temp 参数名称，其代码等价于前面示例的代码：

```
In  [68] convert_to_fahrenheit(celsius_temp = 10)

Out [68] 50.0
```

尽管它们不是必需的，但关键字参数有助于使程序更加清晰。前面的示例较好地传达了 convert_to_fahrenheit 函数的输入所代表的内容。

1　请参阅"PEP 8—Style Guide for Python Code"，https://www.python.org/dev/peps/pep-0008。

B.5 模块

模块是单个 Python 文件。Python 标准库是该语言内置的 250 多个模块的集合，用于提高编程效率。这些模块有助于数学、音频分析和 URL 请求等操作。为了减少程序的内存消耗，Python 默认不加载这些模块。当程序需要它们时，必须手动导入想要使用的特定模块。

导入内置模块和外部包的语法相同：输入 import 关键字，后跟模块或包的名称。下面导入 Python 的 datetime 模块，它可以处理日期和时间数据：

```
In  [69] import datetime
```

别名是导入的替代名称，即分配给模块的快捷方式，这样在引用它时就不必写出它的完整名称。别名在技术上取决于开发人员，但某些别名已成为 Python 开发人员约定俗成的名称。例如，datetime 模块的一个流行别名是 dt。使用 as 关键字来分配别名：

```
In  [70] import datetime as dt
```

现在可以使用 dt 而不是 datetime 来引用模块。

B.6 类和对象

到目前为止，本书探索的所有数据类型，整数、浮点数、布尔值、字符串、异常、函数，甚至模块，它们都是对象。对象是一种数字数据结构，是一种用于存储、访问和操作数据类型的容器。

类是创建对象的蓝图，可以将其视为 Python 构建对象的示意图或模板。

我们称从类构造的对象为类的实例。从类创建对象的行为称为实例化。

Python 的内置 type 函数返回作为参数传入的对象所属的类。下一个示例使用两个不同的字符串调用 type 函数两次："peanutbutter" 和 "jelly"。尽管两个字符串的内容不同，但是由相同的蓝图、相同的类、str 类实例化的，因此，它们都是字符串：

```
In  [71] type("peanut butter")

Out [71] str

In  [72] type("jelly")

Out [72] str
```

如果不确定正在使用哪种对象，type 函数很有帮助。如果调用一个自定义函数，并且不确定它返回什么类型的对象，可以将它的返回值传递给 type 来查找。

直接给出数据是从类创建对象的简写语法。到目前为止，我们遇到的一个例子是使用双引号创建字符串（"hello"）。对于更复杂的对象，需要不同的创建过程。

B.5 节中导入的 datetime 模块有一个 date 类，它可以对时间中的日期进行建模。假设试图将达·芬奇的生日(1452 年 4 月 15 日)表示为 date 对象。要从类创建实例，首先给出类名，后跟一对括号。例如，date()从 date 类创建一个 date 对象。语法与调用函数相同。实例化一个对象时，有时可以将参数传递给构造函数，即创建对象的函数。日期构造函数的前三个参数表示 date 对象的年、月和日，三个参数都是必须提供的：

```
In  [73] da_vinci_birthday = dt.date(1452, 4, 15)
         da_vinci_birthday

Out [73] datetime.date(1452, 4, 15)
```

现在已经创建了一个 da_vinci_birthday 变量，它包含一个代表 1452 年 4 月 15 日的 date 对象。

B.7　属性和方法

属性是对象的一段内部数据，是公开对象信息的特征或细节，使用"点"语法访问对象的属性。date 对象的三个示例属性是 day、month 和 year：

```
In  [74] da_vinci_birthday.day

Out [74] 15

In  [75] da_vinci_birthday.month

Out [75] 4

In  [76] da_vinci_birthday.year

Out [76] 1452
```

方法是向对象发出的动作或命令，可以将方法视为属于对象的函数。属性构成对象的状态，方法代表对象的行为。像函数一样，方法可以接受参数并产生返回值。

可以通过在对象名后面给出一个圆点，然后给出一对括号来调用方法，比如 date 对象的 weekday 方法。weekday 方法以整数形式返回日期是星期几，0 表示星期日，6 表示星期六：

```
In  [77] da_vinci_birthday.weekday()

Out [77] 3
```

因此可以知道达·芬奇的生日是星期三。

weekday 等方法的易用性和可重用性是 date 对象存在的原因。用文本字符串对日期逻辑建模非常困难，每个开发人员都需要构建自己的自定义解决方案。Python 的开发人员预计用户将需要使用日期，因此他们构建了一个可重用的 date 类来模拟现实世界的构造。

Python 标准库为开发人员提供了许多实用程序类和函数来解决常见问题，然而，随着程序复杂性的增加，仅使用 Python 的核心对象对现实世界的想法进行建模变得非常困难。为了解决这个问题，开发人员将自定义对象添加到语言中，这些对象对与特定领域相关的业务逻辑进行建模，开发人员将这些对象捆绑到库中。这就是 Pandas 的全部内容：一组用于解决数据分析领域特定问题的附加类。

B.8 字符串方法

字符串对象有自己的一组方法。例如，upper 方法返回一个所有字符都大写的新字符串：

```
In  [78] "Hello".upper()

Out [78] "HELLO"
```

变量是对象的占位符名称，Python 将用变量替换它引用的对象，可以调用变量的方法。下一个示例对 greeting 变量引用的字符串调用 upper 方法，输出与前面代码示例相同的结果：

```
In  [79] greeting = "Hello"
         greeting.upper()

Out [79] "HELLO"
```

对象有两类：可变的和不可变的。可变对象能够改变，不可变对象是无法改变的。字符串、数字和布尔值都是不可变对象，创建后无法修改。字符串“Hello”始终是字符串“Hello”，数字 5 永远是数字 5。

在前面的示例中，上面的方法调用没有修改分配给 greeting 变量的原始“Hello”字符串，而是返回了一个全大写字母的新字符串，输出 greeting 变量来确认字符的大小写没有发生改变：

```
In  [80] greeting

Out [80] 'Hello'
```

字符串是不可变的，因此它的方法不会修改原始对象。从 B.9 节开始将探索一些可变对象。lower 方法返回一个新字符串，其中所有字符都为小写：

```
In  [81] "1611 BROADWAY".lower()

Out [81] '1611 broadway'
```

甚至还有一个 swapcase 方法，它返回一个新字符串，每个字符的大小写都改变了。大写字母变成小写字母，小写字母变成大写字母：

```
In  [82] "uPsIdE dOwN".swapcase()

Out [82] 'UpSiDe DoWn'
```

方法可以接受参数。例如 replace 方法，它用指定的字符序列交换所有出现的子字符串。该功能类似于文字处理程序中的查找和替换功能。replace 方法接受两个参数：要查找的子字符串和用于替换的值。

例如，将所有出现的“S”替换为“$”：

```
In  [83] "Sally Sells Seashells by the Seashore".replace("S", "$")

Out [83] '$ally $ells $eashells by the $eashore'
```

在这个示例中：

● “Sally Sells Seashells by the Seashore”是原始字符串对象。

- replace 是对字符串调用的方法。
- "S"是传递给 replace 方法的第一个参数。
- "$"是传递给 replace 方法的第二个参数。
- "$ally $ells $eashells by the $eashore"是 replace 方法的返回值。

方法的返回值可以具有与原始对象不同的数据类型。例如，在字符串上调用 isspace 方法，但返回一个布尔值。如果字符串仅包含空格，则该方法返回 True；否则，返回 False。

```
In   [84] " ".isspace()

Out [84] True

In   [85] "3 Amigos".isspace()

Out [85] False
```

字符串有若干删除空格的方法。rstrip(right strip)方法从字符串末尾删除空格：

```
In   [86] data = " 10/31/2019 "
          data.rstrip()

Out [86] ' 10/31/2019'
```

lstrip (left strip)方法从字符串的开头删除空格：

```
In   [87] data.lstrip()

Out [87] '10/31/2019 '
```

strip 方法从字符串的两端删除空格：

```
In   [88] data.strip()

Out [88] '10/31/2019'
```

capitalize 方法将字符串的第一个字符大写。这种方法有助于处理小写名称、地点或组织：

```
In   [89] "robert".capitalize()

Out [89] 'Robert'
```

title 方法将字符串中每个单词的第一个字母大写，使用空格来标识每个单词的开始和结束位置：

```
In   [90] "once upon a time".title()

Out [90] 'Once Upon A Time'
```

在一行中依次调用多个方法称为方法链接。在下一个示例中，lower 方法返回一个新的字符串对象，在该对象上调用 title 方法。title 的返回值是另一个新的字符串对象：

```
In   [91] "BENJAMIN FRANKLIN".lower().title()

Out [91] 'Benjamin Franklin'
```

in 关键字检查子字符串是否存在于另一个字符串中。在关键字之前输入要搜索的子字符串，在关键字之后输入被搜索的字符串。该操作返回一个布尔值：

```
In  [92] "tuna" in "fortunate"

Out [92] True

In  [93] "salmon" in "fortunate"

Out [93] False
```

startswith 方法检查字符串开头是否存在子字符串：

```
In  [94] "factory".startswith("fact")

Out [94] True
```

endswith 方法检查字符串末尾是否存在子字符串：

```
In  [95] "garage".endswith("rage")

Out [95] True
```

count 方法计算字符串中子字符串的出现次数。例如，计算"celebrate"中"e"字符的数量：

```
In  [96] "celebrate".count("e")

Out [96] 3
```

find 和 **index** 方法定位字符或子字符串的索引位置。这些方法返回参数出现的第一个索引位置。注意，索引位置从 0 开始计数。例如，搜索"celebrate"中第一个"e"的索引位置，Python 将其定位在索引位置 1：

```
In  [97] "celebrate".find("e")

Out [97] 1

In  [98] "celebrate".index("e")

Out [98] 1
```

find 和 **index** 方法有什么区别？如果搜索到所需字符串，find 将返回-1，index 将引发 ValueError 异常：

```
In  [99] "celebrate".find("z")

Out [99] -1

In  [100] "celebrate".index("z")

-----------------------------------------------------------------------
ValueError                               Traceback (most recent call last)
<ipython-input-5-bf78a69262aa> in <module>
----> 1 "celebrate".index("z")

ValueError: substring not found
```

每种方法都针对特定情况而存在，没有哪一种方法比另一种更好。例如，如果程序依赖于较大字符串中存在的子字符串，可以使用 index 方法并对异常做出反应。相比之下，如果缺少子字符串不会阻止程序的执行，就可以使用 find 方法来避免崩溃。

B.9　列表

列表是按顺序存储对象的容器。列表的目的是双重的：提供一个"盒子"来存储值并保持它们的顺序。列表中的项目称为元素。在其他编程语言中，这种数据结构通常称为数组。

声明一个带有一对方括号的列表，将元素写在方括号内，每两个元素用逗号分隔。下一个示例创建了一个包含 5 个字符串的列表：

```
In  [101] backstreet_boys = ["Nick", "AJ", "Brian", "Howie", "Kevin"]
```

列表的长度等于其元素的数量。例如，len 函数可以计算出后街男孩乐队中有多少成员：

```
In  [102] len(backstreet_boys)

Out [102] 5
```

空列表是没有元素的列表，它的长度为 0：

```
In  [103] []

Out [103] []
```

列表可以存储任何数据类型的元素：字符串、数字、浮点数、布尔值等。同构列表是其中所有元素都具有相同类型的列表。以下 3 个列表是同构的，第一个保存整数，第二个保存浮点数，第三个保存布尔值：

```
In  [104] prime_numbers = [2, 3, 5, 7, 11]

In  [105] stock_prices_for_last_four_days = [99.93, 105.23, 102.18, 94.45]

In  [106] settings = [True, False, False, True, True, False]
```

列表还可以存储不同数据类型的元素。异构列表是列表中元素具有不同数据类型的列表。以下列表包含一个字符串、一个整数、一个布尔值和一个浮点数：

```
In  [107] motley_crew = ["rhinoceros", 42, False, 100.05]
```

就像对字符串中的每个字符所做的一样，Python 为每个列表元素分配一个索引位置。索引表示元素在列表中的位置，从 0 开始计数。在 favorite_foods 列表中，"Sushi"位于索引位置 0，"Steak"位于索引位置 1，"Barbeque"位于索引位置 2：

```
In  [108] favorite_foods = ["Sushi", "Steak", "Barbeque"]
```

关于列表格式的两个快速说明。首先，Python 允许在列表的最后一个元素之后插入逗号。逗号不会影响列表，它是另一种语法：

```
In  [109] favorite_foods = ["Sushi", "Steak", "Barbeque",]
```

其次，一些 Python 风格指南建议拆分长列表，以便每个元素占据一行。这种格式也不会以任何技术方式影响列表的使用。语法如下所示：

```
In   [110] favorite_foods = [
                "Sushi",
                "Steak",
                "Barbeque",
            ]
```

在本书的所有示例中，使用了最能增强可读性的样式。读者也可以使用自己所喜欢的任何样式。可以通过索引位置访问列表元素，在列表(或引用它的变量)之后的一对方括号之间给出索引值：

```
In   [111] favorite_foods[1]

Out [111] 'Steak'
```

B.1.2 节介绍了一种切片语法来从字符串中提取字符，可以使用相同的语法从列表中提取元素。下一个示例提取索引位置 1 到 3 的元素。请记住，在列表切片中，起始索引是包含的，而结束索引是不包含的：

```
In   [112] favorite_foods[1:3]

Out [112] ['Steak', 'Barbeque']
```

可以去掉冒号前的数字，从列表的开头提取元素。例如，提取从列表的开头到索引位置 2(不包括)的元素：

```
In   [113] favorite_foods[:2]

Out [113] ['Sushi', 'Steak']
```

可以去掉冒号后面的数字，提取到列表末尾的元素。例如，提取从索引位置 2 到列表末尾的所有元素：

```
In   [114] favorite_foods[2:]

Out [114] ['Barbeque']
```

如果方括号内只提供两个冒号，将会创建列表的副本：

```
In   [115] favorite_foods[:]

Out [115] ['Sushi', 'Steak', 'Barbeque']
```

最后，可以在方括号中提供一个可选的第三个数字来设定提取间隔。例如，以 2 为间隔，提取从索引位置 0(包括)到索引位置 3(不包括)的元素：

```
In   [116] favorite_foods[0:3:2]

Out [116] ['Sushi', 'Barbeque']
```

所有切片选项都将返回一个新列表。

下面介绍一些列表方法。append 方法将一个新元素添加到列表的末尾：

```
In   [117] favorite_foods.append("Burrito")
           favorite_foods

Out  [117] ['Sushi', 'Steak', 'Barbeque', 'Burrito']
```

列表是一个可变对象，是一个能够改变的对象，可以在创建列表后添加、删除或替换列表中的元素。在前面的示例中，append 方法改变了 favorite_foods 变量对应的列表，没有创建新列表。

相比之下，字符串是不可变对象的一个例子。调用 upper 这样的方法时，Python 会返回一个新字符串，原始字符串并不受影响。因为不可变对象不能被改变。

列表提供许多附加方法。extend 方法将多个元素添加到列表的末尾，它接受一个参数，即一个包含要添加的值的列表：

```
In   [118] favorite_foods.extend(["Tacos", "Pizza", "Cheeseburger"])
           favorite_foods

Out  [118] ['Sushi', 'Steak', 'Barbeque', 'Burrito', 'Tacos', 'Pizza',
            'Cheeseburger']
```

insert 方法在特定索引位置将元素添加到列表中。它的第一个参数是要注入元素的索引，第二个参数是新元素。下一个示例在索引位置 2 处插入字符串"Pasta"，列表将值"Barbeque"和所有后续元素向后移动一个索引位置：

```
In   [119] favorite_foods.insert(2, "Pasta")
           favorite_foods

Out  [119] ['Sushi',
            'Steak',
            'Pasta',
            'Barbeque',
            'Burrito',
            'Tacos',
            'Pizza',
            'Cheeseburger']
```

in 关键字可以检查列表是否包含特定元素。"Pizza"存在于 favorite_foods 列表中，而"Caviar"不存在：

```
In   [120] "Pizza" in favorite_foods

Out  [120] True

In   [121] "Caviar" in favorite_foods

Out  [121] False
```

not in 运算符用于确认列表中不存在特定元素。它返回与 in 运算符相反的布尔值：

```
In   [122] "Pizza" not in favorite_foods

Out  [122] False

In   [123] "Caviar" not in favorite_foods
```

```
Out [123] True
```

count 方法计算元素在列表中出现的次数：

```
In   [124] favorite_foods.append("Pasta")
           favorite_foods

Out [124] ['Sushi',
           'Steak',
           'Pasta',
           'Barbeque',
           'Burrito',
           'Tacos',
           'Pizza',
           'Cheeseburger',
           'Pasta']

In   [125] favorite_foods.count("Pasta")

Out [125] 2
```

remove 方法从列表中删除第一个出现的元素。注意，Python 不会删除后续出现的元素：

```
In   [126] favorite_foods.remove("Pasta")
           favorite_foods

Out [126] ['Sushi',
           'Steak',
           'Barbeque',
           'Burrito',
           'Tacos',
           'Pizza',
           'Cheeseburger',
           'Pasta']
```

pop 方法从列表中删除并返回最后一个元素。例如，去掉列表末尾的另一个 "Pasta" 字符串：

```
In   [127] favorite_foods.pop()

Out [127] 'Pasta'

In   [128] favorite_foods

Out [128] ['Sushi', 'Steak', 'Barbeque', 'Burrito', 'Tacos', 'Pizza',
           'Cheeseburger']
```

pop 方法还接受一个整数参数，其中包含 Python 应该删除的值的索引位置。下一个示例删除索引位置 2 处的 "Barbeque" 值，删除后 "Burrito" 字符串来到索引位置 2，并且它之后的元素也向前移动一个索引位置：

```
In   [129] favorite_foods.pop(2)

Out [129] 'Barbeque'

In   [130] favorite_foods
```

```
Out [130] ['Sushi', 'Steak', 'Burrito', 'Tacos', 'Pizza', 'Cheeseburger']
```

列表可以包含任何对象，也可以包含其他列表。下一个示例声明了一个包含 3 个嵌套列表的列表，每个嵌套列表包含 3 个整数：

```
In  [131] spreadsheet = [
              [1, 2, 3],
              [4, 5, 6],
              [7, 8, 9]
          ]
```

回忆一下前面的视觉效果，你能看出与电子表格有什么相似之处吗？嵌套列表是表示多维表格数据集合的一种方式。我们可以将最外面的列表视为工作表，将每个内部列表视为一行数据。

B.9.1　列表迭代

列表是集合对象的一个示例。它作为值的集合，能够存储多个值。迭代意味着一次移动一个集合对象的元素。

迭代列表项的最常见方法是使用 for 循环。它的语法如下所示：

```
for variable_name in some_list:
    # Do something
```

一个 for 循环由以下组件组成：
- for 关键字。
- 一个变量名称，将在迭代运行时存储每个列表元素。
- in 关键字。
- 被迭代的列表。
- Python 将在每次迭代期间运行的代码块。可以在这段代码中使用变量名。

提醒一下，代码块是缩进代码的一部分。Python 使用缩进来关联程序中的结构。函数名下面的代码块定义了函数的作用。同样，for 循环下面的代码块定义了每次迭代期间要执行的代码。

下一个示例遍历 4 个字符串的列表，并输出每个字符串的长度：

```
In  [132] for season In  ["Winter", "Spring", "Summer", "Fall"]:
              print(len(season))

Out [132] 6
          6
          6
          4
```

前面的迭代由 4 个循环组成。season 变量依次保存值 "Winter" "Spring" "Summer" 和 "Fall"。在每次迭代期间，将当前字符串传递给 len 函数，len 函数返回一个数字，Python 将其输出。

假设要将字符串的长度相加，必须将 for 循环与其他一些 Python 概念结合起来。在下一个示例中，首先初始化一个 letter_count 变量来保存累积的和。在 for 循环代码块中，使用 len 函数计算当前字符串的长度，然后覆盖 letter_count 变量，循环完成后输出 letter_count 的值：

```
In  [133] letter_count = 0
```

```
        for season In  ["Winter", "Spring", "Summer", "Fall"]:
            letter_count = letter_count + len(season)

        letter_count
```

Out [133] 22

for 循环是迭代列表的最常规选项。Python 还支持另一种语法，将在 B.9.2 节中讨论。

B.9.2　列表推导式

列表推导式是从集合对象中创建列表的简写语法。假设有一个包含 6 个数字的列表：

In [134] numbers = [4, 8, 15, 16, 23, 42]

假设想用这些数字的平方创建一个新列表，换句话说，希望对原始列表中的每个元素应用一致的操作。一种解决方案是遍历 numbers 中的每个整数，取其平方，然后将结果添加到新列表中。提醒一下，append 方法可以将一个元素添加到列表的末尾：

```
In  [135] squares = []

        for number in numbers:
            squares.append(number ** 2)
        squares
```

Out [135] [16, 64, 225, 256, 529, 1764]

列表推导可以在一行代码中生成相同的平方列表。它的语法需要一对方括号。在括号内，首先描述想要对迭代的每个元素做什么，然后是可迭代项所在的集合。

下一个示例仍然遍历 numbers 列表，并将每个列表元素分配给一个 number 变量。我们在 for 关键字之前声明想对每个数字做什么，将 number**2 计算放在开头，将 for in 逻辑放在末尾：

```
In  [136] squares = [number ** 2 for number in numbers]
        squares
```

Out [136] [16, 64, 225, 256, 529, 1764]

列表推导被认为是从现有数据结构创建新列表的更 Pythonic 的方式。Pythonic 方式描述了 Python 开发人员经长时间实践后推荐的处理方式的集合。

B.9.3　字符串与列表的相互转换

我们现在已经熟悉列表和字符串，下面介绍如何一起使用它们。假设程序中有一个包含地址的字符串：

In [137] empire_state_bldg = "20 West 34th Street, New York, NY, 10001"

如果想将地址分解成更小的部分：街道、城市、州和邮政编码，应怎么办？请注意，字符串使用逗号分隔 4 个部分。

字符串的 split 方法通过使用分隔符将字符串分开，分隔符是标记边界的一个或多个字符的序列。下一个示例要求 split 方法在每次出现逗号时拆分 Empire_state_building 字符串，该方法返回一个由较小字符串组成的列表：

```
In  [138] empire_state_bldg.split(",")

Out [138] ['20 West 34th Street', ' New York', ' NY', ' 10001']
```

这段代码是朝着正确方向迈出的一步。但请注意，列表中的最后 3 个元素有一个前导空格。尽管可以遍历列表的元素并在每个元素上调用 strip 以删除其空格，但更优化的解决方案是将空格添加到 split 方法的 delimiter 参数中：

```
In  [139] empire_state_bldg.split(", ")

Out [139] ['20 West 34th Street', 'New York', 'NY', '10001']
```

此时已经成功地将字符串分解为字符串列表。

该过程也可以反向进行。假设将地址存储在一个列表中，并希望将列表的元素连接成一个字符串：

```
In  [140] chrysler_bldg = ["405 Lexington Ave", "New York", "NY", "10174"]
```

首先必须声明用于连接两个列表元素的字符串，然后在字符串上调用 join 方法，并传入一个列表作为参数。Python 将连接列表的元素，并用分隔符进行分隔。例如，使用逗号和空格作为分隔符：

```
In  [141] ", ".join(chrysler_bldg)

Out [141] '405 Lexington Ave, New York, NY, 10174'
```

split 和 join 方法有助于处理通常需要分离和重新合并的文本数据。

B.10　元组

元组是类似于 Python 列表的数据结构。元组也按顺序存储元素，但与列表不同，元组是不可变的。元组创建后，无法在其中添加、删除或替换元素。

定义元组的唯一技术要求是声明多个元素，并用逗号进行分隔。以下示例声明了一个三元素元组：

```
In  [142] "Rock", "Pop", "Country"

Out [142] ('Rock', 'Pop', 'Country')
```

然而，通常用一对括号声明一个元组。该语法可以很容易地识别元组：

```
In  [143] music_genres = ("Rock", "Pop", "Country")
          music_genres

Out [143] ('Rock', 'Pop', 'Country')
```

len 函数返回一个元组的长度：

```
In  [144] len(music_genres)
```

```
Out [144] 3
```

要声明一个只有一个元素的元组，元素后面必须有逗号。Python 需要逗号来标识元组。比较下面两个输出的差异，第一个例子没有使用逗号，Python 将该值作为字符串读取。

```
In  [145] one_hit_wonders = ("Never Gonna Give You Up")
          one_hit_wonders
```

```
Out [145] 'Never Gonna Give You Up'
```

相比之下，以下示例代码的语法返回一个元组。在 Python 中，一个符号可以让结果大不相同：

```
In  [146] one_hit_wonders = ("Never Gonna Give You Up",)
          one_hit_wonders
```

```
Out [146] ('Never Gonna Give You Up',)
```

使用 tuple 函数创建一个空元组，即一个没有元素的元组：

```
In  [147] empty_tuple = tuple()
          empty_tuple
```

```
Out [147] ()
```

```
In  [148] len(empty_tuple)
```

```
Out [148] 0
```

与列表一样，可以通过索引位置访问元组元素，也可以使用 for 循环迭代元组元素，唯一不能做的就是修改元组。由于元组的不可变性，它不包括 append、pop 和 insert 等方法。

如果有一个按顺序排列的元素集合，并且知道它不会改变，那么就可以使用元组而不是列表来存储它。

B.11 字典

列表和元组是按顺序存储对象的最佳数据结构。需要使用另一种数据结构来解决在对象之间建立关联的问题。

例如餐馆的菜单。每个菜单项都是用来查找相应价格的唯一标识符，菜单项及其价格是相关联的。项目的顺序并不重要，更重要的是两个数据之间的联系。

字典是一个可变的、无序的键值对集合。每个元素由键和值组成。每个键都是一个值的标识符，键必须是唯一的。值可以包含重复值。

可以用一对花括号({})来声明字典。创建空字典的示例如下：

```
In  [149] {}
```

```
Out [149] {}
```

下面用 Python 建模一个餐厅菜单示例。在花括号内，用冒号(:)将值赋给对应的键。以下示例声明了一个具有一个键值对的字典，字符串键"Cheeseburger"被赋值为浮点值 7.99：

```
In  [150] { "Cheeseburger": 7.99 }

Out [150] {'Cheeseburger': 7.99}
```

当声明一个有多个键值对的字典时，每两个键值对之间用逗号隔开。此处扩展 menu 字典以容纳 3 个键值对。注意，"French Fries"和"Soda"键对应的值是相同的：

```
In  [151] menu = {"Cheeseburger": 7.99, "French Fries": 2.99, "Soda": 2.99}
          menu

Out [151] {'Cheeseburger': 7.99, 'French Fries': 2.99, 'Soda': 2.99}
```

可以通过将键值对传递给 Python 的内置 len 函数来计算一个字典中键值对的数量：

```
In  [152] len(menu)

Out [152] 3
```

可以使用键从字典中检索值。在字典后面放置一对带有键的方括号，其语法与按索引位置访问列表元素相同。例如，提取"French Fries"键对应的值：

```
In  [153] menu["French Fries"]

Out [153] 2.99
```

在列表中，索引位置总是一个数字。在字典中，键可以是任何不可变的数据类型：整数、浮点数、字符串、布尔值等。

如果该键在字典中不存在，Python 将引发 KeyError 异常。KeyError 是另一个原生 Python 异常的例子：

```
In  [154] menu["Steak"]

-----------------------------------------------------------------------
KeyError                                Traceback (most recent call last)
<ipython-input-19-0ad3e3ec4cd7> in <module>
----> 1 menu["Steak"]

KeyError: 'Steak'
```

与往常一样，区分大小写很重要。如果单个字符不匹配，Python 将无法找到相应的键。"soda"这个键在字典中不存在，因为正确的键是"Soda"：

```
In  [155] menu["soda"]

-----------------------------------------------------------------------
KeyError                                Traceback (most recent call last)
<ipython-input-20-47940ceca824> in <module>
----> 1 menu["soda"]

KeyError: 'soda'
```

get 方法也可以通过使用键来提取一个字典值：

```
In  [156] menu.get("French Fries")

Out [156] 2.99
```

get 方法的优点是，如果键不存在，它将返回 None，而不会引发异常。请记住，None 是 Python 用来表示空值或不存在的对象。None 值在 Jupyter Notebook 中不产生任何可视输出，但可以将该调用封装在 print 函数中，以强制 Python 输出 None 的字符串表示：

```
In  [157] print(menu.get("Steak"))

Out [157] None
```

get 方法的第二个参数是一个自定义值，当该键在字典中不存在时返回。例如，字符串 "Steak" 不存在于 menu 字典的键中，所以 Python 返回 99.99：

```
In  [158] menu.get("Steak", 99.99)

Out [158] 99.99
```

字典是一种可变的数据结构。创建字典后，可以向字典中添加键值对，也可以从字典中删除键值对。要添加一个新的键值对，请在方括号中提供键，并使用赋值运算符(=)为其赋值：

```
In  [159] menu["Taco"] = 0.99
          menu

Out [159] {'Cheeseburger': 7.99, 'French Fries': 2.99, 'Soda': 1.99,
           'Taco': 0.99}
```

如果该键已经存在于字典中，Python 将覆盖其原始值。例如，将 "Cheeseburger" 键的值由 7.99 更改为 9.99：

```
In  [160] print(menu["Cheeseburger"])
          menu["Cheeseburger"] = 9.99
          print(menu["Cheeseburger"])

Out [160] 7.99
          9.99
```

pop 方法从字典中移除一个键值对，它接受一个键作为参数并返回它的值。如果该键在字典中不存在，Python 将引发 KeyError 异常：

```
In  [161] menu.pop("French Fries")

Out [161] 2.99

In  [162] menu

Out [162] {'Cheeseburger': 9.99, 'Soda': 1.99, 'Taco': 0.99}
```

in 关键字可以检查一个元素是否存在于字典的键中：

```
In  [163] "Soda" in menu

Out [163] True
```

```
In  [164] "Spaghetti" in menu

Out [164] False
```

要检查字典的值是否包含在内，可以调用字典的 values 方法。该方法返回一个包含字典值的类似列表的对象。可以结合 in 运算符和 values 方法的返回值来进行查询：

```
In  [165] 1.99 in menu.values()

Out [165] True

In  [166] 499.99 in menu.values()

Out [166] False
```

values 方法返回的是与已经看到的列表、元组和字典不同类型的对象，但是不一定需要知道对象是什么，应关心的是如何处理它。in 运算符检查对象中是否包含一个值，values 方法返回的对象知道如何处理它。

迭代字典

在 Python 中，应该总是假设字典的键值对是无序的。如果需要维护数据结构的顺序，可以使用列表或元组。如果需要创建对象之间的关联，则使用字典。

即使不能保证确定的迭代顺序，仍然可以使用 for 循环一次对一个键值对进行迭代。字典的 items 方法在每次迭代中生成一个两项元组，该元组保存一个键及其相应的值。我们可以在 for 关键字后面声明多个变量来存储每个键和值。例如，state 变量保存每个字典键，而 capital 变量保存每个值：

```
In  [167] capitals = {
              "New York": "Albany",
              "Florida": "Tallahassee",
              "California": "Sacramento"
          }

          for state, capital in capitals.items():
              print("The capital of " + state + " is " + capital + ".")

          The capital of New York is Albany.
          The capital of Florida is Tallahassee.
          The capital of California is Sacramento.
```

在第一次迭代中，Python 生成一个元组（“New York”“Albany”）；在第二次迭代中，它生成另一个元组（“Florida”“Tallahassee”），等等。

B.12　集合

列表和字典对象有助于解决排序和关联的问题。集合则有助于满足另一种共同需求：唯一性。集合是唯一元素的无序、可变集合，它禁止出现重复。

可以用一对花括号来声明一个集合，用元素填充花括号，每两个元素之间用逗号隔开。下面的示例声明了一组包含 6 个数字的集合：

```
In  [168] favorite_numbers = { 4, 8, 15, 16, 23, 42 }
```

眼光敏锐的读者可能会注意到，声明集合的花括号语法与声明字典的语法相同。Python 可以根据是否存在键值对来区分这两种类型的对象。

因为 Python 将一对空花括号解释为空字典，所以创建空集合的唯一方法是使用内置的 set 函数：

```
In  [169] set()

Out [169] set()
```

Python 中有一些常用的集合方法。add 方法向集合中添加一个新元素：

```
In  [170] favorite_numbers.add(100)
          favorite_numbers

Out [170] {4, 8, 15, 16, 23, 42, 100}
```

Python 只在集合中没有特定元素时才会向集合中添加该元素。例如，尝试向 favorite_numbers 集合中添加 15，Python 发现 15 已经存在于集合中，所以对象保持不变：

```
In  [171] favorite_numbers.add(15)
          favorite_numbers

Out [171] {4, 8, 15, 16, 23, 42, 100}
```

集合没有顺序的概念。如果试图按索引位置访问 set 元素，Python 将引发 TypeError 异常：

```
In  [172] favorite_numbers[2]

---------------------------------------------------------------------------
TypeError                                 Traceback (most recent call last)
<ipython-input-17-e392cd51c821> in <module>
----> 1 favorite_numbers[2]

TypeError: 'set' object is not subscriptable
```

当尝试将操作应用于无效对象时，Python 会引发 TypeError 异常。Set 元素是无序的，因此元素没有索引位置。

除了防止重复，集合对于识别两个数据集合之间的相似性和差异性非常有效。下面定义两组字符串：

```
In  [173] candy_bars = { "Milky Way", "Snickers", "100 Grand" }
          sweet_things = { "Sour Patch Kids", "Reeses Pieces", "Snickers" }
```

intersection 方法返回一个新集合，其中包含两个原始集合中都存在的元素。& 符号执行相同的逻辑。在下一个例子中，"Snickers" 是 candy_bars 和 sweet_things 两个集合中唯一相同的字符串：

```
In  [174] candy_bars.intersection(sweet_things)

Out [174] {'Snickers'}

In  [175] candy_bars & sweet_things
```

```
Out [175] {'Snickers'}
```

union 方法返回一个集合，将两个集合中的所有元素组合在一起。| 符号执行相同的逻辑。记住，"Snickers" 这样的重复值只会出现一次：

```
In  [176] candy_bars.union(sweet_things)

Out [176] {'100 Grand', 'Milky Way', 'Reeses Pieces', 'Snickers', 'Sour
          Patch Kids'}

In  [177] candy_bars | sweet_things

Out [177] {'100 Grand', 'Milky Way', 'Reeses Pieces', 'Snickers', 'Sour
          Patch Kids'}
```

difference 方法返回一组元素，这些元素存在于调用该方法的集合中，但不存在于作为参数传入的集合中。使用减号(-)可以达到相同的效果。在下一个例子中，"100 Grand" 和 "Milky Way" 出现在 candy_bars 集合中，但不在 sweet_things 集合中：

```
In  [178] candy_bars.difference(sweet_things)

Out [178] {'100 Grand', 'Milky Way'}

In  [179] candy_bars - sweet_things

Out [179] {'100 Grand', 'Milky Way'}
```

symmetric_difference 方法返回一个集合，其中的元素存在于两个集合中的任意一个集合中，但不能同时存在于两个集合中。^语法实现了相同的结果：

```
In  [180] candy_bars.symmetric_difference(sweet_things)

Out [180] {'100 Grand', 'Milky Way', 'Reeses Pieces', 'Sour Patch Kids'}

In  [181] candy_bars ^ sweet_things

Out [181] {'100 Grand', 'Milky Way', 'Reeses Pieces', 'Sour Patch Kids'}
```

我们已经学习了相当多的 Python 知识：数据类型、函数、迭代等。如果记不住所有的细节也没关系，当你需要复习 Python 的核心机制时，可以随时查阅本附录。在使用 Pandas 库的过程中，将使用和回顾很多常用的方法。

附录 C

NumPy 速成教程

开源的 NumPy (Numerical Python)库是 Pandas 的依赖项，它公开了一个强大的 ndarray 对象，用于存储同构的 n 维数组。数组是类似于 Python 列表的有序值集合。同构是指数组中的值具有相同的数据类型。n 维意味着数组可以包含任意维数(将在 C.1 节讨论维度)。NumPy 是由数据科学家 Travis Oliphant 开发的，他创立了 Anaconda 公司，用来建立开发环境的 Python 发行版就是由这家公司构建的。

NumPy 可用来生成任意大小和形状的随机数据集，该库的基础知识将有助于增强我们对 Pandas 底层机制的理解。

C.1 维度

维度是指从数据结构中提取单个值所需的参考点数量。比如给定日期多个城市的温度集合，如表 C-1 所示。

表 C-1 给定日期多个城市的温度集合

城市	温度
New York	38
Chicago	36
San Francisco	51
Miami	73

如果要在这个数据集中找到一个特定的温度，只需要一个参考点：城市的名称(例如"San Francisco")或其顺序(例如"列表中的第三个城市")。因此，表 C-1 描述了一个一维数据集。

将表 C-1 与表 C-2 所示的多个城市多天的温度数据集进行比较。

表 C-2 多个城市多天的温度数据集

城市	Monday	Tuesday	Wednesday	Thursday	Friday
New York	38	41	35	32	35

(续表)

城市	Monday	Tuesday	Wednesday	Thursday	Friday
Chicago	36	39	31	27	25
San Francisco	51	52	50	49	53
Miami	73	74	72	71	74

需要多少参考点才能从表 C-2 所示数据集中提取特定值？答案是 2 个参考点，一个城市和一周中的某一天(例如 "San Francisco on Thursday")或行号和列号(例如 "第 3 行和第 4 列")。城市和工作日本身都不是一个可以单独提取特定温度的标识符，因为每个标识符都与数据集中的多个值相关联。城市和工作日的组合(或等效的行和列的组合)将结果确定为一个特定值。因此，这个数据集是二维的。

数据集的行数和列数不影响其维数，有 100 万行和 100 万列的表仍然是二维的，仍然需要一个行位置和一个列位置的组合来提取一个值。

每个额外的参考点都会增加一个维度。多个城市两周的温度数据集如表 C-3 和表 C-4 所示。

表 C-3　多个城市两周的温度数据集(Week 1)

城市	Monday	Tuesday	Wednesday	Thursday	Friday
New York	38	41	35	32	35
Chicago	36	39	31	27	25
San Francisco	51	52	50	49	53
Miami	73	74	72	71	74

表 C-4　多个城市两周的温度数据集(Week 2)

城市	Monday	Tuesday	Wednesday	Thursday	Friday
New York	40	42	38	36	28
Chicago	32	28	25	31	25
San Francisco	49	55	54	51	48
Miami	75	78	73	76	71

表 C-3 和表 C-4 中，利用城市和工作日的组合，将不能提取单个值，需要 3 个参考点(周、城市和日期)，因此可以将这个数据集分类为三维的。

C.2　ndarray 对象

首先创建一个新的 Jupyter Notebook 并导入 NumPy 库，通常为该库设置别名 np:

```
In [1] import numpy as np
```

NumPy 擅长生成随机和非随机数据。下面从一个简单的挑战开始：创建一个连续的数字范围。

C.2.1 使用 arange 方法生成数值范围

arange 函数返回一个具有一系列连续数值的一维 ndarray 对象。当使用一个参数调用 arange 时，NumPy 会将 0 设置为第一个值，即范围开始的值。第一个参数将设置生成值的上限，即范围终止的数字，NumPy 将增加到该值但不包括它。例如，使用 3 作为参数，将生成一个包含值 0、1 和 2 的 ndarray：

```
In  [2] np.arange(3)

Out [2] array([0, 1, 2])
```

还可以向 arange 传递两个参数，它们将声明范围的下限和上限。下限的值包括在内，而上限的值依旧不包含其中。在下一个示例中，请注意 NumPy 包含 2 但不包含 6：

```
In  [3] np.arange(2, 6)

Out [3] array([2, 3, 4, 5])
```

arange 的前两个参数对应 start 和 stop 关键字参数，可以显式地写出关键字参数。上一个示例的代码和以下代码生成相同的结果：

```
In  [4] np.arange(start = 2, stop = 6)

Out [4] array([2, 3, 4, 5])
```

arange 函数的可选参数，第三个参数 step，它将设置每两个值之间的间隔。从下限开始，然后添加间隔值，直到达到上限。下一个示例以 10 为步长，生成从 0 到 111(不包括)范围内的数值：

```
In  [5] np.arange(start = 0, stop = 111, step = 10)

Out [5] array([ 0, 10, 20, 30, 40, 50, 60, 70, 80, 90, 100, 110])
```

将最后一个 ndarray 保存到一个 tens 变量中：

```
In  [6] tens = np.arange(start = 0, stop = 111, step = 10)
```

现在 tens 变量指向一个包含 12 个数字的 ndarray 对象。

C.2.2 ndarray 对象的属性

NumPy 库的 ndarray 对象有自己的一组属性和方法。提醒一下，属性是对象的一个数据字段。方法是可以发送给对象的命令。

shape 属性返回一个包含数组维度的元组。shape 元组的长度等于 ndarray 的维数。以下输出表明 tens 是包含 12 个值的一维数组：

```
In  [7] tens.shape

Out [7] (12,)
```

还可以使用 ndim 属性查询 ndarray 的维数：

```
In  [8] tens.ndim
```

```
Out [8] 1
```

size 属性返回数组中元素的数量：

```
In  [9] tens.size
```

```
Out [9] 12
```

接下来，介绍如何操作数组中 12 个元素的排列。

C.2.3　reshape 方法

由 12 个元素组成的 tens ndarray 是一维的，可以通过一个参考点(它在数组中的位置)访问其中的任何元素：

```
In  [10] tens
```

```
Out [10] array([ 0, 10, 20, 30, 40, 50, 60, 70, 80, 90, 100,
          110])
```

有时需要将现有的一维数组转换为具有不同结构的多维数组。假设 12 个值代表 4 天内捕获的 3 个每日测量值，那么，4×3 结构的数据比 12×1 形状的数据更容易理解，也更符合实际情况。

reshape 方法使用其参数返回具有指定结构的新 ndarray 对象。下一个示例将 tens 转换为一个新的 4 行 3 列的二维数组：

```
In  [11] tens.reshape(4, 3)
```

```
Out [11] array([[ 0, 10, 20],
          [ 30, 40, 50],
          [ 60, 70, 80],
          [ 90, 100, 110]])
```

传递给 reshape 的参数的数量将等于新 ndarray 中的维数：

```
In  [12] tens.reshape(4, 3).ndim
```

```
Out [12] 2
```

参数的乘积应确保等于原始数组中的元素个数。值 4 和 3 是有效参数，因为它们的乘积是 12，而 tens 有 12 个元素。另一个有效示例是包含 2 行和 6 列的二维数组：

```
In  [13] tens.reshape(2, 6)
```

```
Out [13] array([[ 5, 15, 25, 35, 45, 55],
          [ 65, 75, 85, 95, 105, 115]])
```

如果 NumPy 无法将原始数组转换为要求的结构，则会引发 ValueError 异常。在下一个示例中，无法将 12 个元素放入 2×5 的数组中：

```
In  [14] tens.reshape(2, 5)
```

```
Out [14]
```

```
--------------------------------------------------------------------
ValueError                              Traceback (most recent call last)
<ipython-input-68-5b9588276555> in <module>
----> 1 tens.reshape(2, 5)

ValueError: cannot reshape array of size 12 into shape (2,5)
```

ndarray 可以存储多于二维的数据吗？当然可以。下面提供第三个参数来重塑数组，以查看它的实际效果。下一个示例将一维 tens 数组转换为一个 2×3×2 的三维数组：

```
In  [15] tens.reshape(2, 3, 2)

Out [15] array([[[  5,  15],
                 [ 25,  35],
                 [ 45,  55]],

                [[ 65,  75],
                 [ 85,  95],
                 [105, 115]]])
```

访问新数组的 ndim 属性。数据结构确实有 3 个维度：

```
In  [16] tens.reshape(2, 3, 2).ndim

Out [16] 3
```

还可以将-1 作为参数传入，以表示未知维度。NumPy 将推断要在该维度中填充的正确值的数量。下一个示例传递 2 和-1 的参数。NumPy 计算出新的二维数组应该为 2×6 的结构：

```
In  [17] tens.reshape(2, -1)

Out [17] array([[  0,  10,  20,  30,  40,  50],
                [ 60,  70,  80,  90, 100, 110]])
```

在下一个示例中，计算返回的 ndarray 应该为 2×3×2 的结构：

```
In  [18] tens.reshape(2, -1, 2)

Out [18] array([[[  0,  10],
                 [ 20,  30],
                 [ 40,  50]],

                [[ 60,  70],
                 [ 80,  90],
                 [100, 110]]])
```

只能将一个未知维度传递给 reshape 方法调用。

reshape 方法返回一个新的 ndarray 对象，原始数组未发生改变。因此，tens 数组仍然为其原始的 1×12 结构。

C.2.4　randint 函数

　　randint 函数在一个范围内生成一个或多个随机数。当传递一个参数时，它返回一个从 0 到该值范围内的随机整数。下一个示例返回从 0 到 5(不包括)范围内的随机值：

```
In  [19] np.random.randint(5)

Out [19] 3
```

　　可以向 randint 传递两个参数来声明一个包含的下限和一个不包含的上限。NumPy 将从该范围内选择一个数字：

```
In  [20] np.random.randint(1, 10)

Out [20] 9
```

　　如果想生成一个随机整数数组怎么办？可以将第三个参数传递给 randint，从而指定所需的数组结构。可以传递单个整数或单元素列表来创建一维数组：

```
In  [21] np.random.randint(1, 10, 3)

Out [21] array([4, 6, 3])

In  [22] np.random.randint(1, 10, [3])

Out [22] array([9, 1, 6])
```

　　要创建多维 ndarray，需要传递一个列表，指定每个维度中值的数量。以下示例使用从 1 到 10(不包括)的随机值填充二维 3×5 数组：

```
In  [23] np.random.randint(1, 10, [3, 5])

Out [23] array([[2, 9, 8, 8, 7],
                [9, 8, 7, 3, 2],
                [4, 4, 5, 3, 9]])
```

　　在列表中提供任意数量的值可以创建具有更多维度的 ndarray。例如，包含 3 个值的列表将创建一个三维数组。

C.2.5　randn 函数

　　randn 函数返回一个 ndarray，其中包含来自标准正态分布的随机值。函数的每个顺序参数设置要存储在维度中的值的数量。如果传递一个参数，ndarray 将为一维。下一个例子创建了一个 1×3(1 行×3 列)的数组：

```
In  [24] np.random.randn(3)

Out [24] array([-1.04474993, 0.46965268, -0.74204863])
```

　　如果向 randn 函数传递两个参数，ndarray 将是二维的，以此类推。下一个例子创建了一个 2×4 的二维数组：

```
In  [25] np.random.randn(2, 4)

Out [25] array([[-0.35139565, 1.15677736, 1.90854535, 0.66070779],
                [-0.02940895, -0.86612595, 1.41188378, -1.20965709]])
```

下一个示例创建一个 2×4×3 结构的三维数组。可以把这个结构想象成两个数据集，每个数据集有 4 行 3 列：

```
In  [26] np.random.randn(2, 4, 3)

Out [26] array([[[ 0.38281118, 0.54459183, 1.49719148],
                 [-0.03987083, 0.42543538, 0.11534431],
                 [-1.38462105, 1.54316814, 1.26342648],
                 [ 0.6256691 , 0.51487132, 0.40268548]],

                [[-0.24774185, -0.64730832, 1.65089833],
                 [ 0.30635744, 0.21157744, -0.5644958 ],
                 [ 0.35393732, 1.80357335, 0.63604068],
                 [-1.5123853 , 1.20420021, 0.22183476]]])
```

rand 系列函数是生成假数值数据的一种常见方法，可以创建不同类型和类别的假数据，如姓名、地址或信用卡信息。有关该主题的更多信息，请参阅附录 D。

C.3　nan 对象

NumPy 库使用一个特殊的 nan 对象来表示一个缺失的或无效的值。nan 是 not a number 的缩写，是用于表示缺失数据的通用术语。在将包含缺失值的数据集导入 Pandas 的过程中，会经常看到 nan。可以直接通过 pd 包的顶级属性访问 nan 对象：

```
In  [27] np.nan

Out [27] nan
```

nan 对象不等于任何值：

```
In  [28] np.nan == 5

Out [28] False
```

nan 与 nan 也不相等。从 NumPy 的角度来看，nan 值表示缺失和未知。因为不能肯定地说一个未知的情况和另一个未知的情况一定相等，所以假设它们是不同的。

```
In  [29] np.nan == np.nan

Out [29] False
```

以上就是 Pandas 在它的后台使用 NumPy 库的最重要的细节。

查看 Pandas 文档(https://pandas.pydata.org/docs/user_guide/10min.html)可以看到许多使用 NumPy 生成随机数据的示例。

用 Faker 生成模拟数据

Faker 是一个用于生成模拟数据的 Python 库。它专门创建姓名、电话号码、街道地址、电子邮件等列表。结合可以生成随机数值数据的 NumPy，它可以快速创建任意大小、形状和类型的数据集。如果想学习 Pandas 的概念，但找不到完美的数据集来应用它们，Faker 提供了一个很棒的解决方案。本附录将介绍使用 Faker 库所需了解的所有内容。

D.1　安装 Faker

首先，在 conda 环境中安装 Faker 库。在 Terminal(macOS)或 Anaconda Prompt(Windows)中，激活为本书设置的 conda 环境。附录 A 中创建环境时，调用了创建的 pandas_in_action 环境：

```
conda activate pandas_in_action
```

如果忘记了可用的 Anaconda 环境，可以执行 conda info --envs 来查看它们的列表。当环境处于活动状态时，使用 conda install 命令安装 Faker 库：

```
conda install faker
```

当提示确认时，输入 "Y" 表示 Yes，然后按 Enter 键，Anaconda 将下载并安装该库。该过程完成后，启动 Jupyter Notebook 并创建一个新的 Notebook。

D.2　使用 Faker

下面探索 Faker 的一些核心功能，然后将 Faker 与 NumPy 一起使用，生成一个 1000 行的数据集。首先，导入 Pandas 和 NumPy 库，并分别为它们分配别名 pd 和 np。然后，导入 Faker 库：

```
In  [1] import pandas as pd
        import numpy as np
        import faker
```

下面创建一个带有一对括号的 Faker 类的实例，并将生成的 Faker 对象分配给一个 fake 变量：

```
In  [2] fake = faker.Faker()
```

Faker 对象包含许多实例方法，每个实例方法都返回给定类别的随机值。例如，name 实例方法返回一个带有姓名全称的字符串：

```
In  [3] fake.name()
```

```
Out [3] 'David Lee'
```

由于 Faker 固有的随机性，当在计算机上执行代码时，返回值可能会有所不同。

可以调用 name_male 和 name_female 方法来按性别返回姓名全称：

```
In  [4] fake.name_male()
```

```
Out [4] 'James Arnold'
```

```
In  [5] fake.name_female()
```

```
Out [5] 'Brianna Hall'
```

使用 first_name 和 last_name 方法仅返回名字或姓氏：

```
In  [6] fake.first_name()
```

```
Out [6] 'Kevin'
```

```
In  [7] fake.last_name()
```

```
Out [7] 'Soto'
```

还有针对性别的 first_name_male 和 first_name_female 方法：

```
In  [8] fake.first_name_male()
```

```
Out [8] 'Brian'
```

```
In  [9] fake.first_name_female()
```

```
Out [9] 'Susan'
```

如你所见，Faker 的语法简单但功能强大。又如，假设要为数据集生成一些随机位置，可以使用 address 方法返回一个包含完整地址的字符串，包括街道、城市、州和邮政编码：

```
In  [10] fake.address()
```

```
Out [10] '6162 Chase Corner\nEast Ronald, SC 68701'
```

请注意，地址是假的，不是地图上的实际位置。Faker 根据地址的常见格式生成了这个字符串。其中，Faker 用换行符(\n)分隔街道和地址的其余部分，可以将返回值包装在 print 函数调用中，从而将地址拆分为多行：

```
In  [11] print(fake.address())
```

```
Out [11] 602 Jason Ways Apt. 358
         Hoganville, NV 37296
```

可以使用 street_address、city、state 和 postcode 等方法生成地址的各个组成部分：

```
In  [12] fake.street_address()

Out [12] '58229 Heather Walk'

In  [13] fake.city()

Out [13] 'North Kristinside'

In  [14] fake.state()

Out [14] 'Oklahoma'

In  [15] fake.postcode()

Out [15] '94631'
```

也可以用另一批方法生成与业务相关的数据。例如，以下方法生成随机公司名称、标语、职位和 URL：

```
In  [16] fake.company()

Out [16] 'Parker, Harris and Sutton'

In  [17] fake.catch_phrase()

Out [17] 'Switchable systematic task-force'

In  [18] fake.job()

Out [18] 'Copywriter, advertising'

In  [19] fake.url()

Out [19] 'https://www.gutierrez.com/'
```

Faker 还支持生成电子邮件地址、电话号码和信用卡号码：

```
In  [20] fake.email()

Out [20] 'sharon13@taylor.com'

In  [21] fake.phone_number()

Out [21] '680.402.4787'

In  [22] fake.credit_card_number()

Out [22] '4687538791240162'
```

Faker 网站(https://faker.readthedocs.io/en/master)为 Faker 对象的实例方法提供了完整的文档。该库将方法分组为父类别，例如地址、汽车和银行。图 D-1 所示为 Faker 官方网站上的示例文档页面。

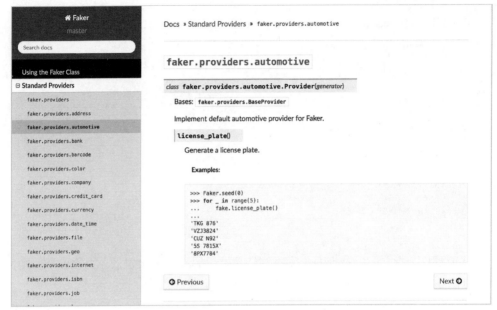

图 D-1　Fake 官方网站上的示例文档页面

花一些时间探索 Faker 的可用类别，将它们组合在一起可以生成更多有趣的数据。

D.3　使用假值填充数据集

上一节介绍了使用 Faker 生成一个假值，本节介绍如何用它来填充整个数据集。本节的目标是创建一个包含 1000 行 4 列的数据集，其中包括姓名、公司名称、电子邮箱和薪水等信息。

解决问题的方法如下：使用 for 循环迭代 1000 次，并且在每次迭代中，要求 Faker 生成一个假姓名、公司名称和电子邮箱，并使用 NumPy 生成一个随机数来表示薪水。

可以使用 Python 的 range 函数进行迭代。该函数接受一个整数参数，返回一个可迭代的升序数字序列，从 0 开始一直到(但不包括)给出的参数值。在下一个示例中，使用 for 循环迭代从 0(包括)到 5(不包括)范围内的值：

```
In  [23] for i in range(5):
            print(i)

Out [23] 0
         1
         2
         3
         4
```

为了生成所需的数据集，将使用 range(1000)迭代 1000 次。

DataFrame 的类构造函数接受其数据参数的各种输入，包括字典列表。Pandas 将每个字典键映射到 DataFrame 列，并将每个值映射到该列的行值。如下所示：

```
[
    {
        'Name': 'Ashley Anderson',
        'Company': 'Johnson Group',
        'Email': 'jessicabrooks@whitaker-crawford.biz',
        'Salary': 62883
    },
    {
        'Name': 'Katie Lee',
        'Company': 'Ward-Aguirre',
        'Email': 'kennethbowman@fletcher.com',
        'Salary': 102971
    }
    # … and 998 more dictionaries
]
```

你会注意到 Faker 生成的数据中存在一些逻辑上的不一致。例如，第一个人的名字是 Ashley Anderson，但电子邮箱是 jessicabrooks@whitakercrawford.biz。这种不一致是由 Faker 的随机性造成的。如果希望数据集更加"准确"，可以将 Faker 与常规 Python 代码结合起来，从而生成想要的任何值。例如，可以向 Faker 询问名字（"Morgan"）和姓氏（"Robinson"），然后将这两个字符串连接起来形成一个更真实的电子邮箱（"MorganRobinson@gmail.com"）：

```
In  [24] first_name = fake.first_name_female()
         last_name = fake.last_name()
         email = first_name + last_name + "@gmail.com"
         email

Out [24] 'MorganRobinson@gmail.com'
```

回到原来的问题，下面使用带有 range 函数的列表来创建一个包含 1000 个字典的列表。在每个字典中，将声明相同的 4 个键：Name、Company、Email 和 Salary。对于前 3 个值，将调用 Faker 对象的 name、company 和 email 实例方法。请记住，Python 将在每次迭代时调用这些方法，因此每次的值都会有所不同。对于 Salary 值，将使用 NumPy 的 randint 函数返回一个介于 50000 和 200000 之间的随机整数。有关 NumPy 函数的深度教程，请参阅附录 C。

```
In  [25] data = [
            { "Name": fake.name(),
              "Company": fake.company(),
              "Email": fake.email(),
              "Salary": np.random.randint(50000, 200000)
            }
            for i in range(1000)
            ]
```

data 变量包含 1000 个字典的列表。最后一步，将字典列表传递给 Pandas 的 DataFrame 构造函数：

```
In  [26] df = pd.DataFrame(data = data)
         df

Out [26]
```

	Name	Company	Email	Salary
0	Deborah Lowe	Williams Group	ballbenjamin@gra...	147540
1	Jennifer Black	Johnson Inc	bryannash@carlso...	135992
2	Amy Reese	Mitchell, Hughes...	ajames@hotmail.com	101703
3	Danielle Moore	Porter-Stevens	logan76@ward.com	133189
4	Jennifer Wu Goodwin	Group	vray@boyd-lee.biz	57486
...	...	...	...	...
995	Joseph Stewart	Rangel, Garcia a...	sbrown@yahoo.com	123897
996	Deborah Curtis	Rodriguez, River...	smithedward@yaho...	51908
997	Melissa Simmons	Stevenson Ltd	frederick96@hous...	108791
998	Tracie Martinez	Morales-Moreno	caseycurry@lopez...	181615
999	Phillip Andrade	Anderson and Sons	anthony23@glover...	198586

```
1000 rows × 4 columns
```

现在获得了一个包含 1000 行随机数据的数据集，可以用来练习。建议学习 Faker 和 NumPy 文档，看看可以生成哪些其他类型的随机数据。

正则表达式

正则表达式(通常缩写为 RegEx)是一种文本搜索模式。它定义了计算机在字符串中查找字符的逻辑序列。

举一个简单的例子。你可能在 Web 浏览器中使用过"查找"功能。在大多数 Web 浏览器中，可以通过在 Windows 中按 Ctrl+F 键或在 macOS 中按 Command+F 键来访问此功能。将打开一个对话框，在其中输入一系列字符，然后浏览器会在网页上搜索这些字符。图 E-1 显示了浏览器在页面中搜索和查找"romance"的示例。

图 E-1　浏览器在页面中搜索和查找"romance"

Chrome 的 Find 功能是 RegEx 的一个简单示例。该工具有其局限性。例如，只能按照字符出现的确切顺序搜索字符。可以搜索字符序列"cat"，但不能声明诸如字母"c""a"或"t"之类的条件。正则表达式使这种动态搜索成为可能。

正则表达式描述了如何在一段文本中查找内容，可以搜索字母、数字或空格等字符，也可以使用特殊符号来声明条件。以下是搜索的一些示例：

- 连续的任意两个数字。
- 3 个或 3 个以上字母的序列，并且后面带有一个空格。
- 检索字母 s，并且 s 只出现在单词的开始部分。

在本附录中，将探索正则表达式在 Python 中的工作原理，然后将其应用于 Pandas 中的数据集。正则表达式可以作为大学中的一门课程来学习，其内容足够写一本内容非常丰富的书，本附录仅介绍常用的正则表达式技术。正则表达式上手容易，但想精通则需要付出很多努力。

E.1 Python 中的 re 模型

从创建一个新的 Jupyter Notebook 开始，将导入 Pandas 和一个名为 re 的特殊模块。re(正则表达式)模块是 Python 标准库的一部分，并且内置于语言中：

```
In  [1] import re
        import pandas as pd
```

re 模块有一个 search 函数，可以在字符串中查找子字符串。该函数接受两个参数：一个搜索序列和一个用于查找它的字符串。例如，在字符串 "field of flowers" 中查找字符串 "flower"：

```
In  [2] re.search("flower", "field of flowers")
```

```
Out [2] <re.Match object; span=(9, 15), match='flower'>
```

如果 Python 在目标字符串中找到字符序列，则 search 函数返回一个 Match 对象。Match 对象存储与搜索模式匹配的有关内容，以及它在目标字符串中的位置信息。前面的输出表明 "flower" 是在索引位置 9 到 15 的范围内找到的。第一个索引位置是包含的，第二个索引位置是不包含的。如果统计 "field of flowers" 中的字符索引位置，可以看到索引 9 是 "flowers" 中的小写 "f"，索引 15 是 "flowers" 中的 "s"。

如果没找到目标字符串，则 search 函数返回 None。默认情况下，Jupyter Notebook 不会为 None 值输出任何内容，但是可以将 search 调用包装在一个 print 函数中，以强制 Jupyter 输出该值：

```
In  [3] print(re.search("flower", "Barney the Dinosaur"))
```

```
Out [3] None
```

search 函数仅返回目标字符串中的第一个匹配项。可以使用 findall 函数来查找所有匹配项，此函数同样接受两个参数——一个搜索序列和一个目标字符串，并返回与搜索序列匹配的字符串列表。在下一个示例中，Python 在 "Picking flowers in the flower field" 中两次找到搜索序列 "flower"：

```
In  [4] re.findall("flower", "Picking flowers in the flower field")
```

```
Out [4] ['flower', 'flower']
```

请注意，搜索时应区分大小写。

E.2 元字符

本节使用正则表达式声明一个更复杂的搜索模式。首先将一个长字符串分配给一个 sentence 变量。下一个代码示例将字符串拆分为多行以提高可读性，也可以在 Jupyter Notebook 中将其输出为一行：

```
In  [5] sentence = "I went to the store and bought " \
                   "5 apples, 4 oranges, and 15 plums."

        Sentence

Out [5] 'I went to the store and bought 5 apples, 4 oranges, and 15 plums.'
```

在正则表达式中，可以声明元字符——定义搜索模式的特殊符号。例如，\d 元字符指示 Python 匹配任何数字。假设要识别 sentence 字符串中的所有数字，则使用正则表达式 "\d" 作为搜索模式调用 findall 函数：

```
In  [6] re.findall("\d", sentence)

Out [6] ['5', '4', '1', '5']
```

该函数的返回值是 sentence 中 4 个数字的列表，按它们出现的顺序排列：

- "5" 来自 "5 apples"。
- "4" 来自 "4 oranges"。
- "1" 来自 "15 plums"。
- "5" 来自 "15 plums"。

通过一个简单的\d 元字符，创建了一个匹配目标字符串中任何数字的搜索模式。继续学习之前，有两点值得一提：

- 当列表包含许多元素时，Jupyter Notebook 喜欢将每个元素输出在单独的行上。这种方法使输出更容易阅读，但也导致它占用大量空间。为了强制 Jupyter 正常输出列表(仅在输出一定阈值的字符后添加换行符)，将从此时开始调用 findall 函数，包装在 Python 的内置 print 函数中。
- RegEx 参数将被作为原始字符串传递给 findall 函数。Python 从字面上解释原始字符串中的每个字符。此解析选项可防止正则表达式和转义序列之间的冲突。\b 元字符在普通的 Python 字符串中具有符号含义，在正则表达式中具有其他含义。使用原始字符串时，指示 Python 将\b 视为反斜杠字符，后跟字母 b。这种语法保证 Python 将正确解析正则表达式的元字符。

下面在双引号之前声明一个带有 "r" 字符的原始字符串，用 print 函数和原始字符串重写前面的例子：

```
In  [7] print(re.findall(r"\d", sentence))

Out [7] ['5', '4', '1', '5']
```

改变元字符的字母大小写可以声明操作的逆运算。例如，\d 匹配任何数字，则\D 匹配任何非数字。非数字字符包括字母、空格、逗号和符号。在下一个示例中，使用\D 来识别 sentence 中的所有非数字字符：

```
In  [8] print(re.findall(r"\D", sentence))

Out [8] ['I', ' ', 'w', 'e', 'n', 't', ' ', 't', 'o', ' ', 't', 'h', 'e', ' ', 's', 't', 'o', 'r', 'e', ' ', 'a', 'n', 'd', ' ', 'b', 'o', 'u', 'g', 'h', 't', ' ', ' ', 'a', 'p', 'p', 'l', 'e', 's', ',', ' ',
```

```
', ' ', 'o', 'r', 'a', 'n', 'g', 'e', 's', ',', ' ', 'a', 'n',
'd', ' ', ' ', 'p', 'l', 'u', 'm', 's', '.']
```

现在已了解正则表达式的基础知识，下一步学习更多元字符，并构建复杂的搜索查询。比如，\w 元字符匹配任何单词字符，包括字母、数字和下画线：

```
In  [9] print(re.findall(r"\w", sentence))
```

```
Out [9] ['I', 'w', 'e', 'n', 't', 't', 'o', 't', 'h', 'e', 's', 't', 'o',
        'r', 'e', 'a', 'n', 'd', 'b', 'o', 'u', 'g', 'h', 't', '5', 'a',
        'p', 'p', 'l', 'e', 's', '4', 'o', 'r', 'a', 'n', 'g', 'e', 's',
        'a', 'n', 'd', '1', '5', 'p', 'l', 'u', 'm', 's']
```

而\W 元字符匹配任何非单词字符。非单词字符包括空格、逗号和句点：

```
In  [10] print(re.findall(r"\W", sentence))
```

```
Out [10] [' ', ' ', ' ', ' ', ' ', ' ', ' ', ' ', ',', ' ',
         ' ', ' ', '.']
```

\s 元字符搜索任何空白字符：

```
In  [11] print(re.findall(r"\s", sentence))
```

```
Out [11] [' ', ' ', ' ', ' ', ' ', ' ', ' ', ' ', ' ', ' ', ' ']
```

而 \S 元字符搜索任何非空白字符：

```
In  [12] print(re.findall(r"\S", sentence))
```

```
Out [12] ['I', 'w', 'e', 'n', 't', 't', 'o', 't', 'h', 'e', 's', 't', 'o',
         'r', 'e', 'a', 'n', 'd', 'b', 'o', 'u', 'g', 'h', 't', '5', 'a',
         'p', 'p', 'l', 'e', 's', ',', '4', 'o', 'r', 'a', 'n', 'g', 'e',
         's', ',', 'a', 'n', 'd', '1', '5', 'p', 'l', 'u', 'm', 's', '.']
```

要搜索特定字符，请在搜索模式中逐字声明它。下一个示例搜索所有出现的字母 "t"。此语法与本附录的第一个示例中使用的语法相同：

```
In  [13] print(re.findall(r"t", sentence))
```

```
Out [13] ['t', 't', 't', 't', 't']
```

要搜索一系列字符，需要在搜索模式中按顺序编写它们。下一个示例在 sentence 字符串中搜索字母 "to"，Python 找到它两次(单词 "to" 和 "store" 中的 "to")：

```
In  [14] print(re.findall(r"to", sentence))
```

```
Out [14] ['to', 'to']
```

\b 元字符声明一个单词边界。单词边界要求字符必须存在于相对于空格的位置。下一个示例搜索 "\bt"。该逻辑转换为 "单词边界后的任何 t 字符"，也可以说 "空格后的任何 t 字符"。该模式可以匹配 "to" 和 "the" 中的 "t" 字符：

```
In  [15] print(re.findall(r"\bt", sentence))
```

```
Out [15] ['t', 't']
```

调整符号的顺序，如果使用"t\b"，将搜索"单词边界前的任何 t 字符"，也可以说"空格前的任何 t 字符"。比如"went"和"bought"末尾的"t"字符：

```
In   [16] print(re.findall(r"t\b", sentence))

Out [16] ['t', 't']
```

而\B 元字符声明了一个非单词边界。例如，"\Bt"表示"任何不出现在单词边界之后的 t 字符"，或者等价地表示"任何不出现在空格之后的 t 字符"：

```
In   [17] print(re.findall(r"\Bt", sentence))

Out [17] ['t', 't', 't']
```

前面的示例匹配"went""store"和"bought"中的"t"字符。Python 忽略了"to"和"the"中的"t"字符，因为它们出现在单词边界之后。

E.3　高级搜索模式

回顾一下，元字符是在正则表达式中指定搜索序列的符号。E.2 节探讨了用于搜索数字、单词字符、空格和单词边界的\d、\w、\s 和\b 元字符。本节学习一些新的元字符，然后将它们组合成一个复杂的搜索查询。

点 (.) 元字符匹配任何字符：

```
In   [18] soda = "coca cola."
          soda

Out [18] 'coca cola.'

In   [19] print(re.findall(r".", soda))

Out [19] ['c', 'o', 'c', 'a', ' ', 'c', 'o', 'l', 'a', '.']
```

乍一看，这个元字符似乎不是特别有用，但与其他符号配合使用时，会产生意想不到的效果。例如，正则表达式"c."搜索字符"c"后跟的任何字符。字符串"coca cola"中有 3 个这样的匹配项：

```
In   [20] print(re.findall(r"c.", soda))

Out [20] ['co', 'ca', 'co']
```

如果想在字符串中搜索文本句点(.)怎么办？在这种情况下，必须在正则表达式中使用反斜杠对其进行转义。在下一个示例中，"\."定位 soda 字符串末尾的句点：

```
In   [21] print(re.findall(r"\.", soda))

Out [21] ['.']
```

前面介绍了在目标字符串中按顺序搜索组合字符，下面搜索"co"的精确序列：

```
In   [22] print(re.findall(r"co", soda))
```

```
Out  [22] ['co', 'co']
```

如果想搜索字符"c"或字符"o"呢？可以将字符括在一对方括号中。匹配结果将包含目标字符串中出现的任何"c"或"0"：

```
In   [23] print(re.findall(r"[co]", soda))
```

```
Out  [23] ['c', 'o', 'c', 'c', 'o']
```

方括号中字符的顺序不会影响结果：

```
In   [24] print(re.findall(r"[oc]", soda))
```

```
Out  [24] ['c', 'o', 'c', 'c', 'o']
```

假设要定位"c"和"l"之间的任何字符，解决方案之一是在方括号内写出完整的字符序列：

```
In   [25] print(re.findall(r"[cdefghijkl]", soda))
```

```
Out  [25] ['c', 'c', 'c', 'l']
```

更好的解决方案是使用连字符(-)来声明字符范围。以下代码示例生成与前面的代码相同的列表：

```
In   [26] print(re.findall(r"[c-l]", soda))
```

```
Out  [26] ['c', 'c', 'c', 'l']
```

接下来，探索如何定位连续出现多个字符。以字符串"bookkeeper"为例：

```
In   [27] word = "bookkeeper"
          word
```

```
Out  [27] 'bookkeeper'
```

要搜索两个连续"e"字符，可以在搜索序列中对它们进行配对：

```
In   [28] print(re.findall(r"ee", word))
```

```
Out  [28] ['ee']
```

还可以用一对花括号搜索多次出现的一个字符。在花括号内，声明要匹配的出现次数。在下一个示例中，在"bookkeeper"中搜索两个连续"e"字符：

```
In   [29] print(re.findall(r"e{2}", word))
```

```
Out  [29] ['ee']
```

如果用"e{3}"在一个字符串中搜索 3 个"e"字符，则返回值将是一个空列表，因为"bookkeeper"中没有 3 个连续的"e"字符序列：

```
In   [30] print(re.findall(r"e{3}", word))
```

```
Out  [30] []
```

　　还可以在花括号内输入两个数字，用逗号分隔。第一个值设置出现次数的下限，第二个值设置出现次数的上限。下一个示例在一个字符串中搜索 1～3 个 "e" 字符。第一个匹配是 "keeper" 中连续的 "ee" 字符，第二个匹配是 "keeper" 中的最后一个 "e"：

```
In  [31] print(re.findall(r"e{1,3}", word))

Out [31] ['ee', 'e']
```

　　该例中，此模式连续搜索 1～3 个 "e" 字符。当 Python 找到匹配项时，它会不断遍历字符串，直到违反搜索模式。正则表达式首先单独查看字符串 "bookk"，这些字母都不符合搜索模式，所以 Python 继续执行，然后该模式找到它的第一个 "e"。Python 还不能将此匹配标记为最终匹配，因为下一个字符也可能是 "e"，因此它会检查下一个字符。该字符确实是另一个 "e"，它符合原始搜索条件。Python 继续处理与模式不匹配的 "p"，并将匹配声明为 "ee" 而不是两个单独的 "e" 字符。对靠近字符串末尾的 "e" 重复相同的逻辑。

　　之前的所有例子都是理论上的，在处理现实世界的数据集时，应如何使用 RegEx？

　　想象一下，如果正在运行一条客户支持热线并存储电话记录，可能会收到这样的消息：

```
In  [32] transcription = "I can be reached at 555-123-4567. "\
                         "Look forward to talking to you soon."

         transcription

Out [32] 'I can be reached at 555-123-4567. Look forward to talking to you
         soon.'
```

　　假设想从每个人的消息中提取一个电话号码，每个电话号码都是唯一的，可以假设电话号码有一个一致的模式，包括：

(1) 3 位数字。

(2) 1 个破折号。

(3) 3 位数字。

(4) 1 个破折号。

(5) 4 位数字。

　　RegEx 的美妙之处在于它可以识别这种搜索模式，而与字符串的内容无关。下一个示例声明了迄今为止最复杂的正则表达式，结合元字符和符号来描述从每个人的消息中提取一个电话号码的逻辑如下：

(1) \d{3} 搜索恰好 3 个数字。

(2) - 搜索破折号。

(3) \d{3} 搜索恰好 3 个数字。

(4) - 搜索破折号。

(5) \d{4} 搜索恰好 4 个数字。

```
In  [33] print(re.findall(r"\d{3}-\d{3}-\d{4}", transcription))

Out [33] ['555-123-4567']
```

　　+元字符表示 "一个或多个" 前面的字符或元字符。例如，\d+搜索一个字符串中的一个或多个数字。可以使用+符号来简化前面的代码，此时正则表达式有不同的搜索模式，但返回相同的结果：

(1) 一个或多个连续数字。

(2) 一个破折号。

(3) 一个或多个连续数字。

(4) 一个破折号。

(5) 一个或多个连续数字。

```
In  [34] print(re.findall(r"\d+-\d+-\d+", transcription))

Out [34] ['555-123-4567']
```

使用一行代码，就可以从一段动态文本中提取电话号码——这种功能非常强大。

E.4　正则表达式和 Pandas

第 6 章介绍了用于操作 Series 字符串的 StringMethods 对象。该对象可通过 str 属性获得，并且它的许多方法都支持 RegEx 参数，这大大扩展了它们的功能。下面在真实数据集上练习这些 RegEx 概念。

ice_cream.csv 数据集是 4 个流行品牌(Ben&Jerry's、Haagen-Dazs、Breyers 和 Talenti)的冰激凌的集合。每行包括品牌、风味和描述等信息：

```
In  [35] ice_cream = pd.read_csv("ice_cream.csv")
         ice_cream.head()

Out [35]
```

	Brand	Flavor	Description
0	Ben and Jerry's	Salted Caramel Core	Sweet Cream Ice Cream with Blon...
1	Ben and Jerry's	Netflix & Chilll'd™	Peanut Butter Ice Cream with Sw...
2	Ben and Jerry's	Chip Happens	A Cold Mess of Chocolate Ice Cr...
3	Ben and Jerry's	Cannoli	Mascarpone Ice Cream with Fudge...
4	Ben and Jerry's	Gimme S'more!™	Toasted Marshmallow Ice Cream w...

注意：ice_cream 是可从 Kaggle(https://www.kaggle.com/tysonpo/ice-cream-dataset)获得的数据集的修改版本。数据中存在拼写错误和不一致，此处未做修改，以便了解现实世界中出现的数据异常情况。建议读者自行使用本章学习的技术来优化这些数据。

如果想在数据集中找到有多少种巧克力口味的冰激凌，应在 Description 列中找到紧跟字符串"Chocolate"的所有单词，可以在 Series 上使用 str.extract 方法来完成此任务。该方法接受一个 RegEx 模式，并返回一个带有匹配项的 DataFrame。

下面构造正则表达式。首先从单词边界(\b)开始，然后定位文字文本"Chocolate"，强制使用单个空白字符(\s)。最后，匹配一行中的一个或多个单词字符(\w+)，从而捕获所有字母和数字字符，直到 Python 遇到空格或句点。因此，最终的表达式是 "\bChocolate\s\w+)"。

出于技术原因，在将正则表达式传递给 str.extract 方法时，必须将其包裹在括号中。该方法支持搜索多个正则表达式的高级语法，括号将其限制为一个正则表达式：

```
In  [36] ice_cream["Description"].str.extract(r"(\bChocolate\s\w+)").head()

Out [36]
```

	0
0	NaN
1	NaN
2	Chocolate Ice
3	NaN
4	Chocolate Cookie

到现在为止一切正常。Series 包括索引位置 2 的"Chocolate Ice"和索引位置 4 的"Chocolate Cookie"等匹配，它还在行中使用 NaN 来标记找不到搜索模式的记录。下面调用 dropna 方法来删除有缺失值的行：

```
In  [37] (
            ice_cream["Description"]
            .str.extract(r"(\bChocolate\s\w+)")
            .dropna()
            .head()
         )

Out [37]
```

	0
2	Chocolate Ice
4	Chocolate Cookie
8	Chocolate Ice
9	Chocolate Ice
13	Chocolate Cookie

接下来，将 DataFrame 转换为 Series。str.extract 方法默认返回一个 DataFrame 以支持多种搜索模式。可以使用 squeeze 方法将单列 DataFrame 强制转换为 Series。你可能会从 read_csv 函数中回忆起相关的 squeeze 参数，squeeze 方法实现了相同的结果：

```
In  [38] (
            ice_cream["Description"]
            .str.extract(r"(\bChocolate\s\w+)")
            .dropna()
            .squeeze()
            .head()
         )

Out [38] 2    Chocolate Ice
         4   Chocolate Cookie
         8    Chocolate Ice
         9    Chocolate Ice
         13 Chocolate Cookie
         Name: Chocolate, dtype: object
```

此处的方法列表变得很长，所以将当前 Series 分配给 Chocolate_flavors 变量：

```
In  [39] chocolate_flavors = (
             ice_cream["Description"]
             .str.extract(r"(\bChocolate\s\w+)")
             .dropna()
             .squeeze()
         )
```

因为最终想确定 "Chocolate" 之后的成分，所以调用 str.split 方法，根据空格的出现来分割每个字符串。此处将提供正则表达式的参数，而不是传递带有单个空格的字符串。提醒一下，"\s" 元字符可以查找单个空格：

```
In  [40] chocolate_flavors.str.split(r"\s").head()
```

```
Out [40] 2       [Chocolate, Ice]
         4       [Chocolate, Cookie]
         8       [Chocolate, Ice]
         9       [Chocolate, Ice]
         13      [Chocolate, Cookie]
         Name: 0, dtype: object
```

str.get 方法从 Series 中的每个列表中检索一致索引位置的值。在下一个示例中，从每个列表中检索第二个元素(索引位置为 1)，也可以说，检索原始字符串中 "Chocolate" 之后的单词：

```
In  [41] chocolate_flavors.str.split(r"\s").str.get(1).head()
```

```
Out [41] 2          Ice
         4          Cookie
         8          Ice
         9          Ice
         13         Cookie
         Name: Chocolate, dtype: object
```

出于好奇，调用 value_counts 方法来查看所有冰激凌口味中 "Chocolate" 之后出现频率最高的词。不出所料，"Ice" 是频率最高的词。"Cookie" 为出现频率第二高的词：

```
In  [42] chocolate_flavors.str.split(r"\s").str.get(1).value_counts()
```

```
Out [42] Ice           11
         Cookie        4
         Chip          3
         Cookies       2
         Sandwich      2
         Malt          1
         Mint          1
         Name: Chocolate, dtype: int64
```

正则表达式提供了一种在文本中进行搜索的复杂方法。相信读者对 RegEx 的优势以及如何将其应用到 Pandas 中有了更多的了解。